KB153413

# 송골매, 바다를 지배하다

박지택 글 · 사진

송골매, 바다를 지배하다

**발행** 유지훈
**글 | 사진** 박지택©
**디자인** 황다건
**교열 | 교정** 강준기
**초판 발행** 2018년 2월 15일
**가격** 25,000원
**ISBN** 979-11-87632-32-0(03490)
**펴낸곳** 투나미스 출판사
**주소** 수원시 팔달구 정조로 735 베레슈트 3층
**출판등록** 2016년 6월 20일
**전화** 031) 244-8480
**팩스** 031) 244-8480
**홈피** http://www.tunamis.co.kr

이 도서는 2017년 경기도 출판콘텐츠 제작지원사업 선정작입니다.

# 차례

대한민국 공군의 상징 보라매를 모르는 사람은 없을 것이다. 하지만 '보라매'가 어떤 새냐고 물으면 대부분은 모른다. 대개는 '매의 일종이겠지'라고 생각할 것이다. 매는 시속 300킬로미터 이상의 속도를 내는, 세상에서 가장 빠른 동물이라고 알고 있다. 그렇지만 실제로 매를 본 사람은 얼마나 되며, 매를 제대로 알고 있는 사람은 얼마나 될까?

7월 어느 날 "태어나서 매는 처음 보았어요. 매가 길거리에 죽은 고양이를 먹고 있네요."라는 글이 인터넷에 올라온다. 그 밑에는 매를 처음 보아서 축하한다는 글이 이어진다.

내륙에서 매를? 그것도 죽은 동물 사체를 뜯어 먹고 있는 매를 ……

한 술 더 떠 '우리 동네에 매가 둥지를 틀어서 새끼를 키우고 있네요. 매일 매일 새끼들이 커가는 것을 볼 수 있어 기분이 좋네요.'라는 글도 보인다. 7월에 매가 도시에 둥지를 틀었다고 …….

어느 방송 프로그램에서는 '바닷가에 사는 매가 날렵하게 비행하여 물속의 고기를 잡아가고 있습니다.'라고 해설을 한다. 매가 물고기를 잡아먹는다고.

어느새 가을이 되고 나니 어떤 이는 '우리 동네에 커다란 매가 논 위를 막 날아다니며 사냥감을 찾고 있어요. 정말 멋지게 생겼네요.'란다. 가을 논 위에서 먹잇감을 찾고 있는 매를 보았다고.

이처럼 매를 보았다는 사람 중 상당수는 이 책에서 소개하는 '매'가 아닌 매과의 새나 수리과의 새를 보고도 '매'를 보았다고 한다. 길고 뾰족한 부리에 새나 동물을 사냥하거나 뜯어먹는 새를 본 사람들은 이를 두 가지로 구분한다. 덩치가 크면 독수리요, 덩치가 작으면 매라는 것이다.

여기서 말하는 매는 도대체 어떤 새일까? 매는 겨울철에는 가끔 내륙지방에서 볼 수 있지만 대개는 바닷가 절벽에서나 볼 수 있는 새다. 죽은 동물의 사체를 뜯어먹지도 않을 뿐 아니라 물고기도 잡지 않는다. 자신이 직접 잡은 새를 먹이로 한다는 이야기다.

위의 경우와 같이 사람들은 대부분 매라는 새를 잘 알고 있다고 생각하지만 실제로 매를 본 사람은 흔치 않거니와, 수리과 및 매과 새와 매를 제대로 구별할 줄 아는 사람도 많지가 않다.

그렇다면 매는 어떻게 생겼을까? 사람들에게 매를 어떻게 설명할까 고민했다. 새들 중에는 가장 연구가 많이 된 편이나, 국내에서는 전 문화일보 김연수 기자의 『바람의 눈』이 과거와 현재를 아울러 우리나라의 매사냥을 둘러싼 에피소드와 매의 모습 및 생태를 간략히 설명하고 있다. 물론 이 책에서도 매의 실제 생활상에 대한 자료는 부족해 보였다.

매라는 새는 수리보다는 작고 도심에서 가장 흔하게 볼 수 있는 맹금류인 황조롱이보다는 크다. 겨울철이 되면 월동하러 오는 새들 중 도심 외곽에서 가장 흔히 볼 수 있는 수리과의 새인 말똥가리보다도 작다. 황조롱이는 잘 알려져 있지만 말똥가리라는 새는 처음 들어본 사람도 많을 것이다. 지금껏 이 새를 보고 '매'라고 생각한 사람도 많을 테니까.

매가 날개를 활짝 펴고 하늘로 올라서면 덩치가 몇 배나 큰 참수리도, 흰꼬리수리도 매를 두려워한다. 덩치만 믿고 방심했다가는 매의 치명적인 발톱 공격에 수리도 즉사할 수 있기 때문이다. 하물며 이들의 반도 되지 않는 말똥가리가 하늘에서 매의 상대가 될 수 있겠는가? 민첩한 몸놀림과 강력한 날갯짓, 빠른 속도를 겸비한 작은 덩치의 매가 현실에서는 하늘을 다스리는 진정한 지배자인 셈이다.

때로는 송골매라 불리기도 하지만 아무런 수식어도 없는 단 한 글자의 이름을 가진 매. 세상에서 가장 빠른 속도로 날 수 있다는 매의 매력에 빠진 이유는 비행속도 때문만도, 최상위 맹금류라는 지위 때문만도 아니다. 부메랑 같이 펼쳐지는 날개를 활짝 펴고 남해의 초록 빛 바다와 동해의 푸른 바닷물이 만나는 바다 위를 날아가는 유선형의 통통하고 푸르스름하게 빛나는 날개를 가진 모습 때문이었다. 또한 아름다운 빛망울이 매가 날아가는 바다 위에 조롱조롱 맺히는 모습에 반했기 때문이기도 하다. 매와 나의 관계는 그렇게 시작되었다. 매를 촬영하는 사람들은 대부분 그런 모습에 매료되었을 것이다.

그러나 이렇게 푸른 바다를 배경으로 매를 볼 수 있다고 알려진 곳은 부산 태종대뿐이다. 그런 모습의 매를 담기 위한 여정이 시작되었다. 부산을 떠난 지 17년 만에 오로지 매를 위해 그곳을 찾은 것이다. 내가 사는 남양주에서 부산까지 주말을 이용하여 오가는 일은 쉽지 않았다. 금요일 마지막 심야 우등고속버스를 타고 부산에 도착해서 볼일을 마치고 나면 KTX로 올라가는 방법을 택했다. 이는 주말 이틀을 줄곧 매를 기다리는데 쓸 수 있는 최선이기도 했다.

부산 현지에 거주하거나 경남 쪽에 사는 사람보다는 자주 갈 수 없기 때문에 오랜 기간에 걸쳐 꾸준히 담을 수밖에 없었다. 하지만 두서 달 만에 간신히 시간을 내 가더라도 하루 종일 파도치는 바다만 바라보다가 오는 날도 있고 매는 눈앞으로 날아다니지만 속도가 너무 빠른지라 매를 카메라에 담지 못할 때도 많았다. 수백 장의 사진을 담고도 만족하지 못한 날도 많았지만 다행히 하루 단 한 번의 기회로 담은 몇 컷의 사진으로 행복한 날도 더러 있었다.

그렇게 태종대에서 7년여 세월을 보냈지만 녀석들의 온전한 생활상을 전부 이해할 수는 없었다. 볼 때 마다, 만날 때마다 작년과 같은 생활을 하면서도 또 다른 면을 보여주는 녀석들을 완전히 파악할 수는 없었던 것이다.

태종대에서의 매의 생활상만으로는 매를 온전히 기록하기는 부족했기에 나머지가 채워질 장소로 네 쌍의 매가 살고 있다는 조그마한 '바람의 섬,' '백패킹의 메카' 라는 굴업도에 갔다. 유원지인 태종대처럼 많은 사람이 찾지 않는 곳에 매들이 살고 있기에 훨씬 예민한 매들을 만나면서 그들의 습성과 생활상을 조금 더 이해할 수 있었다. 그렇게 3년여 세월이 흘렀다.

그동안 관찰하고 정리한 사진과 자료뿐 아니라 우리보다 더 깊이 연구한 외국서적과 연구결과 등도 참고하여 우리 땅에 살고 있는 매에 대해 더 자세한 기록이 필요할 것 같아 이 책을 집필하게 되었다. 옛날부터 우리 땅에 살면서 우리와 밀접한 관계를 맺은 녀석들을 조금이라도 더 잘 알았으면 하는 마음으로 매의 모습과 특징 및 생활상을 기록으로 남긴다.

태종대 매를 함께 촬영하면서 매의 다양한 습성과 촬영 조건 등을 조언해 주신 임영업님, 공용팔님, 권용하님, 유강희님께 감사드린다. 아울러 굴업도에 갈 때마다 따뜻하게 환대해 주신 굴업도민박의 서인수님, 최인숙님 부부, 맹금매니아의 여러 회원님들에게도 감사드린다.

매년 4, 5, 6월 주말이 되면 야외로 나가는 남편을 이해해준 아내 최은숙에게 깊은 감사의 마음을 전하며 아들 동현과 동범이 하는 일도 모두 잘 되기를 바란다.

가을이 깊어가는 남양주의 오래된 집에서

박지택

# 1장 매(Peregrine Falcon)의 모습과 특징

## 매는 어떤 새일까요?

해동청 보라매, 공군의 상징 보라매, 새를 사냥하는 새, 사람들은 누구나 매에 대하여 한 번쯤은 들어봤을 것이다. 우리말 속에 '응시하다,' '매의 눈'이라는 말도 매와 관련된 것이며 '시치미를 떼다'라는 말조차도 그러한데 이는 매 주인임을 나타내는 매의 꼬리에 달아 놓은 표식을 떼 내어 매 주인이 누구인지를 모르게 한다는 말에서 유래했다는 것을 알고 있으리라. 또한 '옹고집,' '옹골차다,' '매섭다,' '매몰차다' 등 많은 말들이 매와 관련이 있다. 매라는 단어를 이미 여러 곳에서 들은지라 이를 친숙하게 생각하고 책이나 사진, 혹은 방송을 통하여 매를 접해 보았기에 매를 잘 안다고 생각할 것이다. 보기는 어렵지만 우리 주위에서 조금만 관심을 가지면 책이나 사진이나 방송으로 보던 매를 쉽게 볼 수 있다고 생각한다. 그래서 사람들은 대부분 황조롱이와 새홀리기, 솔개, 혹은 말똥가리를 보고도 매를 보았다 오해하고 심지어는 흰꼬리수리를 보고도 매를 보았다 한다. 방송에서조차 솔개나 말똥가리를 매로 소개하기도 한다. 마치 우리 주변 어디에서나 조금만 관심을 가지면 볼 수 있는 새라며 오해하는 사람들이 많다.

사람들은 대부분 부리가 뾰족하고 발톱이 날카롭고 큰 새를 보면 전부 매라고 생각한다. 하지만 매는 쉽게 볼 수 있는 새가 아니다. 겨울철 내륙에서 잠깐 볼 수 있으나 대개는 바닷가 외진 절벽에서 볼 수 있다.

그런데 어디에서나 보고 싶다고 볼 수 있는 새가 매는 아니라는 사실은 알고 있을까? 매를 쉽게 볼 수 있다는 태종대에서조차 매를 보기란 쉬운 일이 아니다. 책이나 인터넷 사진이나 영상으로 본 크고 생생한 모습의 매를 생각하고 왔다면 기대는 한순간 실망으로 바뀔 것이다. 책속의 사진을 덮는 순간, 인터넷 사이트에서 나오는 순간, 방송이 끝나는 순간, 내가 본 매는 실제 세계에선 거의 볼 수 없는 장면이 된다. 설령 사진으로 본 장면이나 책에서 본 그런 장면을 현장에서 본다 하더라도 1~2초도 안 되는 짧은 순간 눈앞을 스쳐지나가는 매에게서는 책이나 인터넷, 방송에서처럼 그렇게 생생한 장면은 볼 수 없을 것이다.

사진으로는 이렇게 생생한 매의 모습을 볼 수 있으나 현실에서는 매의 등짝 색을 구분하기도 전에 빠르게 사라져 버리고 어떤 새였는지조차 알 수 없는 경우가 많다.

"방금 새가 지나갔는데 무슨 새지?"
"비둘기인데 뭐."
"갈매기 아냐?"

　보통의 경우엔 이렇게 말하든가 어떤 이름 모를 새가 순식간에 지나갔다는 정도일 것이다. 나 역시 그렇게 보고 싶었던 매를 처음 태종대에서 만났을 때 절벽 아래로 조그맣고 빠르게 게 날아다녀 사진으로 보던 그런 크고 생생한 모습의 매가 아님을 알고 큰 실망을 했으니 말이다.

　사실 매는 그렇게 크지도 않거니와 푸르스름한 등짝 색을 구분하기도 전에 이미 우리 눈에서 벗어나 있는가 절벽 저 아래로 사라지고 없을 것이다. 혹시나 운이 좋아 태종대의 고사목처럼 가까운 거리에 앉아 있다손 치더라도 눈으로 보는 매는 사진과 그림에서 보는 그런 용감하고 멋진 모습을 기대하기는 어렵다. 다른 새를 먹이로 삼기 때문에 크기가 클 것 같지만 매는 중형급의 새로 몸집이 그리 크지 않다. 나뭇가지나 바위에 앉아 있는 모습을 찍은 사진을 보면 자연에서 쉽게 찾을 것 같지만 바닷가 절벽에서 만난 매는 조그마한 비둘기가 바위에 앉아 있는 듯한 모습 탓에 대개는 그냥 지나치기 십상이다. 이렇게 보기 어려운 매란 녀석은 도대체 어떻게 생겼을까? 매에 대해 좀더 자세히 알아보자.

나뭇가지에 앉은 매는 사진 상으로는 이렇게 크고 당당해 보이지만 절벽에서 아무런 도구 없이 만났을 때는 너무 먼 거리에 있어 마치 비둘기 한 마리가 앉아 있는 것처럼 생각할 수도 있다.

나뭇가지나 절벽에 앉거나 절벽을 등지면 매의 모습은 잘 보이지 않고 몸집도 그렇게 커 보이지 않기 때문에 비둘기가 앉아 있다는 착각을 하게 된다.

### 매의 모습(색, 크기, 부리, 발톱)

매는 넓은 초원지대나 시야가 멀리까지 펼쳐진 곳에서 날아다니는 새를 추적하고 사냥하는 데 익숙하도록 진화해왔다. 유선형의 몸체와 둥근 머리와 넓은 가슴 그리고 등으로 갈수록 서서히 좁아져 쐐기모양의 꼬리로 이어진다. 날개는 길고 각이 져있어 부메랑과 비슷한 모양을 하고 있다. 매는 길고 호리호리한 첫째 날갯깃과 넓은 둘째 날갯깃으로 속도를 높이는가 하면 무거운 먹이를 들어 올리고 날아갈 때 힘을 줄 수 있도록 진화했다.

15

유선형의 몸체와 둥근 머리와 넓은 가슴 그리고 등으로 갈수록 서서히 좁아져 쐐기모양의 꼬리로 이어진다. 날개는 길고 각이 져있어 부메랑과 비슷한 모양을 하고 있다.
가슴의 튼튼한 근육은 매가 직선으로 날아갈 때 진가를 발휘한다. 중형급 맹금류로서 매우 강인하고 튼튼한 인상을 준다.

깃털은 청색, 갈색, 회색, 오렌지색, 흰색이 주종을 이룬다. 청색, 감청색 혹은 회색의 등판, 그리고 몸의 앞면에는 회색 혹은 흰빛을 띤 가로줄이 있다. 대부분 몸의 윗부분은 푸른빛을 띤다. 대부분의 맹금류들에게서 푸른빛이 보이는 이유를 두고는 아직 알려진 바가 없다.

매의 등은 대개 감청색을 띠고 갈색과 흰색, 회색이 듬성듬성 보인다. 이런 색을 띠는 원인을 두고는 아직 알려진 바가 없다. 깃털은 빛을 받는 위치에 따라 다양한 색으로 표현된다.

실제 크기는 개체별로 차이가 크지만 약 33~52센티미터 정도로 어른의 손끝에서 팔꿈치까지의 길이 정도 된다. 평균적인 크기는 암컷이 약 47센티미터이고 수컷은 암컷보다 약 7~10센티미터 정도 작아 약 40센티미터 정도이다. 체중 또한 개체마다 차이가 있으나 암컷은 약 800그램에서 1.25킬로그램 정도 되며 수컷은 약 600그램 전후에서 큰 개체는 800그램 정도 된다. 날개를 폈을 때 날개 끝과 날개 끝까지의 길이는 암컷이 약 97센티미터, 수컷이 약 84센티미터이다.

새의 크기에 대해서는 베르크만의 규칙에 의하면 북쪽에 서식하는 녀석이 남쪽에 서식하는 녀석보다 더 큰 경우가 많다고 한다. 매 역시 예외는 아니어서 북쪽의 매가 남쪽의 매보다 크다. 북극 가까이 사는 흰매Gyrfalcon 수컷의 평균 무게는 1.05킬로그램이고 암컷은 약 1.75킬로그램까지 자란다. 하지만 위와 같은 색상과 크기 및 무게는 개체에 따라 조금씩 다르고 어른 새와 아기 새도 차이가 있다.

새끼 때의 깃털은 약 1살이 되기 전까지는 어미와 같은 깃털 색으로 변하지 않는다. 어린 새는 어릴 때의 깃을 다음해 3월 혹은 1살이 될 때까지 털갈이를 한다. 그래서 첫 1년간 혹은 2년 차 겨울까지도 노란색과 갈색 계통의 색이 많아 어미 새와 구분할 수 있다. 몸에 난 세로줄 역시 갈색 계통의 색이 많이 들어가 있다. 어미에게선 흰색으로 보이는 가슴과 배 쪽의 색이 새끼에겐 연한 노란색이 섞인 크림색이 나기도 한다.

어린 새는 전체적으로 깃털이 갈색이고 군데군데 흰 깃털이 나있다. 배에는 옅은 갈색의 줄무늬와 짙은 갈색의 줄무늬가 세로 방향으로 반복된다. 어미의 부리가 노란색인 반면 새끼의 부리는 납과 같은 빛을 띤다. 발 역시 옅은 노란색을 띤다.

어미 새의 배에는 흰색과 청색의 가로줄이 나있고 부리와 발은 노란색을 띤다.

새끼는 두 번째 겨울까지도 갈색의 깃털은 남아있다. 깃털의 변화는 약 6개월 간 진행되면서 서서히 어미의 깃털과 같은 새로운 깃털로 변한다. 날씨가 따뜻하면 깃털의 변환은 빨라지고 추운 날씨는 깃털의 변환을 느리게 한다.

떠돌이 생활 중인 새 중 1년을 갓 지난 것과 성조의 차이점은 몸통에 난 줄무늬 차이로 알 수 있는데 새끼는 세로 줄무늬가 있고 성조는 가로 줄무늬가 있다. 이것은 영역을 가졌다는 표시로 사용하는 듯하다. 깃털이 어미의 것과 비슷해지는 시기인 2년차의 새끼는 더 이상 어미의 영역에 머무르지 않으며 자신의 영역을 찾아 떠돌이가 된다. 가끔씩 부모의 영역에 모습을 보이기도 하고 사냥도 하고, 부모도 가끔씩 이를 허용하기도 하지만 더 이상 환영받진 않는다. 성조가 되면 매의 눈 주변에서 목과 발 사이에 보이는 흰색 깃털과 그 사이로 보이는 밝은 오렌지색은 짝짓기 색과 관련이 있을 거라 생각된다.

일반적으로 긴 목을 가진 새들은 목뼈가 25개인데 반해 매의 짧은 목에는 15개의 목뼈가 있으며 이는 강한 힘을 낼 수 있다. 이와 연결되어 매는 짧은 부리를 가졌지만 강한 힘으로 물수 있는 근육과 연결되어있다. 매의 부리는 무기로 사용된다. 조류의 부리는 턱뼈가 표피성 각질로 이루어진 것이며 인간으로 말하면 이와 입술의 역할을 한다. 윗부리가 아래쪽으로 날카롭게 휘어있는 것이 특징이다. 부리는 윗부리와 아랫부리가 서로 잘 맞물려 뼈에서 고기를 분리해 낼 수 있다. 맹금류의 부리는 대부분 고기를 잘라낼 수 있도록 굽고 뾰족한 모양으로 되어있다.

참수리 부리

흰꼬리수리 부리

참매 부리. 수리과인 새인 참수리 흰꼬리수리 참매의 부리 끝이 뾰족하여 먹이를 찢기 쉽게 되어있으나 부리는 전체적으로 매끈하게 생겼다.

매의 부리. 새홀리기 부리에는 치상돌기라는 톱니와 같은 부분이 있어 먹이를 잘라낼 수 있다. 이 치상돌기로 매과와 수리과를 구분할 수 있다.

    참매나 수리과 새들은 강력한 발톱으로 새를 잡고 뾰족한 부리로 목 부위의 살점을 찢어내 죽이는 반면 매는 다른 새에게는 없는 치상돌기라는 기관이 먹이의 척수를 잘라내는 강력한 도구로 사용된다. 부리 1/3지점에 치상돌기가 더해져 먹이를 자르는데 큰 역할을 한다. 마치 칼로 잘라내는 것 같은 역할을 하는 것이다. 이 치상돌기를 새의 목뼈에 넣어 힘을 주고 돌리면 새의 목뼈를 부러뜨릴 수 있다. 매가 가져오는 먹이의 대부분은 머리가 없이 몸통만 가져오는 경우가 많은데 이는 치상돌기로 머리를 자르고 오기 때문이다.

    매가 새를 잡고 난 후 먹잇감이 도망가지 못하게 하거나 먹이를 들고 날아갈 때 무게를 줄이거나, 혹은 살아 있는 먹이에게서 자신을 보호하기 위해 먹잇감의 머리를 잘라낸다.

    다리는 근육덩어리로 굵고 발톱은 길고 강력하다. 가슴근육은 강력한 힘과 장시간 비행시 인내력의 원동력이 된다. 매는 날갯근육이 차지하는 비율이 몸무게의 약 20% 정도여서 새들을 추적할 때 상당한 거리를 비행할 수 있다. 참매의 경우는 날갯근육이 매만큼 발달하지 못해 장거리 추적은 불가능하다. 황조롱이의 경우 날갯근육은 약 12%정도 된다.

먹이의 무게를 줄이거나 살아있는 먹이에게서 자신을 보호하기 위해 머리를 잘라내고 운반하는 경우가 많다.

부척(정강이뼈와 발가락 사이)은 비교적 짧은데 이는 하늘을 나는 먹잇감을 아주 빠른 속도로 공격하기 좋게 적응해 온 것이다. 대다수 맹금류와 같이 매도 강력한 3개의 앞발톱과 이를 마주보는 뒤쪽 발톱 하나를 사용하여 먹이나 나무를 움켜잡는다. 4개의 발톱 중 가장 강한 발톱은 뒤쪽에서 다른 세 발톱과 마주보고 있는 발톱으로 사냥감을 강력하게 타격하여 떨어뜨리는 역할을 한다. 먹잇감인 새는 매의 발톱 공격으로 많은 깃털이 뽑히며 꼬리 깃이 상해 정상적인 비행을 할 수 없게 된다. 특히 앞쪽 3개의 발톱 중 가운데 긴 발가락은 먹잇감을 움켜잡는데 아주 중요한 역할을 한다. 이 발가락은 매 각각의 특성을 나타내는 지문처럼 중요한 역할을 한다. 발에는 울퉁불퉁한 패드와 같은 것이 있어 나뭇가지를 잡거나 먹이를 움켜잡았을 때 빠져 나갈 수 없게 한다. 다른 수리들 역시 발바닥에는 이러한 패드 같은 것이 있다.

매의 발톱은 3개의 앞발톱과 마주보는 뒤쪽에 한 발톱이 있다. 뒤쪽 발톱은 사냥할 때 사냥감을 타격하여 떨어뜨리는 역할을 한다.

발에는 울퉁불퉁한 패드 같은 것이 있어 나뭇가지를 잡거나 먹이를 움켜잡을 때 유리하게 발달하였다.

맹금류에게만 특별히 배열된 발톱과 연결된 힘줄은 먹잇감을 붙잡았을 때 강력한 힘으로 조르게 되어있다. 자동차에서의 핸드브레이크와 같이 맹금류는 가장 작은 에너지를 소비하여 강력한 힘으로 먹잇감을 잡을 수 있다. 수리는 이렇게 강력한 발톱의 힘으로 먹잇감을 죽음에 이르게 하지만 매의 발톱은 먹잇감을 공격하거나 먹이를 들고 나르는데 주로 사용되고 먹이를 죽이는 강력한 무기는 부리에 있는 치상돌기로 새들의 목뼈를 부러뜨리는 것이다.

## 매의 구레나룻

눈 주위에서 목 쪽으로 난 긴 검은색 구레나룻은 겉모습의 특징을 잘 보여준다. 이 구레나룻의 검은색 깃털에 관한 이론을 보면 새들을 보고 있는 방향을 불분명하게 함으로써 새들을 기습, 깜짝 놀라게 하는 위장법의 일종이라고 한다. 또한 반짝이는 눈을 숨기기 위한 위장의 역할도 하며 눈부심을 줄여주는 역할도 한다. 눈과 구레나룻 사이의 밝은 부분은 개체에 따라 다양하므로 개체를 구분하는 잣대가 된다. 이는 개체간의 나이나 먹이에 따라 달라진다고 알려져 있다.

매의 눈 아래 부분에서 부리로 길게 나있는 검은 깃털은 눈을 숨기는 역할과 함께 눈부심을 줄여주는 역할을 한다.

# 매의 시력

새의 시력이 좋다는 것을 과학적으로 입증할 수 있을까? 이를 알기 위한 방법이 둘 있다. 하나는 새의 눈을 다른 척추동물과 비교하는 것이고 또 하나는 새가 얼마나 잘 보는지 알아보는 행동실험을 고안하는 것이다. 몸에 비해 눈이 큰 새도 있고 작은 새도 있고 중간인 새도 있다. 타조는 절대크기로 보면 눈이 가장 크지만 몸집과 비교하면 생각보다 작다. 몸집에 비해 눈이 상대적으로 가장 큰 새로는 수리와 매와 올빼미가 있다. 흰꼬리수리의 눈은 지름이 46밀리미터로 몸집이 열여덟 배 큰 타조와 비슷하다. 눈의 크기가 중요한 이유는 눈이 클수록 망막에 맺히는 상이 크기 때문이다.

새의 머리에 부리가 있고 포유류와 같이 이빨이 없는 이유에 대해 알아보면 새는 눈이 커야 하는데 이빨이 있으면 나는 데 불편하기 때문이다. 그래서 새는 이빨 대신 튼튼한 근육질 위가 있고 이빨을 대신하여 먹이를 으깨는 모래주머니를 복부의 무게중심을 이루는 근처에 두게 되었다는 것이다.

영국 버밍엄 대학의 그레이엄 마틴은 여러 조류의 입체 시야를 다년간 측정하여 이를 세 범주로 구분했다. 제 1유형은 대륙검은지빠귀, 울새, 휘파람새처럼 전형적인 작은 새의 시야로 전방시야(앞으로 보는 시야)가 일부 있고 측면시야(옆을 보는 시야)가 뛰어나지만 후방시야(고개를 돌리지 않고 뒤를 볼 수 있는 시야)는 없다. 여기에 속하는 새는 대부분 부리 끝을 보지 못하지만 이 정도의 양안시(양쪽눈으로 거리를 측정하는 시야)로도 새끼를 먹이고 둥지를 짓기에는 충분하다. 제 2유형은 오리와 멧도요 같은 새로 눈이 머리 위 양옆에 달렸다. 이들은 전방시야가 별로 좋지 않지만 위쪽과 뒤쪽을 파노라마로 볼 수 있어 포식자를 감시하는데 유리하다. 또한 양쪽 눈의 시야가 거의 겹치지 않아 별개의 두개의 상을 보는 것으로 추정된다. 제 3유형은 올빼미나 매 같은 새로, 우리처럼 눈이 앞을 향해 있으며 고개를 돌리지 않으면 뒤쪽을 못 본다. 그래서 이 유형의 새는 목을 앞뒤로 움직이거나 목을 돌려 주변을 본다.

유형의 새는 휘파람새, 울새, 지빠귀와 같이 전방시야가 일부 있고 측면시야가 뛰어나지만 후방시야는 없다.

2유형의 새는 오리, 멧도요 등, 눈이 머리 위 양옆에 달려있다. 전방시야는 좋지 않지만 위쪽과 뒤쪽을 파노라마로 볼 수 있어 포식자를 감시하는데 유리하다.

시력이 뛰어난 사람을 일컬어 매의 눈, 독수리의 눈이라고 하듯 우리는 오래전부터 매를 비롯한 맹금류의 비상한 시력을 알고 있었다. 먹잇감인 새들은 대부분 눈이 얼굴 양쪽에 있기 때문에 360도로 볼 수 있는 장점이 있지만 한 개의 망원경으로 물체를 보는 것처럼 물체를 보게 된다. 이렇게 보면 보이는 물체까지의 거리보다는 움직임에 민감하게 된다.

반면 맹금류는 대개 전방을 볼 수 있는 눈이 있어 좌측과 우측의 상이 겹치기 때문에 두 눈을 사용하여 약35~50도 정도 겹쳐서 보게 된다. 이처럼 겹쳐 볼 수 있는 능력 덕에 쌍안경으로 물체를 보는 것 같이 거리를 측정할 수 있다.

먹잇감인 새가 보이면 머리를 앞뒤 혹은 위아래로 흔들면서 다양한 앵글로 상대 새를 보면서 새까지의 정확한 거리를 측정한다. 즉 머리를 움직이면 보는 각도가 변하면서 배경과의 관계에 따라 새가 앞으로 다가오는지 뒤로 물러나는지 등 다양한 정보를 얻게 된다는 것이다.

매의 눈은 전방을 향하기 때문에 쌍안경으로 물체를 보는 것 같이 거리를 측정할 수 있다. 그러나 눈알은 움직일 수 없으므로 정확한 거리를 측정하기 위해서는 머리를 앞뒤로 혹은 좌우로 움직여야한다.

수리과에 속하는 참수리 눈은 머리에 비해 눈이 상대적으로 작게 보이고 매와 같이 전방 시야를 갖는다.

매가 절벽 아래로 지나는 바다쪽박구리와의 거리를 재기 위해 고개를 아래 위로 까닥거리고 있다.

매와 수리는 시력이 좋아야 먹이를 찾거나 사냥할 수 있다. 이들의 시력이 좋은 이유 중 하나는 안구 뒤쪽에 있는 시각적 민감점인 중심와(망막의 중심부에 초점이 맺히는 부분)가 사람과는 달리 두 개이기 때문이다. 중심와는 안구 뒤쪽의 망막에 움푹 파인 작은 구멍으로 이곳에는 혈관이 없으며 광수용기(빛을 탐지하는 세포)가 밀집해 있다. 그래서 중심와는 망막에서 상이 가장 선명하게 맺히는 부위다.

『새의 감각』에는 맹금류의 시각에 관한 과학적 결과가 자세히 나와 있는데 이를 요약하면 다음과 같은 사실을 알 수 있다. 맹금류의 중심와는 두 개 있는데 얕은 중심와는 단안이며 대개 근접 시야를 담당한다. 하지만 머리 쪽 약 45도를 향한 깊은 중심와는 망막에 공 모양으로 움푹 파여 있어 망원렌즈의 볼록렌즈 역할을 한다. 눈의 길이를 늘이고 상을 확대해 해상도를 높인다. 깊은 중심와의 위치 덕에 맹금은 어느 정도 양안시(입체감과 거리감)를 얻을 수 있는데 이는 빠르게 움직이는 먹잇감의 거리를 파악하는 데 꼭 필요하다. 맹금류의 눈은 머릿뼈 안에 고정되어있기 때문에 눈소켓이라는 것에 갇혀 있는 형태라 제한된 움직임만 가능하다. 맹금의 눈은 안구를 잘 움직일 수 없어 무엇인가를 볼 때는 고개를 움직여야 한다.

망막은 동공과 각막을 통과한 빛을 모아 시각정보를 뇌에 전달한다. 맹금이 놀라운 시력을 자랑하는 비결은 망막에 광민감성 세포가 밀집해 있기 때문이다. 광민감성 세포는 광수용기라고도 하는데 원추세포(원뿔세포)와 간상세포(막대세포) 두 가지가 있다. 원추세포는 저감도 컬러필름 같아서 해상도가 높으며 광량이 풍부할 때 뛰어나 성능을 발휘해 주간의 색채정보에 민감하게 반응한다. 간상세포는 고감도 흑백필름 같아서 흑백의 빛을 받아들이는 역할을 하고 야간 시력과 관련된다. 인간에게는 약 20만/㎟개의 원추세포가 있는 반면 주간 맹금류에게는 약 100만/㎟개의 원추세포가 있다. 인간과 맹금류가 같은 물체를 보게 된다면 맹금류가 훨씬 더 선명하게 볼 수 있다는 것이다.

인간의 눈이 세 가지 색(빨강, 녹색, 파랑)의 조합으로 색을 구별할 수 있는 반면 맹금류는 다섯 가지 기본색의 조합으로 색을 구별할 수 있어 인간보다 더 다양한 색을 감지할 수 있으므로 위장이 뛰어난 새도 구분해 낼 수 있다.

새는 포유류에 비해 눈이 크다. 단순히 말하자면 눈이 클수록 시력이 좋다. 날면서 충돌을 피하거나 위장술이 뛰어난 먹잇감을 잡으려면 시력이 매우 좋아야 한다. 두개골의 약 반을 눈이 차지하는데 이처럼 새의 눈이 겉보기에 작아 보이는 이유는 동공을 빼고는 모두 피부가 깃털로 덮여 있기 때문이다. 몸 크기와 비교하면 새의 눈은 포유류의 두 배에 가깝다. 매의 눈을 인간과 같은 비율로 비교하면 인간 눈의 15배 정도의 크기를 가졌다고 볼 수 있다.

매의 눈은 얼굴의 상당 부분을 차지하나 깃털에 가려 있어 크기를 알 수 없다. 포유류의 몸집과 비교하면 두 배에 가깝다.

이와 같은 이유로 매의 시력은 인간보다 약 2.5~8배까지의 시력을 가지고 있다고 보는데 인간뿐 아니라 동물의 세계에서도 가장 좋은 시력을 가지고 있다. 또한 인간과는 달리 대상을 아주 빠르고도 세밀하게 보는 '빨리Fast' 보기 능력도 있는데 이는 하늘을 날면서 봐야 하기 때문에 발달한 것으로 본다. 프랭크 길Frank Gill에 따르면 인간은 어떤 장면을 볼 때 사물을 스캔해가며 하나씩 보는 반면 매는 장면 전체를 하나로 인식하며 본다고 한다. 아울러 매에게는 '장거리Long-distance' 줌 기능이 있어 식사 후 떨어진 아주 작은 먹잇조각도 찾아내어 주워 먹을 수 있을 만큼 시각이 고도로 발달했다고 프랭크는 덧붙였다.

달리 설명해 보자면 매가 감각으로 경험하는 세계는 우리가 경험하는 세계와는 많은 차이가 있다는 것이다. 우리보다 벌이나 박쥐가 경험하는 세계와 훨씬 더 가깝다고 할 수 있다. 매의 세계는 우리가 느끼는 세계보다 10배는 더 빠르게 움직인다고 알려져 있다. 예를 들면 잠자리가 나는 모습은 우리가 볼 때는 빠르게 움직이는 것처럼 느끼지만 매에겐 아주 천천히 움직이는 것처럼 보인다는 것이다. 인간의 뇌는 1초에 20~30개의 사건을 볼 수 있지만 매는 70~80번의 사건을 볼 수 있기 때문이다.

우리가 1초에 24장의 사진으로 돌리는 영화가 마치 실제 움직이는 것처럼 느끼게 되지만 매에겐 마치 아주 느린 슬로비디오 같을 것이다. 1초에 30프레임 정도 보여주는 TV를 매가 본다면 아주 느리게 움직여 마치 정지 영상처럼 느끼기 때문에 전체적인 장면이 어떤지를 인식하지 못할 수도 있다는 이야기다.

보통 새들과 마찬가지로 매에게도 눈 위에 열리고 닫히는 순막이 발달해 있다. 두려움에 격렬하게 저항하는 먹잇감과 싸울 때는 순막을 닫아 눈을 보호한다. 순막은 하늘을 날 때나 바람과 먼지를 피할 때 사용하기도 한다. 빠른 속도로 날아야 하는 매에게 눈은 특별히 고도로 발달되어 속도와 거리를 빨리 판단해야 할 것이다. 순막장치는 암수의 크기 비율과 관계가 없으며 암수의 눈은 크기가 서로 같다. 이는 육추기에 중요 먹이를 공급해야 하는 수컷에게는 큰 장점이다.

매의 눈 위에는 열리고 닫히는 순막이 있어 바람과 먼지뿐 아니라 격렬하게 저항하는 먹잇감에게서 눈을 보호한다.

순막 위로 보이는 주변 노란색 테두리가 눈꺼풀이고 노란색 테두리로 된 눈꺼풀은 하얀 막으로 되어있다.

눈꺼풀을 완전히 닫으면 하얀 막과 같은 눈꺼풀이 눈을 덮는다.

이렇듯 매의 눈 구조와 시력은 먹잇감을 발견하고 찾는 데 적합한 구조로 진화해왔다. 어떤 다른 생명체보다 더 빠른 속도로 날아야 하고 하늘에서 먹잇감을 사냥해야하기 때문에 눈의 발달은 당연하다.

## 매의 코와 콧속 돌기

새의 후각에 대한 연구는 아직도 미진하다. 그러나 최근 뉴질랜드에 사는 키위에 대한 결과를 비롯하여 큰알바트로스가 먹이를 찾아 수천 킬로미터를 이동하고서도 어떻게 번식지 섬을 어김없이 찾아오는가에 대한 문제는 답을 찾았다. 연어가 고향 하천의 냄새를 기억하고 찾아가는 것처럼 큰알바트로스는 맞바람을 안은 채 공기 중에 퍼진 냄새를 통하여 번식지로 돌아간다는 사실이 밝혀졌다.

바닷새들은 먹잇감이 있는 지역을 이렇게 찾아낸다. 식물성 플랑크톤이 모여드는 지역에는 크릴새우 같은 포식성 동물 플랑크톤이 모여드는데 크릴새우가 식물성 플랑크톤을 잡아먹으면 식물성 플랑크톤으로부터 다이메틸설파이드가 공기 중에 배출되어 바람 방향으로 냄새기둥이 형성된다. 이때 바닷새는 그 냄새를 맡고 크릴새우를 먹잇감으로 삼는 새들을 불러 모은다는 것이다. 새들은 옆바람을 받고 날면서 이러한 냄새기둥과 마주칠 확률을 극대화 한다. 그러다가 냄새기둥을 감지하면 맞바람을 안고 지그재그로 날아 냄새와의 접촉을 유지하면서 마침내 먹잇감을 찾는다는 것이다. 매의 후각을 두고는 아직 알려진 바가 없으나 콧속 돌기는 비행에 중요한 역할을 하고 있다는 정도만 밝혀졌다.

매의 부리 위에는 노란색의 납막이 있고 여기에 코가 있다. 납막은 사람의 손톱과 같은 케라틴 성분으로 구성되어 있고 납막의 색은 개체마다 혹은 나이에 따라 약간 다르다. 다리 색과 마찬가지로 어릴 때는 옅은 파란빛에서 점차 노란색 혹은 오렌지색으로 변한다. 이렇게 색이 변하는 시기는 1년생일 때이고 색이 변하는 시기는 1년생이 넘어서부터 점차 노란색으로 변해간다.

어린 매의 납막은 옅은 파란 빛의 색을 띠지만 성조(어른새)가 될수록 다리의 색과 같은 오렌지색으로 변해간다. 매의 콧구멍은 둥글며 콧구멍 속에는 작은 콘 모양의 결정이 있어 엄청난 속도로 날아갈 때 숨을 쉴 수 있도록 해 준다.

매의 콧구멍엔 특수한 원뿔기관인 작은 콘 모양의 결정이 있으며 코 모양은 다른 맹금류 같이 둥근 모양이다. 이 콧속 기관은 구조상 아주 빠른 속도로 날 때 부리 위쪽의 공기 흐름을 늦추어 주는데 이 때문에 매는 엄청난 중력 가속도를 요하는 다이빙 비행시에도 숨쉬기가 쉽다. 또한 콧속 구조는 공기의 속도와 압력 및 기온의 변화를 감지하는 역할을 하며 폐와 허파로 이동하는 공기의 흐름을 조절하는 역할도 한다고 알려져 있다. 그 덕분에 최대 시속 300킬로미터 이상, 중력가속도 25지(G) 이상에서도 원활한 비행이 가능한데 인간도 이러한 매의 특별한 능력을 제트엔진에 응용해왔다.

매의 콧속에는 작은 콘 모양의 결정이 있어 아주 빠른 속도로 날 때 부리 위쪽의 공기 흐름을 늦추어 엄청난 중력가속도에서도 매가 숨을 쉴 수 있다.

코에 있는 샘nasal glands이 매는 눈과 부비강(sinus, 코 안쪽으로 이어지는 구멍)에 있지만 수리과에 속하는 참매는 눈확(눈소켓orbit, 안구 눈물샘의 부속기 등을 수용하는 얼굴 머리뼈의 움푹 들어간 부분)에만 있다. 이곳에서는 소금salt과 염화나트륨sodium chloride 성분을 만들어낸다. 수리과 새는 이 액체를 코를 통해 흘리고 머리를 흔들어 이를 몸밖으로 내보낸다. 반면 매는 이를 흘리지 않고 안개처럼 만들어 어미의 부리로 새끼들에게 먹이와 함께 먹인다. 아마도 소화에 도움을 주거나 필요한 영양소를 보충하는 것일 수도 있지만 정확한 역할을 두고는 아직 알려진 바가 없다.

수리과에 속하는 참수리의 코는 매의 코와 달리 길쭉한 모양으로 생겼고 콧속에는 돌기가 보이지 않는다. 또한 코를 통하여 소금 성분의 액체를 흘려보낸다.

매와 모양 및 크기가 비슷하여 매라 부르기도 하는 참매에게는 콧속에 돌기가 없다.

## 깃털과 깃털변환

새의 깃털은 조상인 파충류의 비늘에서 진화했기 때문에 모든 새의 깃털은 모양이 비슷하고 무게는 가볍다. 매의 깃털은 뻣뻣한 편이라 사냥시 다른 새와 충돌했을 때나 숲에서 나무와 충돌했을 때 쉽게 부서진다. 반면 부드러운 깃털을 가진 수리는 충돌로 쉽게 부서지지는 않는다. 그래서 매는 날개의 손상을 최소화하기 위해 주로 넓고 개방된 곳에서 사냥한다. 이렇게 뻣뻣한 깃털로 다이빙 비행을 할 때는 깃털이 떨려 종이를 찢는 듯한 소리를 낸다고 한다.

매의 깃털은 뻣뻣한 편이라 다른 새와 충돌했을 때나 숲에서 나무와 충돌했을 때 쉽게 부서진다.

독수리나 수리가 하늘로 솟아오를 때 깃털을 사용하는 방법도 매와는 다르다. 수리는 몸무게에 비해 날개가 크고 하중이 낮기 때문에 더 쉽게 비상할 수 있고 날개 끝의 분리된 칼깃을 각각 움직일 수 있어 천천히 상승할 수도 있다. 하지만 매는 칼깃이 날개 끝단의 두 개뿐이기 때문에 날개의 모양을 변경하여 상승한다.

수리과의 참수리는 날개를 펼쳤을 때 날개 끝의 칼깃이 분리되어 있어 기류를 탈 때 칼깃의 방향을 조절하여 쉽게 상승할 수 있다.

매의 날개는 수리와는 다르게 날개 끝이 분리되지 않고, 맨 끝 두 개가 약간 갈라진 칼깃 형태로 되어 있어 상승기류를 타고 높이 올라가는 방식이 다르다.

인체의 머리칼처럼 새의 깃털도 닳고 부서지고 해어지므로 재생되어야 한다. 새로운 깃털은 이전 깃털과 같이 보온insulation과 방수가 되고 비행에 최적화 되어야 한다. 봄이 되면 암컷 매는 비교적 빨리 깃털변환을 한다. 수컷에 비해 한 곳에 오래 앉아 알을 부화하고 포란하며 새끼를 지켜야하기 때문이다. 암컷은 새로운 깃털이 잘 자랄 수 있도록 가급적 활동을 삼간다. 재생 기간도 짧다.

반면 수컷은 끊임없이 음식을 공급해야 하기 때문에 비행에 불편한 깃털변환을 빨리할 여유가 없다. 그래서 봄에서 여름까지 천천히 깃털변환을 해 나간다.

이러한 깃털변환은 부러진 깃털만이 아니라 깃털 전체를 순차적으로 가는데, 비행에 지장을 주지 않기 위해 오래된 깃털을 새로운 깃털이 밀어내는 식으로 이루어진다. 12개의 꼬리날개의 깃털갈이는 가운데 두 개로부터 양쪽으로 이루어진다.

매의 꼬리날개는 12개인데 가운데 둘로부터 양쪽으로 깃털갈이가 이루어진다. 지금은 가운데 2개의 깃털이 없어 꼬리날개가 10개다. 2014년 5월에 촬영된 매

새끼들 깃털은 어미와 달라 이점이 있다. 새끼의 깃털은 갈색이다. 어미에게서 독립하여 새로운 영역을 찾아갈 때 다른 성조에게 다음과 같은 신호를 보내면 이로써 영역을 지키려는 성조(어른새)에게서 안전을 확보할 수 있기 때문이다.

'나는 아직 새끼를 키울 나이도, 영역을 가질 나이도 아니기 때문에 당신들에게 위협을 주지 않습니다.' 이렇게 신호를 보내는 것이다. 몸에 난 줄무늬 역시 다른 포식자에게서 자신을 감추는 역할을 한다. 줄무늬는 사냥을 위해 나뭇가지에 앉아 있을 때 잘 보이지 않게 해주는 위장기능도 겸하고 있다. 아직 경험이 미숙한 사냥꾼은 이런 기능 탓에 어린 매를 보지 못하는 경우도 있다.

어린 새의 깃털은 갈색을 유지하고 꼬리날개는 어미의 것보다 더 길게 자란다. 이는 다른 포식자에게서 자신을 위장하고 떠돌이가 되었을 때 영역을 가진 성조에게 위험한 존재가 아니라는 신호를 보내는 역할을 한다.

어린 새의 꼬리날개는 보통 어미의 꼬리날개보다 더 길게 자라는 경우가 많다. 두 번째 해의 유조는 약 6개월에 걸쳐 깃털이 서서히 강해진다. 성조(어른 새)와 같은 깃털은 약 1년 반에 걸쳐 서서히 변환되며 성별에 따라 달리 나타난다.

유조의 깃털 사이로 얼룩덜룩한 성조의 깃털이 조금씩 나기 시작한다.

## 암수 크기의 역전현상

새들은 암수를 어떻게 구분할까?

새가 된다는 것은 어떤 느낌일까? 새의 감각을 이해하는 유일한 방법은 우리 자신의 감각과 비교하는 것인데 새에게는 인간은 없는 감각이 있기 때문에 새의 감각을 완전히 이해하기란 쉽지가 않다. 예를 들면 인간은 새와 달리 자외선을 보지 못하고 반향정위 능력이 없어 지구 자기장을 감지하지 못한다. 그래서 이런 감각이 어떤 느낌인지 상상하기 어렵다.

새는 시각 체계가 인간과 달라 자외선을 볼 수 있다. 가시광선을 기준으로 동종을 분류하던 예전에는 암수 구분이 불분명 했던 종이라도 자외선 영상으로 보면 실제로는 매우 다르게 보였다. 이 때 사람의 눈으로 보는 모습과 새가 보는 모습이 상당히 다르다는 것을 알게 되었다.

이처럼 새들의 행동을 이해하려면 새들이 살아가는 세계를 이해해야 한다. 우리에게는 모습이 같아 보이지만 감각이 다른 새에게는 암수를 구분할 능력이 있는 것이다.

보통 맹금류는 암컷이 수컷보다 더 크게 자라는, 암수의 역전현상이 관찰된다. 종 내에서도 개별적인 크기에서 차이가 생기긴 하지만 매의 암컷은 수컷보다 약 15퍼센트 정도 더 크고 발톱도 더 강하다. 사는 곳의 위도가 높아질수록 크기도 더 커진다. 진화생태학자들은 이를 해명하기 위해 노력해 왔다. 현재까지 설득력을 얻고 있는 이론은 다음과 같다. 암컷과 새끼의 안전을 위해서는 암컷이 수컷을 제압할 수 있을 만큼 몸집이 커야 하고 암컷이 작은 수컷을 선택해 왔기 때문에 암컷이 큰 쪽으로 진화해왔다는 것이다. 또한 다른 암컷과 영역을 경쟁하게 된 암컷은 덩치가 클수록 큰 알을 낳고 둥지를 지킬 때도 큰 몸집이 유리하기 때문에 암컷이 커졌다고 한다.

수컷(왼쪽)과 암컷(오른쪽)의 차이가 많이 나고 수컷은 사냥하러 다녀야 하기에 군살이 없어 날씬하다.

암컷(앞)과 수컷(뒤)의 등 쪽 색도 차이가 약간 난다. 수컷은 암컷보다 작고 날렵하다.

암수의 크기가 다르면 암수가 먹이를 달리하여 상호간의 먹이경쟁을 줄일 수 있다는 이론도 있다. 수컷은 작고 날렵한 먹이를 잡고 암컷은 보다 크고 움직임이 느린 먹이를 잡아 암수간의 불필요한 경쟁을 줄이고 더 많은 먹이를 잡을 수 있도록 진화했다는 것이다. 덩치가 작은 수컷은 암컷에 비하여 먹는 양도 작기 때문에 영역 내 전체적인 먹이량은 적게 소비된다는 뜻이 된다. 하지만 이 이론은 암컷이 수컷보다 크게 진화한 원인은 설명하지 못한다는 것이 단점이다.

암컷이 큰 이유는 암수의 크기를 둘러싼 모종의 요구로 우연히 생겼다는 이론도 있다. 이를테면 알을 낳고 새끼를 키우기 위해서는 더 많은 먹이가 필요한 암컷의 기세에 눌려 수컷이 먹이를 양보하는 경우가 많아지다 보니 암수의 크기가 역전되었다는 이야기다. 하지만 이 이론은 아직 풀어야 할 문제가 많다.

곤충을 먹는 맹금일수록 암수의 크기에는 별 차이가 없지만 물고기를 먹는 맹금류는 좀더 차이가 나고 물고기와 포유류를 먹이로 삼는 맹금류는 차이가 더 크다. 가장 큰 것은 새를 먹이로 삼는 맹금류다.

## 팰릿

매의 먹이주머니는 신축성이 있어 아주 많은 먹이를 담을 수 있다. 먹이주머니는 호흡기관의 오른쪽으로 보이기도 한다. 초식성 조류들은 모래주머니가 있어 식물 속의 셀룰로이드를 잘게 부수어 소화에 도움을 준다. 그러나 매는 소화기관의 길이가 다른 주간 맹금류의 반 밖에 되지 않는다. 이러한 단점을 보완하기 위해 삼키는 작은 돌멩이는 초식동물의 모래주머니 같은 역할을 한다. 이 돌멩이는 매가 팰릿할 때 섞여 나오는데 이는 매의 위를 깨끗이 하는 역할을 하는 것으로 알려져 있다.

둥지에서 포란하는 암컷 매가 작은 돌조각을 부리로 문다.

어떤 지역에 맹금류가 있다는 증거는 이들이 뱉어내는 음식 찌꺼기인 팰릿을 통해서도 알 수 있다. 매는 즐겨 앉는 장소가 있는데 이런 곳은 먹잇감의 깃털을 뽑거나 먹이를 다듬는 장소로 이용한다. 뼈와 깃털, 털, 발톱, 부리 및 곤충의 키틴질 성분 등이 팰릿으로 나온다. 그들 주변의 돌이나 풀도 있다. 매과의 새는 올빼미류보다 뼈의 소화를 돕는 소화액이 강해서 올빼미류보다는 팰릿으로 나오는 뼈의 양이 적다. 매는 사냥을 하려면 몸무게를 줄여야 하기 때문에 팰릿 형태로 배출한다. 이런 팰릿을 조사하면 먹잇감에 대한 다양한 정보를 수집할 수 있다.

얼마 전 뱉어낸 팰릿. 여러 개의 팰릿 덩어리가 있는 곳으로 보아 자주 이용하는 장소이다.

매의 팰릿 크기와 팰릿을 펼쳐 본 모습

소화되지 않은 먹이는 펠릿을 통해 뱉어 내지만 소화가 되고 남은 것은 총배설
강을 통해 배설한다. 새의 배설물은 농도가 짙은 산성을 띤다. 매의 배설물은 짧
은 위에서 소화를 시켜야 하기 때문에 혈액농도의 3000배나 되며 철을 부식시킬
정도로 짙다.

매는 날아가는 중에도 배설한다. 배설물은 혈액농도보다 3000배나 되며 철을 부식시킬 정도로 짙다.

## 매의 수명

우리보다 관측기록이 잘 정리된 외국에서 나온 기록을 참고하여 매의 수명을
예상해 보면 이렇다. 덩치가 크면 평균수명도 길어지기 때문에 소형 맹금류인 매
과(새홀리기, 황조롱이)는 수명이 약 10년 정도 된다. 대형 맹금류인 수리는 대개 평
균수명이 25년이라지만 자연에서는 그보다 오래 살지 못한다. 중형급 맹금류인
매의 수명은 야생에서는 약 15~20년이지만 이렇게 사는 경우는 매우 드물다. 자
연에서 관찰한 매 중에서는 최장 18년을 산 매가 있다고 한다. 물론 우리에 갇힌
매가 20년 넘게 살았다는 기록도 있긴 하다. 해외에서 실제로 관찰한 매는 약 10
년이 평균수명이라고 한다.

암컷 매는 2~3세쯤이면 알을 낳고 영역을 가질 수 있는 반면 수컷은 그보다 더 경험을 쌓아야 하기 때문에 4~5세나 되어야 영역을 갖고 2세를 낳을 수 있다. 하지만 우리나라에서는 이에 대한 연구가 실시되지 않아 암컷과 수컷 매가 몇 해 동안 영역을 지키는지, 영역 교체나 암수 크기의 역전은 어떤 양상으로 나타나는지 자세히 기록해둔 자료는 전무한 실정이다.

## 2장 매의 생활상

매는 우리나라 여러 곳에서 둥지를 짓고 새끼를 키우며 살고 있다. 자연세계의 매가 과연 책에 기술된 대로 부화하고 육추할지 의문이 생긴다. 조류학자들이 정리·관찰한 결과를 요약한 것이겠지만 현장에서 쓴 기록은 무엇을 말할까?

신문과 방송을 통해 매의 육추기간을 둘러싼 전 과정이 기록된 것은 2008년 8월 13일 백한기 기자가 국제신문에 게재한 '무인도 목도 송골매의 육아일기'와 2011년 8월 24일 방영된 KBS 환경스페셜 「송골매 굴업도를 날다」, 2015년 10월 25일 KBS 야생일기 19회 「장산곶매 NLL을 날다」 등이 있다. 매의 일상을 소개한 각종 방송 프로그램으로는 SBS 동물농장의 「송골매 나래의 재활일기」와 「송골매 남매의 홀로서기」 등이 있다. 책은 대표적으로 김연수 작가의 『바람의 눈』을 꼽는다. 이 같은 기록에서 밝힌 각종 자료와 필자의 관찰기록을 참고하여 우리나라에 살고 있는 매의 월별 생활상을 열거해 보면 아래와 같다.

매의 포란기간은 29~32일 정도이며 육추기간(부화한 후 둥지를 완전히 떠나는 시기)은 35~42일 정도이다. 개체마다 약간씩의 차이가 있다. 또한 시기상으로는 제주도에 서식하는 매가 이소한 지 약 일주일이 지난 후 굴업도 매가 이소했다. 물론 같은 굴업도 내에서도 부화하는 시기가 3~4일 정도 차이가 났다.

1차 육추 (정상적인 육추시기)

1월말 ~ 3월 중순까지 구애 및 짝짓기 | 구애기간 중 아주 드물긴 하지만 공중급식

3월 중순 ~ 3월 말경 3~4개의 알 낳고 포란 시작

3월말 ~ 4월말 포란기, 드물긴 하나 공중급식도 실시(포란기간 29~32일)

4월말 ~ 5월초 알을 깨고 새끼가 나오며 드물긴 하나 공중급식도 실시

4월말 ~ 6월초 새끼를 키우는 시기로 암수 공중급식이 왕성한 시기(육추시기 35~42일)

5월말 ~ 6월초 새끼 이소 후 둥지 근처에서 날아다니는 시기

6월 중순 이후 둥지에서 멀리 벗어나 휴식하기 편한 장소에 새끼들이 있다. 어미·새끼간 공중급식을 볼 수 있다.

6월말 새끼의 사냥 연습시기로 어미가 공중급식, 새끼는 경계가 심해 멀리서만 볼 수 있으며 어미만큼 잘 날아다니는 시기

기상악화 등 여러 가지 이유로 알이 깨지거나 부화한 새끼가 죽으면 2차 짝짓기를 하고 새롭게 2차 육추를 한다.

4월 중순~말경 1차 포란 실패시 짧은 짝짓기 시즌

5월초 ~ 2차 포란 시작(29~32일)

6월초 부화

6월초 ~ 7월초 육추기(35~42일)

7월 중순 새끼 이소

## 구애기간

둥지 예정지인 절벽 앞에서 짝과 함께하는 비행으로 절벽 위나 하늘 높이 날아올라 서로 짝이 되었음을 선언하는 시기가 되면 매 시즌이 시작되었음을 알게 된다. 수컷이 암컷에게 먹이를 가져올 때 들리는 요란한 소리, 자기 영역에서 짝을 찾아 헤매는 다른 매와 다른 맹금류를 쫓아내기 위해 내는 요란한 소리는 매를 찾아다니는 사람에게는 너무나 행복한 소리로 들린다. 수컷에게는 영역과 짝을 지키기 위해 치열한 경쟁을 벌이는 시기이기도 하다.

수컷이 비행하는 모습을 가까이서 볼 수 있는 절호의 기회다. 자신이 사냥에 능숙하고 체력도 강하다는 점을 암컷에게 과시하기 위해 공중에서 다양한 비행술, 이를테면 수직 낙하비행, 고속 비행중 방향전환, 배면비행, 중력을 거스르는 수직 방향의 원형비행 등으로 화려한 비행술을 선보인다. 이러한 매혹적인 비행 모습은 한 마리씩 혹은 두 마리가 동시에 하늘 높이 솟아오르면서 수행한다. 또한 소리로 서로를 확인하는 과정을 가진다. 수컷의 소리는 "캣캣캣"거리고 암컷의 소리는 "꽉꽉꽉"거리는 소리로 들린다. 이러한 소리는 영역을 지키기 위하거나 침입자를 영역에서 쫓아내기 위해 위협을 가할 때도 비슷한 소리를 낸다.

매년 같이 살아 왔더라도 새로 부부가 되었다는 의식으로 황홀히 비행한다.

대부분 사람에게서 멀리 떨어져 날아다니는 날렵한 수컷 매를 가까이에서 볼 수 있는 기회가 된다.

이 시기에는 짝을 찾는 매와 월동 후 돌아가는 매를 자주 볼 수 있고 영역을 지키기 위한 매의 싸움도 자주 눈에 띈다. 매의 영역에 아직 어린 매가 들어왔다. 침입자에게 경고하지만 침입자도 쉽사리 물러서진 않는다.

　구애 단계는 짝짓기 단계와 거의 동시에 이루어지며, 매들은 함께 협동하여 사냥을 하고 수컷은 잡은 먹이를 대부분 암컷에게 제공한다. 매를 좋아하여 촬영하는 사람들에게는 최고의 장면인 공중급식(공중에서 먹이를 전달하는 장면) 역시 시작된다.

　이때 영역에 들어오는 맹금류는 매 부부의 강력한 저항에 부딪히며 영역 밖으로 쫓겨나게 된다. 때로는 아무런 위협도 되지 않는 독수리 및 왜가리도 공격 대상이 되며 자기 영역을 방어하기 위한 강한 방어본능도 생긴다. 구애기간에 보이는 매의 행동 중 암컷 매는 오랜 시간 동안 한 장소에 앉아 몸의 깃털을 다듬는 행동은 육추장소라는 사실을 다른 새들에게 광고하며 장차 알을 품을 때의 깃털로 변환을 빨리 하기 위한 것이기도 하다.

　특히 암컷 매는 나뭇가지에 앉아서 대부분의 시간을 보내며 암컷은 알을 낳기 위한 최상의 몸을 만들어 간다. 암컷은 한 곳에 앉아 있거나 몸을 가꾸는 시간이 길어지면서 에너지 소비를 최소화 하고 몸속에 있는 알이 부서지는 위험을 줄이기 위해 활동을 최소화한다. 보통 사냥을 하지 않을 때는 나뭇가지 등 자신이 좋아하는 자리에 앉아 깃털을 관리한다. 매는 깃털을 부리로 매만지는 데 대부분의 시간을 보낸다. 오랫동안 한 자리에서 깃털을 치장하는 것이다. 꼬리 근처의 기름샘에서 나온 기름을 깃털에 바르면 깃털이 물에 젖지 않을 뿐 아니라 햇빛이 비타민 D로 전용되기도 한다. 이때 생성된 비타민은 다음 번 깃털을 단장할 때 부리로 닦아 내 소화한다.

## 공중급식 (공중에서 먹이 전달식)

매 사진을 주로 담는 사람을 자칭 매잡이라 한다. 나를 포함한 매잡이들이 가장 원하는 장면은 일명 공중급식으로 수컷 매가 암컷 매에게 공중에서 먹이를 전달하는 장면이다.

매의 공중급식은 수시로 일어나는 장면은 아니다. 매가 공중급식을 시작하는 시기는 매들이 짝짓기 하기 전 수컷이 암컷에게 구애하는 기간 중에 시작된다. 암컷이 포란하여 둥지를 비울 수 없어 사냥을 나갈 수 없을 때에도 실시하며 알에서 부화한 새끼들에게 먹이를 공급하는 기간 중에도 수컷이 암컷에게 공중급식을 실시한다. 새끼들이 하늘을 자유롭게 날아다니게 되면 새끼들이 부모 매가 하는 것을 보고 모방하게 되는 데 이때 부모 매와 새끼들 간에 이루어지는 공중급식이 마지막이다. 왕성한 시기는 4월에서 6월 말까지며 육추(새끼 키우기)가 늦게 시작될 때는 7월까지 이어지기도 한다.

대개 공중급식은 평소보다 조금 큰 먹이를 잡아왔을 때 주로 보이며 과정은 다음과 같다. 수컷이 먹이를 물고 평소보다 느린 속도로 암컷에게 먹이를 가져왔다는 의미로 "케~엑, 케~엑, 케~엑" 거리는 소리를 내면서 발에 먹이를 들고 나타나면 암컷은 그 소리를 듣고 나뭇가지나 절벽 아래 바위에서 뛰어내려 수컷과 같은 방향으로 날아간다. 암컷은 수컷보다 낮은 고도로 수컷 뒤에서 접근해간다. 그러면 수컷은 먹이를 발에서 부리로 옮긴다. 수컷의 비행속도는 암컷이 접근 할 수 있도록 크게 줄이고 암컷은 속도에 맞추어 수컷의 아래에서부터 수컷의 부리에 있는 먹이 쪽으로 발톱을 내민다. 그러면 수컷은 암컷의 발톱이 먹이에 닿기 전 혹은 한참 전에 떨어뜨리거나 암컷의 발톱이 수컷의 부리 근처에 오면서 먹잇감을 움켜쥐는 순간 먹이를 놓아버린다. 그때 암컷은 떨어지는 먹이를 잡는다. 암컷이 먹이를 받아들면 수컷과 암컷은 한동안 같은 방향으로 비행할 때도 있고 각자 다른 방향으로 방향을 바꾸어 비행하는 경우도 있다.

수컷이 잡아온 먹이를 발에서 부리로 옮겨 암컷이 아래에서 수컷에게 적당한 높이로 올 때까지 기다린다. 보통의 경우 암컷은 발톱을 위로 올려 수컷에게서 먹이를 직접 잡아채 가거나 암컷이 올라오는 속도에 맞추어 암컷이 받기 쉬운 위치에 오면 수컷이 부리에 있는 먹이를 놓는다.

매과 새들이 공중에서 먹이를 전달하는 이유에 대하여는 알려진 바가 없지만 다음과 같이 생각해 볼 수 있다. 숲이나 절벽에 사는 맹금류 대부분은 수컷이 사냥해 오면 숲의 나뭇가지나 절벽의 바닥까지 먹이를 들고 와 암컷에게 전달하거나 둥지에 던져 놓고 다시 사냥을 떠나거나 휴식을 취하러 간다.

하지만 탁 트인 곳을 좋아하고 그런 곳에서 사냥하는 매는 나뭇가지에 앉거나 절벽에 내려서는 것보다 공중에서 먹이를 전달하는 것이 시간도 줄일 수 있고 내려앉았다가 다시 날아가는 것보다 훨씬 효율적으로 에너지를 줄일 수 있기 때문에 이를 선호할 것이다. 이소한 새끼들이 날갯근육을 키울 수 있도록 먹이로 유인했다가 비행실력과 사냥법을 동시에 향상시킬 수 있는 요령이기 때문은 아닐까 싶기도 하다.

'효율성이 뛰어나고 좋은 방법이라면 수시로 이용하지 않기에 어떤 곳에서는 보기가 힘들고 어떤 곳에서는 수시로 이루어지는 것일까?' 라는 의문이 생긴다.

탁 트인 공간이면 어떠한 곳에서도 완벽하게 적응해가는 매들에게는 일반화되는 것은 없다. 남해의 작은 무인도, 나무 한 그루 없이 바람과 햇빛에 노출되어 다른 새들은 살아갈 장소조차 없는 곳에서는 먹잇감을 어떻게 공급할지 걱정스런 곳에서도 매 한 쌍이 살고 있다. 여기에 서식하는 매는 섬 주위를 스쳐 지나가는 새들을 먹잇감으로 삼는다. 작은 섬에는 매와 비슷한 환경에서 살아가는 바다직박구리와 갈매기가 전부이기 때문에 섬을 지나는 모든 새들이 보일 때마다 매는 사냥을 해야만 한다. 불과 몇 분전에 사냥을 했더라도 다시 사냥을 하고 먹잇감을 저장해 두어야만 날씨가 좋지 않아 지나가는 새들이 없을 때도 살아갈 수 있다.

이곳 매들은 다른 곳의 매가 1년에 몇 번 보여주지 않는 공중급식을 하루에도 몇 번씩 수시로 실시한다. 다른 곳에서는 비교적 큰 먹잇감일 때 공중급식을 실시하지만 작은 섬의 매 부부는 작은 먹잇감을 들고서도 공중급식을 하고 수컷은 둥지로 곧장 들어갈 수 있는 상황에서도 암컷이 먹이를 가지러 올 때까지 먹이를 들고 공중급식을 기다린다. 뱃시간 때문에 오래 있을 수 없는 짧은 하루 대여섯 시간에도 네댓 번씩 공중급식을 실시한다. 조금 전에 먹이를 가지고 와 전달식을 가졌는데도 몇 분에 다시 먹이를 가지고와 암컷을 부르고 공중에서 급식한다. 먹이를 너무 자주 가지고 와 암컷이 반응을 보이지 않고 먹이를 받으러 오지 않을 경우에만 수컷이 둥지로 먹이를 직접 가져갈 뿐이다. 극악의 환경에서 녀석들은 다른 곳의 녀석들과는 다른 방식의 생활요령을 선택한 것이다.

풀 한포기 제대로 자라지 못하는 무인도에 사는 매는 새들이 이동하는 시기에 많은 먹잇감을 잡아야 한다. 이들의 영역을 지나가는 새들은 매의 먹잇감이 될 위험이 항상 도사린다. 위장이 뛰어난 쏙독새도 힘들고 지쳐 매의 사냥감이 되었다. 수컷이 쏙독새를 사냥해 왔다. 사냥감을 부리로 옮겨 전달하지 않고 수컷은 암컷이 다가오자 발톱으로 잡은 상태에서 먹이를 놓는다. 암컷은 수컷의 발에서 떨어진 먹이를 공중에서 잡아챈다. 이처럼 그때그때의 상황에 따라 매들은 다양한 방법을 사용한다.

　녀석들의 호흡이 아무리 잘 맞는다 하더라도 가끔은 실수를 할 때가 있다. 수컷과 암컷의 호흡이 맞지 않아 수컷이 조금 일찍 떨어뜨리거나 암컷이 자세를 취하지 않은 상태로 들어가다가 먹이를 놓치는 경우가 생긴다. 그러면 암컷은 빠른 속도로 먹이를 향해 자유낙하하며 먹이를 잡기도 한다.

수컷이 먹이를 일찍 떨어뜨리거나 암컷이 자세를 잡지 않아 떨어뜨렸을 때는 속도를 이용하여 먹이를 따라가 낚아챈다.

## 짝짓기

매들은 짝짓기 시즌이 왔다는 것을 어떻게 알 수 있을까? 햇빛이 비추는 낮의 변화에 따라 생리적 변화가 일어나 짝짓기와 육추가 시작된다. 해가 길어지면 수컷 매의 몸에는 호르몬의 변화가 일어나면서 구애욕구가 증가하게 된다. 호르몬이 증가하면 짝을 찾기 위한 욕구가 강해지고 암컷에 대한 먹이공급과 영역에 대한 방어비행이 시작된다. 수컷의 이런 행동변화로 암컷은 호르몬이 상승하고 수컷이 가져온 먹이를 다반사로 받아먹으며 짝짓기를 수용한다. 아울러 뱃속에 알을 만들기 위해 활동을 점점 줄인다. 구애기간은 약 3주에서 두 달이 필요하고 구애와 짝짓기가 거의 동시에 이루어진다.

1960년대 당시 새의 번식법을 조사한 데이비드 랙은 알려진 1만 여 종 중에서 약 90퍼센트 이상이 일부일처제라고 추정했다. 나머지는 복혼(일부다처제, 혹은 일처다부제)이거나 난혼(암수 간의 유대관계가 없는)이었다고 한다. 하지만 이후 친자 확인 연구에서 사생아가 흔하다는 사실이 드러났기 때문에 새들이 거의 모두 단혼이라는 일설은 수정해야 했다.

새들이 부부로 짝을 이루어 번식한다는 랙의 말이 옳더라도 단혼이 일부일처로만 생활하고 교미한다는 것을 의미하지는 않는다. 외도와 사생아는 흔한 일이며 조류학자도 이제는 사회적 단혼과 성적 단혼을 구분한다. 성적 단혼은 배타적 짝짓기 형태로 부정을 저지르지 않는다. 흑고니를 비롯한 소수의 새들이 여기에 속한다. 반면 사회적 단혼이란 겉으로는 일부일처로 보이지만 사실은 아니라는 것이다.

많은 새들이 암수 한 쌍이 짝을 이루어 사냥하고 동행하다가 짝을 잃으면 남은 생을 홀로 보내는 녀석도 있어 때로는 순애보를 연출하지만 종류에 따라 여러 수컷이나 여러 암컷과의 짝짓기를 통하여 자신의 유전자를 남기기도 한다. 한 배에서 태어난 새끼도 수컷의 DNA가 제각각인 경우도 더러 있다.

기러기는 일반적으로 해로하고 가족애가 돈독하며 장수한다. 새끼는 여러 달을 부모와 함께 살지만 가족이 함께 이주하기도 한다. 짝과 일시적으로 헤어졌으면 다시 만났을 때 일반적으로 인사과시 또는 인사의식을 행한다. 이러한 인사과시의 길이와 세기는 두 마리가 떨어져 지낸 기간과 밀접한 관계가 있다.

매 역시 짝이 되면 둥지 근처에서 짝짓기를 한다. 짝짓기는 아주 짧은 시간에 끝이 난다. 매의 짝짓기는 구애단계와 거의 동시에 이루어지고 수컷 매가 암컷 매에게 먹이를 갖다 주고 나면 이때 짝짓기가 이루어진다. 암컷에게 먹이를 갖다 주지 않고 수컷이 이를 먹고 난 후 자신의 사냥실력을 암컷에게 과시한 후에도 짝짓기가 이루어진다. 짝짓기 철은 매들의 이동시기와도 겹치며 영역 내에 다른 매가 들어오면 암컷은 침입자가 들어왔다는 신호를 수컷에게 보내고 수컷은 영역을 침입한 매를 공격한다. 수컷이 다른 매를 공격하는 동안 암컷 매는 평소와는 다른 소리를 내어 수컷의 용기를 북돋운다. 수컷이 승리한 후에도 짝짓기가 이루어진다. 대다수는 암컷이 수컷에게 짝짓기 준비의 일환으로 몸을 낮추고 꼬리를 드는 신호를 보내면 수컷은 암컷의 신호에 따라 짝짓기를 하지만 수컷이 암컷의 신호를 무시할 때도 있다.

짝짓기 철이 되어 수컷이 암컷에게 줄 먹이를 가져오고 있다.

짝짓기 철이 되면 수컷은 암컷에게 먹이를 공급하기 시작하고 암컷도 이를 당연한 듯 받아먹는다.

새들에게는 포유류와 같은 암수를 구분하는 생식기가 없고 총배설강이라는 기관이 있어 이를 통해 배설과 짝짓기가 이루어진다. 암수의 새는 서로의 총배설강을 맞대고 수컷이 정자를 암컷의 총배설강으로 배설하듯 넣는다. 이러한 방식은 암컷이 임신할 확률이 낮기 때문에 짝짓기 철이 되면 암수는 수정률을 높이기 위해 많은 수의 짝짓기를 하게 된다. 미국의 한 연구에 따르면 시즌 중 한 쌍의 매가 약 한 달 반에서 두 달 가까이 총 450번의 짝짓기를 했고 어떤 쌍은 690번의 짝짓기를 했다고 한다.

비록 짧은 기간이지만 굴업도에서 관찰한 짝짓기는 새벽부터 오전 11시 30분까지 총 4차례의 짝짓기가 이루어졌고 다른 영역의 매 역시 오후 2시에서 6시까지 총 4차례의 짝짓기가 이루어졌다. 이러한 사실로 볼 때 알을 낳을 시기가 가까워지면 하루에 최소한 7~8번의 짝짓기가 이루어지고 보이지 않는 곳에서 벌어지는 짝짓기까지 계산하면 많을 때는 10번 이상의 짝짓기를 한다고 볼 수 있다. 우리나라에 사는 매들 역시 약 한 달 반에서 두 달간 짝짓기를 관찰하면 미국에서 실시한 연구와 비슷한 결과를 얻을 수 있을 것이다.

매들이 좋아하는 짝짓기 장소가 있지만 항상 일정한 곳을 이용하지는 않는다. 특히 나뭇가지도 좋아하고 바위 위도 가리지 않는다.
짝짓기할 때는 암수가 다 요란한 소리를 내기 때문에 매를 쉽게 찾을 수 있다.

매 사진의 요람이었던 태종대에서 관찰할 수 있는 짝짓기 수는 한정될 수밖에 없다. 항상 보이는 곳에서도 짝짓기를 하지만 보이지 않는 곳에서 이루어지기도 하고, 거리가 너무 멀어 확인하지 못하는 경우도 많기 때문이다. 너무 이른 새벽이나 늦은 저녁에는 짝짓기를 관찰할 수 없다는 점도 이유로 꼽힌다.

'아유, 저 녀석들 저기 주전자 섬 등대에서 짝짓기를 하고 있네.' 어쩌다 렌즈를 들고 생도(주전자 섬)를 살피다 이렇게 말한다. 하지만 알을 낳을 시기가 다가올수록 이전 시기보다 더 많은 짝짓기가 이루어진다는 사실은 관찰을 통해 알 수 있다. 알을 낳을 시기가 된 어느 날은 약 7시간 남짓한 시간 동안 6번의 짝짓기가 관찰된 날도 있고 매와 비슷한 새홀리기 역시 산란기가 다가오자 하루에 약 8번이나 교미하는 것이 보였기 때문에 굉장히 많은 짝짓기가 이루어진다는 사실을 알 수 있었다.

다른 새들과 같이 매도 불안한 모습으로 교미한다. 암컷이 머리를 낮추고 꼬리를 높이 들면 멀리 있던 수컷은 비행하여 암컷의 등 위로 올라서는데 수컷의 날카로운 발톱이 암컷의 등에 상처를 주지 않기 위해 발톱을 오므린 채 암컷의 등에 살짝 오른다. 그리고 암컷의 위에서 날개를 퍼덕이며 균형을 잡는다. 짝짓기가 끝나는 동안 수컷은 날개를 퍼덕이는 동시에 균형을 잡는다. 수컷의 꼬리는 암컷의 꼬리와는 어긋나게 아래로 향하여 서로의 총배설강을 맞춘다. 1~8초 정도의 아주 짧은 시간에 그리 한다. 때문에 확실한 수정을 위해 많은 횟수의 짝짓기가 이루어지는 것이다. 짝짓기는 알을 낳기 일주일 전뿐 아니라 알을 낳은 후에도 보이는 경우가 더러 있다.

매의 짝짓기는 아주 짧은 시간에 이루어지는데 확실한 수정을 위해서는 많은 횟수의 짝짓기가 필요하다. 수컷은 발톱을 오므린 채 암컷의 등 위에서 날갯짓하며 균형을 잡으려고 애를 쓴다.

왕성한 짝짓기의 목적은 수정할 확률을 높여 알을 확실히 낳는 데 있다. 수컷은 자신의 모든 에너지와 시간을 투자해 가며 키우고 있는 것이 제 새끼라는 것을 확신하고, 자신이 사냥하러 나간 사이 잠깐의 모험을 즐긴 젊은 침입자의 자손이 아니라는 것을 믿어야 한다. 맹금류에게는 다른 짝과의 짝짓기도 일어나지만 왜 그런지는 알지 못한다.

매는 암수의 관계를 오랫동안 유지하지만 한 마리가 죽으면 남아있는 다른 녀석은 다른 짝을 곧 구한다. 그러는 이유는 영역을 지키며 에너지를 소비하지 않아도 되는 떠돌이들이 있기 때문이다. 그들은 영역다툼에서 쫓겨났거나 좋은 영역을 차지하지 못해 더 나은 영역을 차지할 기회를 노리는 녀석들이 포함된다. 경험이 미숙한 녀석이나 나이든 녀석은 은밀히 살아가며 새로운 기회를 엿볼 수 있다.


## 둥지

매는 시야가 확보되어 먹이를 쉽게 찾을 수 있는 넓은 장소를 좋아한다. 먹이를 충분히 찾기 위해 주로 시야가 확보되는 절벽지역에 둥지를 만든다. 영국에서는 바닷가 절벽이나 강어귀의 높은 틈새 둥지를 벗어나 고층건물의 옥상에서도 번식한다는 기록이 있다. 우리나라에서도 제주시 아파트 단지 베란다에 매가 둥지를 틀어 새끼를 키워냈다는 뉴스도 있고 부산에서도 아파트 고층 베란다에 둥지를 틀었다는 뉴스를 접하기도 한다. 하지만 매의 둥지는 대개 사람들이 쉽게 접근할 수 없는 바닷가 절벽에 있다.

2014년도 매 둥지가 있던 절벽, 0221 2015년도 매 둥지가 있던 절벽, 0291 2016년도 매 둥지가 있던 절벽

즉 새를 제외한 다른 포식자가 공격하기 어려운 곳에 둥지를 정하는 것이다. 매 둥지는 사람과 가까운 거실 베란다 등에도 짓긴 하지만 사람과의 친밀성 때문에 그곳에 짓는 것은 아니다. 둥지로 사용할 만한 장소가 그만큼 부족하다는 방증이 아닐까 한다. 이렇게 인간과 가까운 곳에 둥지를 짓는 이유는 다음 두 가지가 원인일 수 있다. 첫 번째 이유는 매가 살만한 바위절벽이 개발되어 더는 둥지를 지을 곳이 없기 때문이다. 두 번째는 예전 산속이나 강어귀의 높은 절벽에서 살던 매도 개발 탓에 사람의 접근이 쉬워지고 시야가 막히면서 서식지를 잃었기 때문이다. 또한 과도한 농약 사용 후 2차 중독으로 많은 개체가 죽으면서 수효가 줄어들기도 했다. 그러나 매과의 생존력과 강한 적응력 덕분에 새로운 서식지인 섬 지방을 중심으로 개체수가 다시금 늘어나고 있다. 매의 개체수가 늘어난 탓에 둥지를 지키던 곳에서의 세력다툼에서 밀려 어쩔 수 없이 인간과 가까운 곳에 짓는 것은 아닐까.

숲속 나무에 둥지를 트는 참매처럼 미국 일부 지역과 오스트레일리아 및 유라시아 대륙 북부에서는 절벽이 아닌 크고 높은 나무에 둥지를 트는 개체도 발견된다. 이렇게 나무에 둥지를 트는 개체는 강과 바다가 만나는 지역을 근거로 하여 풍부한 먹잇감을 사냥한다. 미국에서는 같은 절벽에 두개의 둥지, 두 마리의 암컷과 한 마리의 수컷이 같은 해에 새끼를 잘 키워냈다는 기록이 있다. 아주 특별한 경우가 아닌가? 예민한 매들이 한 영역에서 생활했다는 사실은 대단한 일이라 생각한다.

매는 사람이나 다른 포식자가 좀처럼 접근할 수 없는 절벽에 약 18~23센티미터 정도 크기로 깊이는 3~5센티미터 정도의 맨땅에 다른 아무런 재료도 추가하지 않고 약간 움푹 팬 둥지를 만들고 여기에 보통 3~4개의 알을 낳는다.

월동지로 떠나는 새들은 월동지에서 돌아올 때는 예전에 둥지로 사용했던 지역으로 돌아온다. 환경이 지난해와 변함이 없다면 다시 둥지를 틀 확률이 높아진다. 매들이 둥지가 있는 자기 영역을 떠나지 않는다 하더라도 둥지의 위치가 항상 같은 것은 아니다. 자기 영역 내에서 둥지의 위치를 바꾸어 가며 알을 낳고 새끼를 키운다. 텃새로 사는 매의 경우는 자기 영역을 떠날 이유가 없다. 하지만 새끼의 경우는 둥지를 떠나 독립하여 살아가야 한다. 그 중에는 가끔 자신이 태어난 둥지로 돌아오는 경우가 있는데 이는 새끼들의 생존율에 대한 중요한 자료가 될 수 있다.

어미 매는 알을 굴려 골고루 따뜻하게 하며 알이 부화되어 나오면 알껍데기는 암컷이 먹거나 작은 알갱이로 부서지거나 갖다 버린다. 그래서 둥지 주변은 어미의 솜털, 새끼들의 변환 깃털, 먹잇감들인 새 뼈나 날개 깃털, 먹이 찌꺼기, 새끼들의 분뇨 등이 어지럽게 널려있고 작은 곤충과 파리 등이 둥지 주변을 날아다닌다.

어린 새끼들은 아무 방향으로 엉덩이를 들고 배설하기 때문에 둥지의 벽에도 새끼들의 배설 흔적이 남는다.

새끼들이 커가면서 둥지 주변에는 먹잇감들의 깃털들이 흩어지기 시작한다.

둥지 주변에는 어미가 가끔씩 휴식을 취하거나 먹이를 먹는 장소가 있다. 이런 장소는 주로 둥지를 볼 수 있는 가까운 나뭇가지나 절벽 끝이고 매의 하얀 배설물 탓에 눈에 잘 띈다. 둥지 아래가 절벽이라면 새끼들의 하얀 배설물로 녀석들이 살고 있다는 흔적이 남게 된다. 둥지의 위치를 찾을 때나 혹은 매가 자주 앉는 자리를 찾기 위해서 이러한 배설물의 흔적을 찾으면 조금은 도움이 된다.

매 둥지 아래 혹은 어미 매가 둥지에서 나와 잠시 휴식을 취하는 장소나 나뭇가지 아래에는 매의 하얀 배설물이 흔적이 남는다.

수컷 매가 둥지 근처를 날아다닌다. 둥지 아래에는 매의 배설물 흔적이 바위를 하얗게 덮고 있다.

일부 매는 새끼를 낳기 전 둥지를 정할 시기인 3월 중순에서 말경, 매에게 접근하면 매가 그곳의 둥지를 포기하고 다른 곳으로 이동하는 경우도 있다. 미국에서는 매가 내륙 암벽에도 둥지를 짓기 때문에 매 시즌이 시작되면 암벽등반이 금지되기도 한다.

우리나라에서도 북한산 선인봉 등반팀이 매 시즌 중에 이 지역을 등반할 때 새가 그들 주변을 맴돌며 아주 격렬히 공격했다는 사실을 블로그에서 본 적이 있다. 비록 사람이 많이 살고 있는 서울이지만 매가 북한산과 그 지역에 사는 작은 산새들을 상대하며 둥지를 틀 수 있는 장소로 사용할 만큼 널리 개방된 장소이기에 매의 둥지로 사용된 것은 아닐까 싶기도 하다.

매들이 짝짓기를 끝내고 알을 낳을 시기인 3월 말경에는 둥지 주변의 출입을 삼가는 것이 좋다. 필자 역시 둥지를 정할 시기인 3월 말경에는 매를 찾지 않는다. 짝짓기 철에 녀석들이 자주 찾는 곳을 확인해 둔 후 더는 방문하지 않다가 둥지가 확정되었을 시기가 되면 다시 찾아 둥지를 확인한다.


## 알과 포란기 및 새끼 키우기(육추기)

알의 기본 색은 그라운드컬러Ground color라는 크림색이고 크림색 알에는 붉은색 반점들이 찍혀있다. 알의 모양은 타원형으로 한쪽이 약간 길쭉한 형태로 되어 있어 절벽 둥지에서 굴러도 절벽 밖으로는 떨어지지 않는다. 이에 비해 올빼미류의 알은 완전히 둥근 모양인데 그 이유는 나무둥지 속에서는 절벽과 달리 떨어질 위험이 없기 때문이다. 매의 알은 몸집에 비례하여 비교적 작은 알을 낳는다. 더딘 에너지대사metabolism 탓이다. 먹이를 소화하는 데 오래 걸린다는 이야기다. 이렇게 소화된 에너지와 물질은 알을 만드는 데 사용되며 이 또한 더디기 때문에 암컷이 알을 낳을 때는 알과 알 사이의 시간적 간격뿐 아니라 육추시기 또한 오래 걸린다.

매는 맨땅에 아무런 재료도 추가하지 않고 약간 움푹 팬 둥지를 만들고 여기에 대개는 3~4개의 알을 낳는다. 알은 크림색이며 알 위에는 반점이 찍혀있다.

암컷 매는 알을 낳으면 알을 품으면서 적당한 온도를 유지하기 위해 가슴부분의 깃털이 빠지는 육반(포란반, 깃털이 빠지고 매의 피부가 드러난 부분)이 나타난다. 육추시기에는 호르몬의 분비로 피부는 더욱 두껍게 되고 육반(포란반)Brood patch의 핏줄이 증가하여 새끼에게 전달할 온도를 상승시킨다. 성조의 몸의 온도는 약 40도에 달한다.

암컷 매는 몸을 앞으로 굽히며 가슴으로 알을 품어 알이 육반에 직접 닿게 하여 체온을 알에 전달한다. 수컷의 육반은 암컷에 비해 더 작고 늦게 생긴다. 그래서 수컷이 장시간 포란할 때는 적당한 온도를 유지하기 어렵다. 이 육반(포란반)은 매에게는 가슴 양쪽으로 두 부분이 나란히 있다. 같은 매과에 속하는 황조롱이에게는 세 부분이 있고 일반적인 맹금류에게는 한 부분이 있다.

매는 가슴부위의 깃털이 빠지고 알과 접촉하는 육반이라는 부분이 생긴다. 육반은 깃털이 빠지고 피부를 통해 직접 알과 새끼에게 알맞은 온도를 제공하기
위한 것이다. 수컷에게도 육반이 생기지만 암컷의 육반(포란반)보다는 크기가 작다.

조류와 포유류의 피부는 둘 다 촉각과 온도에 민감하다. 이 민감성은 새가 알을 품거나 새끼를 키울 때 특히 중요하다. 알과 새끼에게 알맞은 온도를 유지해야 할 뿐 아니라 실수로 밟거나 깨뜨리면 안 되기 때문이다. 어미 새의 난로는 가슴 부근에 있는 육반이라는 피부 부위이다. 육반은 알을 품기 며칠이나 몇 주 전에 깃털이 빠지고 혈액 공급량이 증가한다.

조류학자들은 새를 알 개수가 정해진 부류와 정해지지 않은 부류로 나누었으나 왜 이런 차이가 생기는지는 전혀 몰랐다. 알 개수가 정해지지 않은 새들이 육반으로 알을 낳는 개수가 좌우된다는 것은 나중에 알게 된 사실이다. 낳은 알을 꺼내면 육반에 촉각 자극이 없어 알을 그만 낳으라는 메시지가 뇌에 전달되지 않는다. 알을 꺼내지 않으면 육반의 촉각 감각기가 둥지에 알이 있음을 감지하여 복잡한 호르몬 과정을 통해 올바른 개수의 난자만 발달하게 된다.

각각의 알에 들어있는 배아가 정상적으로 발달하려면 온도를 알맞게 유지해야 한다. 온도가 일정할 필요는 없다. 너무 낮거나 너무 높지만 않으면 된다. 어미 새가 알을 품다가 먹이를 찾아 둥지를 떠나면 알이 차가워지는데 배아는 잠깐의 더위 보다는 잠깐의 추위를 훨씬 잘 견딘다. 대다수의 종은 약 30~38도에서 알을 품고 어미 새는 행동으로 온도를 조절한다. 육반과 알의 접촉면을 바꾸어 알의 온도를 조절했다가 알이 차가워지면 알에 열을 더 많이 공급하고 알이 뜨거워지면 알에 바짝 붙어 여분의 열을 흡수한다.

육반은 언뜻 보기에는 분홍색이 너무 짙어 좀 야해 보이는 피부에 불과한 듯하지만 실은 놀랍도록 예민하고 정교한 기관이다. 새는 육반에 공급되는 혈류를 늘리거나 줄여 알의 온도를 조절한다. 육반이 알과 맞닿으면 뇌하수체에서 프로락틴이라는 호르몬이 분비되어 어미 새가 계속 알을 품도록 한다. 알을 둥지에서 모두 꺼내면 프로락틴 분비량이 곤두박질한다. 이 과정에서는 촉각이 매우 중요한 역할을 한다.

어미새가 포란하고 있을 때의 둥지는 너무나 조용하다. 암컷이 알을 품고 있을 때는 거의 움직임이 없어 알아채기 힘들다. 이 시기에 암컷은 거의 둥지에 있거나 가끔씩 휴식을 취하기 위해 나뭇가지나 절벽에 앉아 있는 시간을 제외하면 거의 눈에 띄지 않게 은밀히 행동하기 때문에 둥지를 옆 절벽에 두고도 찾지 못할 때가 많다.

둥지에 앉은 암컷은 움직임이 거의 없고 소리도 내지 않는다. 지나가는 새나 동물이 있어도 소리를 내지 않고 고개를 움직이며 자신에게 피해를 주지 않으면 움직이지 않고 가만히 엎드려 있어 찾기가 힘들다.

수컷 역시 먼 곳에서 사냥하여 둥지 근처에서 먹이를 전달하거나 아주 빠르게 둥지에 들어가 암컷에게 먹이를 전달하기 때문에 둥지 근처에 있지 않으면 매를 보기 어렵다. 하지만 수컷이 암컷에게 먹이를 들고 갈 때는 공중에서 전달하든 둥지로 들어가서 전달하든 먹이를 가져왔다고 요란하게 운다. 이에 맞추어 암컷 역시 요란한 소리로 수컷이 가져온 먹이를 빼앗듯이 받아들고 자신이 좋아하는 장소나 둥지에서 먹는다. 그러면 수컷은 또 다시 조용하고 빠르게 둥지를 떠난다. 이때 녀석들의 울음소리로 둥지 위치는 쉽게 노출된다.

포란은 대개 암컷이 하지만 하루 중 짧은 시간 동안은 수컷이 대신한다. 수컷은 단지 암컷이 알을 품지 못할 때 잠시 품어야 하는 보조 역할을 한다고 볼 수 있다. 수컷이 포란에 참여할 때는 암컷이 먹이를 먹을 때와 목욕하러 갈 때, 배설할 때이다. 암컷에 따라 수컷이 먹이를 가지고 오면 약 2~3분간 먹이를 먹으러 갈 때를 제외하고는 하루 종일 둥지를 지킨다. 하지만 필자가 관찰한 곳의 둥지에서는 포란은 대부분 암컷의 몫이었고 수컷은 암컷에게 먹이를 갖다 주는 역할을 주로 했다.

숲속에 사는 참매는 매와 달리 포란기에 수컷도 암컷과 교대하며 포란하는 모습을 자주 관찰할 수 있다. 수컷에 따라 다르겠지만 암컷에게 잠시 휴식을 주는 이러한 교대 포란을 다른 녀석보다 더 오랫동안 하는 녀석이 있다고 한다. 이러한 현상은 알에게는 좋지 않다. 수컷의 육반(포란반)이 암컷의 그것보다는 크기가 작기 때문이다.

『천년의 기다림 참매(박웅 지음)』에서도 유달리 헌신적인 수컷 참매 이야기가 나오는데 교대한 수컷이 암컷에게 포란을 넘겨주지 않는 경우가 많은 둥지에서는 암컷이 떠나는 바람에 번식하지 못했던 적도 있다고 한다. 암컷 참매가 포란을 대부분 담당하지만 수컷의 역할도 일정 부분 포란을 하며 분담하나, 매는 수컷 참매와 달리 포란보다는 사냥이라는 역할이 확실해 보였다.

수컷 참매는 암컷이 먹이를 먹는 시간을 주기 위해 암컷과 교대하여 포란하는 시간을 가진다.

어미가 포란을 시작하는 시기는 세 번째 혹은 마지막 알이 나온 후부터다. 알을 깨고 나오는 시기는 알마다 다르며 약 24~48시간의 차이가 난다. 알을 낳을 때와 마찬가지로 새끼들 역시 시간차를 두며 알을 깨고 나온다. 경우에 따라 첫 번째와 두 번째 새끼가 나온 후 2~3일 후에도 세 번째 새끼가 나오는 경우도 있다. 매는 3~4개의 알을 낳지만 부화에 성공하는 알은 3개 정도다. 그 이유 중 하나는 높은 고도에 위치한 둥지의 특성이나 습기가 많은 바닷가의 차가운 날씨의 영향으로 첫 번째 알이 부화하지 못하는 경우가 생기기 때문이다. 새끼들이 부화하고 나면 너무 높은 열 역시 추운 것만큼 치명적이다. 그래서 적당한 체온을 유지하기 위한 부모의 헌신적인 노력이 필요한 것이다.

대형 맹금류에 속하는 흰매Gyrfalcon는 몸집에 비해 작은 비율의 알을 낳고 작은 맹금류들은 비교적 큰 알을 낳는다. 작은 맹금류는 알을 낳는 간격이 짧고 포란하는 시기 역시 짧다. 그래서 새끼가 성공적으로 이소하는 확률도 높아진다. 예컨대, 황조롱이는 평균적으로 29일이 걸리고 흰매Gyrflacon는 대개 35일이 소요된다. 매는 29~32일이 걸린다.

새끼들은 알에서 깨어나서도 허파가 제 기능을 발휘하기까지는 약 하루가 걸린다. 알을 깨느라 많은 에너지를 소모하였기 때문에 깨어진 알 안에서 휴식을 취한다. 알에서 깨어난 후 약 30~70시간(평균적으로는 50시간) 후에는 완전히 알에서 나온다. 새끼는 온전히 부모의 도움과 먹이 제공에 의존해야만 하는 연약한 존재에서 출발한다. 깃털도 제대로 성장하지 않아 몸의 체온을 조절할 수 없어 처음 몇 주 동안은 부모가 품어주어야 하고 눈도 뜨지 못한 상태로 5일이 지나야 간신히 눈을 뜬다.

눈을 뜨지 못한 아기 새들은 어미가 고기를 잘라 새끼의 부리를 두드려 새끼가 입을 벌리도록 유도한 후 넣어준다. 이때 "칩, 칩" 같은 소리를 낸다. 새끼들이 눈을 뜨면 아기 새들은 작은 움직임에도 민감하게 반응하며 부모에게서 먹이를 받아먹는다.

부화한지 두 주 정도가 지나면 새끼들은 체온조절을 스스로 할 수 있게 된다. 일부 맹금류는 형제자매 중 우세한 녀석이 약한 개체를 죽이는 경우도 있지만 매의 둥지에서 그런 불상사는 벌어지지 않는다. 물론 먹이경쟁은 치열하겠지만.

부화 후 2주 정도가 지나면 흰털이 보송보송 난 새끼들은 체온을 스스로 조절할 수 있게 되어 새끼들끼리 있는 시간이 길어지지만 어미의 도움은 여전히 필요하다.

새끼들이 체온을 스스로 조절할 수 있게 되면 어미 새는 둥지를 지켜볼 수 있는 가까운 곳에 앉아 둥지를 지키고 수컷이 사냥해오는 먹잇감을 기다린다(아래).

암수의 크기 역전현상은 새끼들에게도 나타나 수컷 새끼는 둥지에서도 불리하다. 하지만 체격의 불리함은 민첩한 행동과 일찍 자라는 깃털로 극복할 수 있다.

새끼가 스스로 먹이를 잘라 먹기 전까지는 수컷이 사냥해 온 먹이를 암컷이 받아 새끼들에게 잘게 잘라서 먹인다. 특히 이 시기에 사냥을 담당하는 수컷이 없어지면 암컷 혼자서 먹잇감을 공급하게 되어 새끼들의 생존율은 그만큼 떨어지게 된다. 그러나 암컷이 없으면 새끼들은 생존할 수 없게 된다. 수컷은 먹잇감을 새끼들이 먹을 수 있는 크기로 잘라내지 못하기 때문이다.

새끼가 어느 정도 자라 먹이를 찢어서 먹을 수 있게 된 후에도 어미는 먹이를 작게 잘라 주려는 경향을 보인다. 하지만 새끼가 점점 커가며 먹이를 스스로 찢을 수 있게 되면 부모는 먹이를 둥지에 던져두고 새끼들이 스스로 먹을 수 있게 한다.

태어난 후 약 18일째까지도 새끼들은 하얀 깃털로 온몸이 덮여있어 체온을 스스로 조절하기가 어렵기 때문에 부모가 이를 극진히 보살펴야 한다. 약 25일을 전후하여 검은 털이 올라오기 시작하며 하얀 깃털 사이로 검은 깃털이 얼룩덜룩 보이기 시작한다. 하얀 깃털이 완전히 사라지는 시기는 개체에 따라 약간씩 차이가 나는데 35일차까지 검은 깃털로 털갈이를 하지 못한 개체도 있다. 검은 깃털로 어느 정도 털갈이가 되면 점차 둥지에서 벗어나 첫 비행을 할 수 있는 둥지 근처 절벽으로 올라간다.

## 새끼 매의 털갈이에 대하여

부화 1일째 약 20일까지 하얀 털

20~25일째 솜털이 빠지고 검은 털이 조금 나온다.

28~35일째 검은 털이 반쯤 나거나 2/3 정도 난다.

35~41일째 흰털이 거의 남아있지 않고 검은 털로 덮힌다.

한창 크는 새끼들은 둥지에서 날개의 근력을 기르기 위해 날갯짓을 연습한다. 그러면서 둥지를 조금씩 벗어나 높은 곳으로 이동하기 시작한다. 둥지 근처의 높은 바위 위에 올라가면 드디어 이소할 준비가 끝난 것이다. 이때는 연습 삼아 바위 끝에서 바람에 몸을 띄운다.

둥지에서 날개의 근력을 키우기 위해 날갯짓을 연습하는 새끼

날개의 힘이 길러지면 드디어 첫 번째 비행을 하게 되지만 불안한 비행은 더 불안한 착륙으로 이어진다. 나뭇가지에 걸리고 절벽 끝 착륙지점에 처박히는 등 실수를 통해 점차 비행실력과 착륙 기술을 늘려간다. 이 시기에는 죽을 확률이 높아진다. 잘못된 착륙으로 부상을 입거나 포식자에게 노출되어 죽기도 하지만 사냥술과 비행술을 빨리 습득하기 위해선 어쩔 수 없는 선택이다.

어린 매가 바다 위를 날며 비행을 연습하고 있다.

미국 자료에 따르면 어린 새는 개체에 따라 다르지만 약 28~54일 안에 둥지를 떠난다고 한다. 하지만 국내 관련 기록과 필자가 관찰·기록한 자료를 보면 평균적으로 35일을 전후로 42일 안에 둥지에서 벗어나는 것으로 나타났다.

이소 후 3~6주 사이의 어린 매는 혼자서는 사냥을 하지 않는다. 또한 둥지 근처의 절벽에 머물러 있을 뿐 둥지로 돌아오진 않는다. 어린 새는 둥지를 이소하고 나서도 약 3개월에 걸쳐 부모가 공급하는 먹이에 의존하는데 이는 개체별로 약간씩 다르다.

새끼들은 몸집이 커질수록 더 많은 먹이를 요구하고 배가 고프면 울기 시작한다. 이때 수컷의 사냥횟수는 더 많아진다. 새끼가 날아다닐 수 있게 되면 부모를 따라다니며 먹이를 요구하기도 하고, 형제자매끼리 따라다니거나 서로를 좇으며 독립할 준비를 한다. 이때 우리는 먹이를 문 부모를 좇거나 형제자매가 함께 먹이를 추격하거나 사냥을 연습하거나 혹은 부모를 따라 공중에서 먹이를 받는 등 다양한 장면을 멀리서 볼 수 있게 된다. 장래를 위한 연습과 놀이는 성조가 되었을 때 혼자서도 살아갈 수 있는 요령을 터득하는 열쇠이기도 하다.

아직 어린 시기에는 서서히 둥지를 벗어나 높은 곳으로 옮겨가지만 새끼들은 둥지에서처럼 서로 붙어 있다.

날아다닐 수 있으면 형제자매가 추격전을 벌이거나 사냥을 시연하며 홀로서기를 연습한다.

새홀리기는 이소 후 며칠은 형제들이 서로 가까이 않는다. 사방이 확 트인 높은 곳에 앉아 있으면 사냥해 오는 부모를 쉽게 볼 수 있고 먹이를 가지고 오는 부모에게 "키이리리 키이리리 키이리리이 키이리리이"하고 울며 배가 고프다는 신호를 먼저 보낼 수 있기 때문이다. 그러다가 날개를 퍼덕이며 날아오는 부모를 마중 나가 먹이를 빨리 전달받는 것이 더 많은 먹이를 먹을 수 있다는 것을 알게 되면 먹이를 물고 오는 부모에게 날아가 공중급식이 벌어지기도 한다. 시간이 지날수록 새끼들은 독립된 자리와 먹이를 편히 먹을 수 있는 자리, 햇볕을 피하면서도 부모를 잘 볼 수 있는 자리, 부모가 자주 오는 길목 등을 자기 자리로 정한다. 매도 처음에는 같이 모여 있다가 점점 각자의 자리를 찾아간다.

배가 고픈 새끼는 어미 새를 위협한다. 이때 덩치가 작은 수컷 매는 상처를 입을 수도 있기 때문에 먹이를 새끼에게 던져주고 가버리거나 새끼가 오면 먹이를 공중에서 놓아 버리는 경우가 많다.

부모만큼이나 큰 어린 매가 먹이를 달라고 달려들면 날카로운 발톱에 상처를 입을 수 있기 때문에 부모 매는 새끼를 피해 달아난다.

이 시기의 어린 개체는 부모보다 운동량이 적고 부모의 따뜻한 보살핌으로 많은 양의 먹이를 섭취할 수 있어 부모 매보다 더 큰 경향이 있다. 하지만 날아다니기 시작하며 다양한 사냥기술을 습득해가는 과정을 거쳐 점차 근육이 단단한 몸으로 변해간다. 새끼들은 부모의 영역을 돌연 떠나거나 서서히 떠나며, 생존에 필요한 기술을 얼마나 잘 익혔느냐에 따라 새끼들의 생존율이 10~20% 정도 감소할 수도 있다.

환경오염으로 알껍데기가 얇아지면 포란하는 중 알이 깨지고 포식자가 알을 훔치든가 악천후로 알이 손상된다. 알이 얼어서 더는 포란할 수 없을 때는 2차 번식을 하고 이렇게 태어난 새끼들은 먹이를 공급하는 데 다소 불리해진다.

2차 번식이 두 차례 있었다는 사실은 기록에도 있고 태종대에서 관찰된 바이기도 하다. 2010년에 전망대 밑 둥지에서 실패하고 난 후 주전자 섬 등대에서 2차 번식을 시도하여 7월에 새끼 한마리가 전망대까지 날아왔다는 기록이 있다. 반면 2012년에도 2차 번식을 위한 짝짓기가 4월에 말 등대에서 관찰되었고 5월에 포란에 들어갔지만 2차 포란은 결국 실패했다고 한다. 두 사례에서 우리는 새끼가 갓 부화하고 나왔어야 할 5월 초순에 2차 포란에 들어갔다는 사실을 미루어 알 수 있다.

국제신문 백한기 기자의 「무인도 목도 송골매의 육아일기」에 나오는 매들도 5월1일 발견 당시 포란 중이었고 7월이 되어서야 새끼가 이소했다. 역시 1차 포란 실패로 벌어진 2차 포란으로 짐작된다. 지리적으로 다소 떨어진 부산과 서해 굴업도에서의 육추시기가 거의 비슷하게 진행되는 것으로 보아 우리나라에서는 새의 이동시기인 5월초에는 이미 아기 매들이 알을 깨고 나와 있어야 한다. 많은 여름 철새들이 우리나라로 이동하는 덕에 먹잇감이 풍부해지기 때문이다. 이동하는 매들은 체력이 소진되어 적극적으로 대응할 수 없는 새를 사냥하여 이를 새끼들에게 먹일 수 있다. 하지만 2차 포란 때는 날씨가 점점 더워지고 새의 이동도 뜸해진다. 이미 이동해 온 새들은 현지 환경에 적응하며 매를 피할 요령을 터득하기 시작한다. 먹이를 잡을 확률이 낮아져 새끼들에게 가져다주는 먹잇감이 부족해지고 기온이 높아진 탓에 약간만 움직여도 체온이 상승하기 때문에 휴식이 필요하다는 등, 불리한 조건에서 아기 매들이 자라게 된다.

기온이 상승하여 체온이 높아지면 어미 매는 새끼들의 체온을 급격히 상승하지 않도록 날개를 펴 그늘을 만들어준다.

이와 관련하여 매의 개체수를 늘리기 위한 미국의 노력에 대해 알아보자. 미국에서는 매의 수효를 늘리기 위해 다양한 연구를 실시하고 있으며 여러 가지 연구결과가 자세히 소개되고 있다. 미국에는 매사냥 및 사육이 합법인 주가 있기 때문에 가능한 일이다. 해당 주에서는 매를 사육하고 매의 알을 인큐베이션에서 키운다. 당국자는 한 시즌에 매가 낳을 수 있는 알이 최대 12~16개까지라는 것을 알고 있다. 매가 알을 낳을 동안 사람이 이를 한 개씩 가지고 가면 매는 알이 부족하다는 것을 알아채고는 숫자가 맞을 때까지 낳는다고 한다. 이렇게 가져간 알은 인공부화기에서 부화시키지만 한 가지 단점은 매가 일생에 낳을 수 있는 알의 총수는 감소한다는 것이다.

두께가 얇은 알은 부모가 포란하는 중 깨질 확률이 높기 때문에 인큐베이션에서 부화시점이 될 때까지 키우고 가짜 알을 둥지에 갖다 두어 어미가 2차 포란에 들어가지 않게 한다. 그 후 알이 부화할 즈음에 다시 가짜 알과 교체하는 경우도 있다.

이소 시기가 가까워진, 37~38일 된 새끼를 둥지에서 가져와 그와 비슷하게 합판으로 꾸민 장소에 두고 튜브를 통해 먹이를 떨어뜨리면 새끼가 직접 받아먹게 하는 연구도 진행한 바 있다. 그러고 나면 새끼가 스스로 둥지를 떠날 수 있도록 한다. 새끼는 인공 둥지 근처에 머물면서 완전히 독립하여 몸소 사냥할 수 있을 때까지는 튜브를 통해 먹이를 받는다. 생소한 지역에서도 매의 활동을 유도하는 것이다. 이렇게 자란 매들은 자기가 자란 지역 근처로 돌아올 확률이 높았고 2~4살 사이보다 1년생들이 돌아올 확률이 더 높았다고 한다.

비교적 많은 수의 페레그린Peregrine 매와 프레리Prairie 매와의 상호양육을 통해 매의 숫자를 늘리는 방법도 있다. 이는 비교적 위험한 곳에 있는 둥지에서 실시하고 있다. 툰드라 매와 대륙 매는 유전인자가 거의 동일하기 때문에 서로 교잡이 가능하고, 미국에서 서식하는 매 3종(Aplomado Falcon, Prairie Falcon, Peregrine Falcon)도 교잡이 가능하여 개체수 증가에 이를 활용하고 있다.

북미에서는 이상과 같은 방법으로 매의 개체수를 늘리기 위해 노력 중이다. 황조롱이에게도 인조둥지가 설치되어 많은 수가 번식에 성공한다고 한다. 매에게도 같은 시도를 해보았지만 성공률은 아직도 낮다는 후문이다. 우리나라에서도 '보충 산란 유도와 대리모를 이용한 매의 개체수 증식에 관한 연구' 같은 논문이 있고 황조롱이를 대리모로 이용하여 매의 개체수를 늘리기 위해 연구를 진행해 왔다. 하지만 천연기념물인 매는 잡을 수도 없거니와 황조롱이와 매의 사냥 습성 또한 다르기 때문에 연구에는 한계가 있다고 본다.

전쟁과 남획, 무분별한 DDT살포 등으로 매의 개체수가 급감했지만 지금은 어느 정도 증가한 것 같다. 다만 환경오염 및 서식지 개발이라는 장애물과 집단질병이라는 위험만 없다면 개체수 감소를 걱정할 필요는 없으리라 생각한다. 이를 뒷받침하려면 개체수에 대한 연구가 체계적·지속적으로 이루어져야 할 것이다.

# 목욕

새의 부리와 혀 곳곳, 작은 구멍 속에 수많은 촉각 수용기가 들어있다. 청둥오리부리 1제곱밀리미터에 촉각 수용기가 700개나 들어 있는데 모든 수용기는 부리와 접촉하는 물체나 입안에 있는 물체에 대한 정보를 수집하는 역할을 한다.

새들이 상대방의 깃을 다듬는 것은 부리 속의 촉각 수용기를 이용하여 먼지나 기생충을 찾아내고 없애는 위생적인 기능을 한다. 진화의 논리는 간단하다. 배우자에게서 진드기를 없애주는 것이 내게 유리한 이유는 내가 옮을 가능성이 감소하기 때문이다. 또한 배우자에게서 진드기를 없애주면 자식이 피해를 입을 가능성도 줄일 수 있다. 깃 다듬기의 대상이 되는 부위는 스스로 다듬기 힘든 머리와 목의 깃털이다. 상대방 깃 다듬기는 개체군 밀도가 높은 종에게서 특히 흔하다.

깃 다듬기에 중요한 역할을 하는 깃털은 따로 있는데 이러한 깃털 중에 입 가장자리의 입가센털이 있다. 새들의 부리 근처에는 입가센털이라는 작은 털이 나 있으며 여기에 감각기능이 있다고 본다. 두 번째는 폭신폭신한 솜깃털이다. 이는 보온기능을 하는 깃털로 몸 근처에 나있기 때문에 큰 깃털에 가려 보이지 않는다.

일상은 변화가 있지만 주요 일정인 목욕은 변화가 없다. 무언가를 기다리거나 사냥하는 장소도 목욕과 관계가 깊다. 잠을 잔 나무를 떠나 가장 가까운 목욕장소를 찾아 천천히 활공하는 일이 하루의 첫 시작이다. 목욕 후 약 1~2시간은 깃털을 말리고 손질하고 잠깐 잠을 자는데 보낸다. 이때는 주변의 날벌레를 잡아먹기도 하고 주변을 날아다니는 새를 쳐다보는 등으로 시간을 보낸다.

매는 흐르는 물에 목욕하기를 좋아한다. 민물에서 목욕하는 것을 좋아하지만 소금물인 바닷물에서도 한다. 섬에는 민물을 찾기가 힘들다. 그래서 비가 온 후 절벽 틈새 물이 고여 있는 곳을 목욕장소로 이용하는 경우도 많다. 적당한 장소를 찾는 것도 매의 중요한 일과다.

목욕을 하는 이유 중 하나는 매의 깃털 속에 있는 기생충을 제거하고 그들의 먹잇감인 새의 깃털에 있는 기생충을 제거하기 위한 것이기도 하다. 깃털 속에서 피를 빨아먹는 기생충은 매를 괴롭히는 녀석 중 하나다.

전염된 기생충이 없다면 규칙적인 목욕만으로도 깃털을 청결하게 유지할 수 있다. 하지만 사냥감을 추적하고 죽이는 것을 배우는 어린 새들에게 기생충은 건강을 해치므로 매우 위험하다. 예민한 새들은 이러한 기생생물에게 매우 민감하게 반응할 것이다.

매가 물에서만 목욕을 하는 것은 아니다. 젖은 풀 위에서도 하고 때로는 흙에서도 목욕을 즐긴다. 포란 중에는 둥지에서 흙목욕을 한다. 목욕 후에는 깃털을 세우고 몸을 부르르 떤다. 오랜 휴식이나 장시간의 비행 후에도 목욕이 빠지지 않는다. 눈 표면을 깨끗이 씻기 위해 깃털이나 날개로 눈 주위를 청소하기도 한다.

바위틈에 고인 물에서 뿐 아니라 흙에서도 목욕한다.

포란 중인 어미는 둥지에서 가끔씩 흙목욕으로 긴장을 푼다.

매는 깃털을 손질하거나 다듬는데 많은 시간을 보낸다. 정확한 비행과 속도를 내기 위해 필요한 행동이다. 매도 여느 새와 같이 꽁지깃 엉덩이에 있는 오일 샘에서 분비되는 물질을 부리로 이용하여 깃털에 묻힌다. 이 오일은 방수역할과 더불어 보온기능을 하고, 깃털이 잘 부러지지 않도록 한다. 깃털 표면은 부리로 깃털을 다듬어 정렬하면 깨끗해진다. 그러면 기생충과 박테리아 및 곰팡이의 감염을 줄일 수 있다. 위생은 새에게 아주 중요하다. 특히 먹이를 먹고 난 후에는 나무나 돌에 매의 부리 양쪽을 앞뒤로 혹은 위아래로 문질러 부리를 깨끗이 씻는다.

먹이를 먹고 나면 부리를 손질한다. 우리는 이를 "매가 양치질 한다"고 한다.

## 매의 비행법

바닷가 절벽이나 섬을 영역으로 해서 살아가는 매에게는 이동시기에 새로운 휴식처를 찾아 바다를 지나가는 새들과 바다 근처 숲이나 섬에 사는 텃새를 먹잇감을 삼는다. 남쪽 바닷가 숲에는 직박구리와 바다직박구리, 어치들이 많이 살고 동박새와 붉은머리오목눈이 등 이곳을 터전 삼아 다양한 텃새들이 살고 있다. 여름이 되면 여름철새들이 터를 잡고 산다. 특히나 매가 새끼를 키우는 시기에는 새들이 이동기를 맞아 바다를 건너오느라 지친 날개를 퍼덕인다. 눈앞에 보이는 휴식처를 향해 긴장과 안도의 숨을 내쉬던 그들은 마지막 남은 기운을 짜내어 육지로 날아온다. 하지만 그곳에는 냉혹한 사냥꾼인 매가 기다리고 있다.

텃새인 까치도, 직박구리도, 여름철 야간 맹금류인 소쩍새도, 큰소쩍새도, 숲에선 거의 보기 어려운 쪽독새도, 그리고 작은 물고기들의 저승사자인 물총새도, 보기 어려운 팔색조 진홍가슴새도 모두 매에게는 한낱 먹잇감일 뿐이다. 시력이 뛰어난 매는 여정이 길어 지치고 허기진 새들을 기다리는 것이다.

바닷가 숲에 터를 잡고 살아가는 수많은 직박구리도 사냥감이 된다. 태종대에서는 여름이 되면 40~50마리 혹은 백여 마리의 직박구리 무리가 숲에서 나와 바다 위로 군무를 나선다. 그 많은 직박구리는 자신들이 매의 영역에 있다는 것을 알면서도 바다 위로 거침없이 날아갔다가 다시 숲으로 돌아오기를 반복한다. 이쪽에서 한 무리가 바다 위로 날아갔다가 다시 돌아오면 저 멀리에서 다른 한 무리가 바다 위를 날아갔다 다시 돌아온다. 이렇게 떼를 지어 단체로 날아다니는 새들은 한 덩어리로 뭉쳐 날아다니다가 돌연 방향을 전환한다. 녀석들을 노리는 맹금류가 한 녀석에게 집중하지 못하게 하면 추격을 피할 수 있다는 것을 안다는 이야기다.

지쳐 힘이 빠진 녀석이나 상처 입은 녀석을 찾는지 매는 움직임이 없다. 아니 자신보다 더 날렵하고 재빠른 수컷에게 사냥을 맡기려는 암컷은 깃털만 고르고 있다. 그때 어디선가 기회를 엿보던 수컷 매가 직박구리 군무 속으로 뛰어든다. 화들짝 놀란 직박구리 무리는 사방으로 흩어진다. 녀석들은 물속의 송사리떼가 흩어지듯 매를 피하여 사방으로 흩어지고 매는 오합지졸처럼 흩어진 직박구리 무리를 뒤쫓는다. 사람이나 동물이나 새들이나 작은 몸집은 쉽고 민첩하게 방향을 전환한다. 매는 중형급이지만 역시 방향을 순식간에 바꾸어 직박구리 사냥을 한다.

바다 위로 무리를 지어 군무하던 직박구리 속으로 매가 뛰어들자 직박구리 무리는 흩어지고 그 중 한 녀석을 향해 매가 추격을 시작한다.

이처럼 재빠른 새를 사냥하는 매의 비행원리는 무엇일까? 그것은 매의 날개 구조에 있다. 매의 날갯죽지 앞쪽은 비행기의 날개처럼 일정한 각도로 휘어져 있다. 날갯죽지 앞쪽의 각도는 약 140도 정도이다.

매의 날갯죽지 앞쪽은 비행기 날개처럼 약 140정도로 휘어 양력을 발생시켜 하늘에 뜰 수 있도록 되어 있다.

매는 연처럼 양력을 발생시켜 하늘에 떠서 맴돌 수 있는 구조로 되어 있다. 공기의 흐름을 효과적으로 이용하기에는 매의 날개가 적합하다. 더구나 표적인 새를 발견하면 공기의 저항을 줄이기 위해 날개를 접어 면적을 좁힌다. 상승할 때 날개를 펼쳐 양력을 이용하고 수직하강 시에는 날개를 뒤로 접어 몸에 완전히 밀착시킴으로써 최대 속력을 낼 수 있다. 공기의 저항을 줄이는 비행기 원리로 초고속 사냥을 한다. 매가 90도 돌아서 수면과 수직으로 날아갈 때도 눈과 머리는 항상 수평을 유지한다.

매가 사냥감을 발견하고 추적을 할 때는 속력을 높이기 위해 날개를 뒤로 접어 몸에 완전히 밀착시키며 속력을 높인다.

매가 90도 돌아서 수면과 수직으로 날아갈 때도 눈과 머리는 항상 수평상태로 유지한 채 날아간다.

새들은 날개의 하중과 날개의 가로세로비가 나는 데 중요한 영향을 끼친다. 이때 날개의 하중이란 새의 몸무게와 날개를 펼쳤을 때의 표면적과의 관계를 말한다. 매는 몸무게에 비해 날개가 작다. 즉 하중이 크다는 것이다. 반대로 참수리는 날개가 몸무게에 비해 크기 때문에 날개의 하중이 작은 편에 속한다. 날개의 하중이 작으면 바람을 이용하여 하늘에 쉽게 떠오를 수 있고, 날개의 하중이 크면 힘이 강해야 날 수 있다는 이야기가 된다. 새들의 공기역학적 구조는 비행기에 그대로 응용된다.

나는 데 영향을 미치는 날개의 가로세로비는 날개의 길이와 폭의 비를 나타낸다. 매는 날개의 가로세로비가 비교적 큰 반면 수리류는 값지 작다. 날개의 가로세로비가 크다는 것은 날개 길이는 길고 폭은 좁다는 말이다. 매는 날개의 가로세로비가 커서 방향전환을 쉽게 할 수 있다. 즉, 사냥을 할 때 빠른 방향전환이 가능하다는 이야기다. 또한 날개의 단면을 보면 다른 새들에 비해 평평한 편인지라 빠른 속도로 날 수 있다.

매는 몸에 비해 날개의 표면적이 작아 날개의 하중이 크다. 몸무게에 비해 날개의
면적이 작기 때문에 발달한 가슴근육을 이용하여 비행한다. 날개의 가로세로비
가 크다는 것은 날개가 가늘고 길어 방향전환이 빠르다는 이야기다.

수리과인 참수리는 몸무게에 비해 날개의 표면적이 크다. 그래서 바람을 이용하여 하늘에 쉽게 떠오를 수 있다. 그러나 날개의 가로세로비는 낮아 빠른 방향전환이 어렵다.

이런 이유로 매는 날면서 방향전환이 쉽고 빠른 속도를 낼 수 있다. 매는 약 1초당 4.4회의 빠른 속도로 날갯짓을 한다. 갈까마귀는 4.3회, 까마귀는 4.2회, 댕기물떼새는 4.8회, 멧비둘기는 5.2회의 속도로 날갯짓을 한다. 날갯짓이 느린 매가 날갯짓이 빠른 비둘기를 사냥할 수 있는 이유는 무엇일까? 매의 날개는 비둘기보다 길 뿐 아니라 비둘기 날개보다 유연하고 뒤로 꺾여 있어 방향전환이 쉽다. 또한 강력한 가슴근육을 이용한 수평비행이나 다이빙 낙하를 통해 빠른 속력을 낼 수 있기 때문에 날갯짓의 횟수만으로는 빠르기를 규정할 수 없다.

일반적으로 매는 마치 날개 끝단만 짧고 빠르게 움직여 비행하는 것처럼 보이지만 실은 강한 가슴근육에서 나오는 빠르고 짧은 날갯짓으로 비행이 빠른 것이다. 이런 날갯짓 덕분에 장시간의 수평비행이 가능하다. 또한 날개를 활짝 펴고 힘을 적게 사용하여 활공하는 방법도 구사한다. 그러다가 다시 짧은 날갯짓으로 돌아가기도 한다.

매의 다이빙 비행이나 날개를 접고 나는 비행이 빠르긴 하나 일반적인 속력은 평균 시속 43킬로미터로 그다지 빠르진 않다. 그러다가 먹이를 쫓을 때는 시속 90~110킬로미터로 추격할 수 있다. 매는 빠른 날갯짓으로 짧은 시간 내에 시속 100킬로미터에 도달한다.

매는 가슴근육에서 나오는 강력한 날갯짓만으로도 짧은 시간에 시속 100킬로미터에 도달할 수 있다.

매는 동물의 세계에서 가장 빠른 속력을 낸다. 그중에서도 페레그린 팰콘 Peregrine falcon의 속력이 가장 빠르다고 한다. 매의 최대속력을 두고는 아직도 이견이 분분하지만 영국에서 매를 오랫동안 관찰한 존 베이커John Baker에 따르면 수평으로 날갯짓하며 날 수 있는 매의 최고속도는 시속 105~110킬로미터라고 한다. 매가 가장 빠른 속력을 낼 때는 먹이를 향해 빠른 비트로 날갯짓을 한 후, 90도 혹은 이와 유사한 각도로 날개를 접고 아래로 다이빙 비행을 할 때이다. 나뭇가지에서 아래로 뛰어내리거나 공중에서 먹이를 향해 날개를 접고 다이빙 비행을 할 때는 시속 182킬로미터에 달하며 최고속도는 시속 300킬로미터 이상이다. 정확한 속력을 두고는 논쟁이 한창이지만 매의 무게와 모양으로 보았을 때 시속 365~381킬로미터 정도로 추정하고 있다. 몇몇 연구자는 시속 371킬로미터가 최고속도라고 하며, 수학적으로 계산해 보면 매가 낼 수 있는 최고속도는 시속 375킬로미터까지라고 한다. 이처럼 빠른 속도를 낼 수 있는 이유는 공기의 흐름에 최적인 유선형 몸매와 최상으로 진화해온 날개 덕분이다.

공중에서 먹이를 향해 날개를 접고 다이빙 비행을 할 때는 시속 182킬로미터에 달하며 최고속도는 시속 300킬로미터를 넘는다.

매의 날개는 방향을 쉽게 전환할 수 있는 구조인 부메랑 모양이다.

또한 매는 얼마만큼 높은 고도에 도달할 수 있느냐에 대한 것인데 5000미터 상공에서 스카이다이빙하는 사람이 매를 발견하기도 했다. 이런 높은 고도에서 다이빙할 때는 엄청난 관성력을 느끼게 되는데 숙련된 공군 조종사나 우주비행사들이 관성력 10GS 상태까지 견딜 수 있는데 반해 매는 25GS까지 견딜 수 있다. 매의 콧속에 있는 돌기가 큰 역할을 하기 때문이다.

## 매의 사냥전략과 사냥법

매가 사냥감을 찾는 방법을 알아보자. 매와 같은 포식자들은 진화를 통해 숨은 이미지를 찾는 능력을 개발해 왔기에 위장색으로 주변 환경에서 자신을 완벽히 숨기는 새를 성공적으로 찾아낼 수 있다. 오랫동안 같은 장소에서 같은 종류의 새를 먹잇감으로 삼을 경우에는 그 새를 잡는 기술이 뛰어나게 된다. 그러나 같은 지역에서의 규칙적인 사냥은 먹잇감들 역시 효과적인 방어행동을 하도록 적응해 간다.

초겨울 월동하는 새들이 하천이나 들판에 막 도착하였을 때는 맹금류가 나타나기만 해도 새들은 비상이 걸려 하늘로 날아오르거나 물속으로 숨기도 하지만 시간이 지나면 맹금류가 하늘에 나타나도 먹이활동을 계속하는 새들을 보게 된다. 새들이 맹금류의 행동을 통해 사냥할 것인지, 사냥하지 않고 단순히 지나가는지를 구별해 내는 것이다.

## 정서

개를 키우는 사람은 누구나 아는 사실이지만 개는 감정을 분명히 드러낸다. 새들 역시 내는 소리의 특징을 통해 이러한 정서를 구별할 수 있다. 공격할 때는 거센소리를, 짝을 바라볼 때는 부드러운 소리를, 포식자에게 잡혔을 때는 구슬픈 소리를 낸다. 새가 새끼를 보호할 때 이상행동을 하는 것이 옛날에는 주의 끌기 행동으로 어미의 헌신과 지능을 나타낸다고 생각했지만 이제는 정서와 무관한 본능이고 새끼와 가까이 있어야 하면서도 포식자를 피해야 하는 갈등에서 비롯된 것으로 생각한다. 어미와 새끼는 정서적 유대관계로 연결된 것처럼 보인다 하고 유대관계는 분명히 존재하지만 유대관계가 정서적인 것인지는 확실치 않다.

연구자들은 새의 머리 위로 포식자가 눈에 띄면 혈류에서 코르티코스테론이라는 스트레스 호르몬의 양이 증가한다는 사실을 발견했다. 이는 새들이 두려움의 감각을 경험한다는 것을 말한다. 사람이 새를 손에 쥐면 새의 심박수 호흡수, 코르티코스테론 수치가 모두 증가한다. 포식자에게 잡혔을 때도 같은 반응을 보일 것으로 추정된다. 새를 놓아주면 심박수와 호흡수는 몇 분 안에 정상으로 돌아가지만 코르티코스테론이 정상 수치로 돌아가는 데는 스트레스의 강도에 따라 몇 시간이 걸릴 수도 있다. 따라서 새와 그 밖의 동물이 두려움을 경험한다고 추측할 수 있다.

그러나 매는 행동을 예측할 수 없을 정도로 순간적인 변화를 보이기에 새들도 긴장을 할 수 밖에 없다. 예를 들면 배가 고프지 않은 매는 먹이를 찾는 매와는 행동이 다르다. 가만히 앉아서 휴식을 취하거나 깃털을 정리한다던가 하면서 느슨한 자세를 취한다. 매의 이런 모습을 본 새들은 경계를 풀게 된다. 그러나 이런 행동을 하다가도 갑자기 공격을 할 수 있다는 것이 사냥하는 매의 장점이기도 하다. 시간이 지남에 따라 새들도 어느 정도 매에 적응을 하게 되면 매를 바라보는 새들도 계절의 변화에 따라 행동에 차이가 생기게 된다. 새끼를 키울 때와 그렇지 않을 때의 행동이 다른 것이다.

매는 예측할 수 없을 정도로 순식간에 행동을 바꾼다. 나뭇가지에서 휴식을 취하는 듯하다가 갑자기 뛰어내려 사냥에 나설 수도 있다.

날씨의 영향에 따라 사냥의 성공이 결정되기도 하기 때문에 매의 사냥은 날씨의 영향에 깊이 영향을 받는다고 할 수 있다. 구름이 낀 날은 낮게 날고 짧은 거리를 이동하며 사냥감을 찾아다닌다. 비가 내리는 날은 사냥의 확률도 낮고 사냥할 기회도 줄어든다. 안개가 낀 날은 시야가 제한을 받게 되는데 먹잇감인 새들 역시 시야가 제한되어 오히려 사냥 성공률이 높아지기도 한다. 이처럼 날씨 조건에 따라 사냥이 영향을 받긴 하지만 항상 예외적인 경우가 있긴 하다.

해가 비추는 날이 길어지고 공기가 따뜻해지면 매는 높이 날고 사냥하는 지역도 넓어진다. 높이 떠올라 넓은 지역을 내려 보면서 천천히 선회하며 먹잇감을 찾는다. 높이 날고 뛰어 내리는 고도가 높을수록 희생양에게 심각한 부상을 입혀 큰 먹이를 잡을 수 있다. 이런 빠른 속도의 비행은 사냥의 효과성 면에서는 장점이라고 할 수 있으나 다른 한편으로는 부상 위험이 커진다는 단점도 있다.

날이 길어지고 공기가 따뜻해지면 매는 하늘 높이 올라 먹잇감이 될 새들이 놀라 뛰어 오르기를 기다린다.

또한 직박구리와 같이 무리지어 활동하는 새들에게는 낮고 빠르게 나타나 무리의 다른 녀석이 알기 전에 낚아챈다. 그럴 경우 무리를 지은 새들은 어떤 녀석이 희생되었다는 사실은 전혀 신경 쓰지 않고 매가 공격하기 전의 행동을 다시 시작한다.

매는 참매처럼 매복해 있다가 공격하기도 하지만 맑은 날에는 하늘 높이 솟아올라 선회하며 사냥하기도 한다. 매는 높이 날 수 있고 어떠한 높이에서도 사냥이 가능하다. 첫 번째 사냥이 실패하더라도 다른 먹이를 찾기 위해 하늘을 다시 선회한다. 높이 날거나 희생물이 볼 수 없는 곳에 있든가 혹은 나뭇가지에 숨어 있다가 갑자기 나타나면 당혹한 먹잇감들은 갈팡질팡하며 희생을 당한다. 또한 매는 인간이나 다른 동물 탓에 놀라 날아오르는 새를 사냥하기도 한다.

따뜻한 날씨에는 하늘 높이 떠올라 넓은 지역을 내려다보면서 천천히 선회하며 먹잇감을 찾는다. 새끼들이 혼자 있어도 될 무렵에는 부부 매가 함께 사냥하기도 한다.

　높이 솟아오를 때는 계획적으로 태양을 뒤에 두는데 전쟁시 조종사들이 그러
듯 매도 밝은 빛을 등지고 높이 날다가 갑자기 먹잇감에 접근한다. 이때 먹잇감인
새들은 마지막 순간까지 매의 존재를 알지 못한다. 모든 포식자나 사냥꾼도 그렇
지만 매 또한 사냥하는 순간에는 느슨한 행동을 보이지 않는다.

　작고 가벼운 새는 공중에서 잡아채 발로 바로 움켜쥐고 하늘에서 잡은 새의 머
리를 자르기도 한다. 크고 무거운 새를 사냥하려면 위에서 강인한 발톱으로 내리
친 후 먹잇감을 기절시키거나 심한 상처를 입혀 놓고 다시 공격한다.

작고 가벼운 새를 잡았을 경우에는 공중에서 깃털을 정리하기도 한다.

맹금류는 사냥할 때 탐색과 공격이라는 두 전략을 사용하는데 매는 이를 모두 활용한다. 주변에 많은 개체가 있고 크기가 작은 먹잇감은 탐색한다. 이는 먹이가 있을 만한 곳을 선회하거나 호버링하며 다친 녀석이나 경계가 소홀한 녀석을 찾아 사냥하는 방법이다. 좋아하는 가지에 앉아 사방에 널려있는 먹잇감을 보고 있다가 기회를 노려 사냥하고 다시 제자리에 돌아온다. 매도 그러지만 주로 참매, 개구리매, 황조롱이 등이 이를 많이 활용한다.

개구리매가 먹잇감을 찾기 위해 호버링(제자리 비행)하고 있다. 개구리매의 사냥은 주로 탐색으로 먹잇감을 얻는다.

　　탐색하는 매는 하늘에서 원을 그리며 먹잇감을 찾는가 하면, 높은 곳에 앉아 먹잇감이 사냥하기 좋은 높이까지 올라올 때를 기다렸다가 사냥하기도 한다. 조용한 사냥still hunting으로 알려진 이 사냥술은 에너지 소비가 적게 들어가는 요령으로 높은 나뭇가지나 절벽의 꼭대기에 앉아 먹잇감이 보일 때까지 기다리는 방법이다. 외부의 침입자에게 영역 침입에 대한 경고의 의미를 보내는 역할도 한다.

높은 나뭇가지나 절벽의 높은 곳에 있어 주변을 관찰하기 좋은 나뭇가지에 앉아 사냥감을 기다리는 요령은 외부의 침입자에게 영역 침입에 대한 경고의 의미를 보내는 역할도 한다.

공격은 덩치가 큰 먹이를 사냥할 때 쓰는 방법이다. 이는 적극적인 사냥방법으로 먹잇감을 기다리는 것이 아니라 먹잇감을 찾아 추적하거나 먹잇감 몰래 급강하하거나 다이빙 비행을 하여 먹잇감인 새들을 덮치는 것이다. 공중에서 급습하는 사냥은 실패율이 높지만 큰 먹이를 얻는데는 유리하고 사냥 횟수도 줄일 수 있어 소비하는 에너지를 줄일 수 있다. 매는 주로 이 방법을 이용해 사냥한다.

공중에서 하는 사냥에는 두 가지 요령이 있다. 첫째는 날아가는 속도에 의지하여 발을 오므린 채 충격을 주는 방법과, 발을 활짝 펴 발톱으로 충격을 주는 방법이 있는데 대개는 두 번째를 더 많이 사용한다.

발톱을 내리고 사냥감을 향해간다.

사냥감인 새가 방향을 전환하며 도망가자 매도 방향을 튼다.

매가 먹잇감을 향해 하강할 때에는 다리를 앞으로 뻗고 발톱을 활짝 편다. 이때 매의 발톱은 가슴에 닿을 정도로 펼쳐진다. 가장 강력한 뒤쪽 발톱은 앞의 세 발톱과 함께 활짝 펼쳐지며, 희생양인 새에게 접근해 간다. 매는 빠른 속도를 유지하면서 강력한 뒤쪽 발톱으로 새의 등이나 가슴에 마치 칼날이 스치며 상처를 입히듯 새에게 치명적인 상처를 준다. 매의 속력이 빠를수록 희생물에게 입히는 상처는 커진다. 가장 치명적인 발톱인 하인드 토hind toe(hallux)를 사용할 때는 자신보다 훨씬 큰 먹잇감에게도 치명상을 입힌다. 발톱이 먹잇감에 닿는 순간 날개는 하늘로 향한다. 그러면 새에게 부딪쳐 다치는 것을 방지할 수 있다.

매에게 사냥당한 새들은 정확하게 맞아 즉사하거나 깊은 상처를 입는다. 상처 입은 채로 땅이나 바닥에 떨어지기도 전에 매에게 다시 잡히기도 하고, 상처를 입은 채 땅이나 바다로 굴러 떨어지는 경우도 있다. 공포와 상처로 바다나 바닥에 떨어졌지만 아직 죽지 않은 녀석은 발톱으로 움켜잡고 주로 먹이를 먹는 장소로 이동한다.

쏙독새를 사냥해 새끼들에게 날아가는 수컷 매

　먹잇감을 확실히 죽였다고 믿을 수 있도록 부리의 치상돌기를 이용해 먹이의 목뼈를 부러뜨려 몸과 머리를 분리한다. 그러면 먹잇감의 무게를 조금이라도 줄이고 혹시라도 살아있을지 모를 먹잇감으로부터 자신을 보호할 수 있다. 어떤 동물에게서도 볼 수 없는 잔인한 사냥법이다. 이러한 사냥술이 본능이라손 치더라도 잔인한 방법임에는 틀림이 없다.

매는 빠른 속력으로 하늘을 날며 발톱으로 공격을 한다. 상처를 입은 채 바닥에 떨어진 먹이에게 달려들어 이를 발톱으로 움켜잡고 치상돌기로 머리를 잘라낸다.

매의 사냥법에 대해서는 2014년 3월 3일, 조홍섭 기자가 한겨레신문에 기고한 「매사냥의 비밀 도주로 차단 질러가기」를 참고로 작성해 보았다.

미국 펜실베이니아주 하버포드대 물리학자들은 초소형 헬멧을 새의 머리에 씌워 매의 사냥을 둘러싼 비밀을 밝혔다. 지상에서 가장 빠른 시속 322킬로미터로 먹이를 향해 내리꽂는 매의 사냥법은 놀라움의 대상이기는 해도 그것이 어떻게 이뤄지는지는 알려진 바가 없었다.

먹잇감인 새는 필사적으로 도망치는데 직선으로만 비행하는 것이 아니라 요리조리 곡예비행을 해 공격을 회피한다. 매가 먹이를 포착한 뒤 그것을 어떻게 추적하는지 가장 정확히 아는 길은 매의 눈으로 보는 것이다.

눈에 보이는 대로 먹이를 따라 전속력으로 추적하는 방식은 가장 쉽게 떠오르는 것이지만 매가 이런 방식을 채택할 가능성은 거의 없다. 사냥에 시간과 에너지가 너무 많이 들어 어렵게 잡는다 해도 남는 게 있을지 의문이다.

매가 먹잇감을 추적한다.

이제까지 학계에서 그럴듯한 설명으로 받아들인 가설은 '나선형 추격설'이다. 매에게는 날카로운 시력을 지닌 두 부위가 있는데 하나는 정면을 응시하는 곳이고 다른 하나는 30~45도 옆을 바라보는 부위라는 것이다. 이 이론에 따르면, 매는 먹이가 늘 40도 각도에 위치하도록 바라보며 추격하는데 이것이 가능하려면 먹이를 향해 나선형을 그리며 접근해야 한다는 것이다.

하지만 연구진이 매의 머리에 소형 비디오카메라를 부착해 매의 눈으로 본 결과는 가설과 달랐다. 매가 그리 큰 각도로 먹이를 보진 않았다. 매는 먹이가 달아나리라고 예상되는 경로를 예측해 앞을 가로막는 방식으로 추적하는 것으로 나타났다. 아이들끼리 붙잡기 놀이를 할 때 술래가 요리조리 도망치는 아이를 잡으려고 할 때 쓰는 수법과 마찬가지다.

이를 위해 매는 움직이는 배경 속에서 추격하는 상대를 시야에 고정시키는 방법을 채택했다. 시야에서 먹이가 움직이지 않도록 자신의 몸을 조절하는 것이다. 그러면 상대는 붙잡히는 마지막 순간까지도 포식자를 보지 못한다. 박쥐가 곤충을 잡을 때도 이런 방식으로 추적한다.

정확한 한 번의 공격으로 치명상을 입은 새는 즉사하거나, 주요 장기에 구멍이 뚫리거나 혹은 쇼크로 잠시 정신을 잃는다. 약 660그램이나 1.2킬로그램의 무게가 수백 미터 높이에서 떨어져 내리는 매의 공격에 무방비로 당하면 대형 조류역시 즉사할 수 있다. 대형 조류를 사냥할 경우에는 먹잇감을 움켜잡은 채 땅으로 굴러 떨어지고 먹잇감이 살아있을 때는 더욱 강력하게 발톱으로 움켜쥐고 기절하거나 죽을 때까지 놓지 않거나, 목덜미를 물어 목뼈를 부러뜨리며 몸과 머리를 분리시킨다. 물고기를 사냥하는 중대형 맹금류가 매보다는 자비롭다고 느껴질 정도다.

매과의 새들이 먹잇감 위에서 몸을 잔뜩 웅크린 채 떨어지는 이유는 먹잇감을 발톱으로 차 하강속도를 더 증가시키기 위해서다. 몸을 웅크리며 자신의 몸에 가속도를 붙이면 자신보다 2배나 큰 먹잇감도 죽일 수 있는 동력을 얻는다. 나는 상태에서 몸을 웅크리는 자세는 비교적 최근에 진화되어 자식 세대에 물려준 것으로 보인다. 사냥시 웅크린 자세를 취하는 것은 본능이 아니고 교육된 결과로 풀이된다.

스투핑Stooping 기술, 즉 고공에서 아래로 내리꽂는 기술은 타고난 것이 아니라 모방과 연습을 통해 얻은 후천적 기술이라 추정된다. 이러한 기술은 자연적으로 습득하는 것이 아니라 자식 새가 부모 새의 모습을 보며 터득한 것으로 자식 세대가 부모 새를 보고 학습한 것이다. 잡은 먹이를 처리하는 것 역시 부모 세대에서 자식 세대로 이어진다. 학자들은 새들을 추적하고 목표물을 잡는 행태가 진화론적으로 완성된 것은 비교적 최근의 결과로 보고 있다.

매가 날아가면서 방향을 전환할 때 시야는 항상 목표물을 향해 고정시키고 몸을 조절하여 방향을 전환한다.

몸을 웅크려 떨어지면 속도를 더욱 증가시킬 수 있기 때문이다.

　바다 위를 날아다니는 새를 공격할 때와는 달리 지상에서 새를 공격할 때는 새들이 대부분 땅에서 혹은 나무에서 날아오르는 순간이다. 이때가 가장 위험한 순간일 공산이 크다. 새들은 매가 자신을 공격할 때 땅이나 나무에서 위로 솟아올라 도망가려고 한다. 그러면 치명적인 결과를 가져오게 마련이지만 이는 매에게도 위험한 사냥법이다. 어른 매는 날면서 새들을 붙잡는 경우가 많지만 어린 새는 숙달될 때까지는 많은 연습이 필요하다. 어린 새는 나뭇가지나 떨어지는 잎으로 계속 연습한다. 마치 스포츠 선수나 중세시대 기사들이 수많은 연습을 통해 기술을 익히는 것과 같다. 생존에 대한 본능은 사냥 실력을 기르도록 자극하고 또 자극한다.

　특히 어린 새끼일 때는 날아가면서 솔방울이나 나뭇가지를 잡았다가 놓는 일을 자주 하는 등 다양한 사물을 대상으로 사냥을 연습하고, 형제끼리 서로 추격하면서 이러한 사냥법을 익힌다. 또한 자기보다 덩치는 크지만 위협적이진 않은 새를 괴롭히는가 하면, 자신 앞에 새가 날아가도록 유도하고 새들을 가볍게 치고 간다든가 수면으로 내려가도록 위협을 가하기도 한다. 이런 행동으로 상대 새가 죽는 경우도 있지만 먹이를 위한 사냥이 아니기에 이를 그냥 두고 가는 경우도 있

115

다. 이를 통해 발의 힘과 사냥할 때의 자세 및 비행술을 익히거나 협공으로 사냥하는 요령을 익히고 주변을 지나는 다른 맹금류에게도 그렇게 하여 기술을 발달시킨다.

어린 매가 갈매기를 따라가며 위협하고 괴롭힌다. 이를 통해 발의 힘과 사냥할 때의 자세 및 비행술을 익힌다.

　제자리에서 호버링하며 사냥하는 황조롱이는 체내 에너지를 절약하는 전략을 구사한다. 가급적이면 먹잇감이 있는 곳에서 가까운 높이로 호버링을 하며 사냥하려는 전략인데 높이가 높아질수록 에너지는 많이 소모되고 사냥감과의 거리도 멀어지기 때문에 사냥 실패율도 높아지게 마련이다. 매도 제자리에서 호버링하며 사냥할 수 있다. 특히 유조는 바람이 너무 강해 선회비행을 할 수 없을 때 종종 호버링한다. 호버링은 오랜 기간 지속적으로 해야 하기 때문에 개체마다 선호도가 다르다. 매는 수리들이 날갯짓 없이 바람을 타며 하늘에 떠 있는 것 같이 호버링한다.

　몸무게의 절반 정도의 먹이는 대개 스스로 운반해 간다. 몸무게보다 무거운 새도 옮길 수 있다. 때로는 자신의 몸무게보다 4배 큰 새도 먹잇감으로 삼는데 이렇게 큰 새를 잡으면 사냥한 장소가 많이 떨어져 있다 해도 현장에서 먹이를 먹어야 한다. 물론 매보다 큰 다른 맹금류에게 들킬 확률이 크기 때문에 매에게는 위험하다.

대부분의 맹금류는 동족이나 다른 맹금류의 먹잇감을 뺏는 습성이 있다. 이 같은 절취기생Kleptoparasite은 매우 일반적으로 일어난다. 사방이 트인 공간에서 사냥하고 먹이를 먹으면 주변에서 이를 지켜볼 수 있기 때문에 자기보다 더 강한 녀석에게 먹이를 빼앗길 수 있다. 때문에 이런 공간에서 먹이를 먹을 때는 날개를 펴고 꼬리날개도 펴서 먹이를 가린다. 상대방이 먹이를 보지 못하게 하거나, 자기가 크고 강하다는 것을 과시하여 먹이 근처에는 오지 않도록 하고 먹이를 먹는 것이다. 그래야만 다른 녀석에게 먹이를 빼앗기지 않을 것이다. 사냥 후 먹이를 최대한 몸에 붙여 날아가는 것도 같은 행동이다.

어린 매가 날개를 펼쳐 먹이를 감추고 있다.

황조롱이 어린 새끼가 몸을 부풀려 먹이를 감추고 먹는 모습

　바닷가를 주요 활동무대로 삼는 매는 바다 위에서 큰 먹잇감을 사냥할라치면 운반에 문제가 생긴다. 바다에 먹잇감이 떨어지는 것이 문제. 작은 먹잇감은 수면을 스치듯 날면 탄력으로 이를 들고 날아갈 수 있지만 큰 먹잇감은 들고 날 수가 없다. 매가 바다에 빠지면 헤엄을 칠 수도 없는 노릇이다. 그래서 큰 먹잇감은 주로 육지나 섬과 가까운 바다에서 잡는 경향이 있다.

　매는 먹이를 먹기 전에 희생된 새의 깃털을 뽑아낸다. 깃털을 얼마만큼 뽑고 나서 먹이를 먹느냐는 매마다 다르다. 대개는 깃털만 일부분 뽑고 먹는다. 먹이를 먹는 속도는 희생된 먹이의 크기에 따라 달라진다. 작은 먹잇감은 2~3분 만에 먹기도 하지만 보통은 10분에서 길게는 1시간 30분 정도도 걸린다. 먹잇감이 너무 커서 옮길 수 없을 때는 그 자리에서 먹기도 하고 먹기에 편안한 자리로 옮기기도 한다. 이 또한 매의 성향에 따라 다르다. 어떤 녀석은 사냥한 곳에서 먹기도 하고 어떤 녀석은 완전히 은폐된 장소를 찾아가는 녀석도 있다.

　작은 먹잇감은 나뭇가지에서 먹기도 하고 바닷가에 사는 녀석이라면 방파제에서 먹을 때도 있고 해변을 따라 바위 위에서 먹는 녀석도 있다. 절벽에 툭 튀어 나온 곳이나 절벽 경사지에서 먹는 매도 있다. 희생물은 날개와 등이 남는 경우가 많아 어떤 녀석인지 알아볼 수 있다. 가슴뼈와 주요 뼈들은 살이 발라진 채 남겨진다. 머리가 남았더라도 목뼈에는 살이 남아있지 않을 것이다. 다리와 등은 남아있는 경우가 많다. 가슴뼈가 아직 남아있다면 작은 매의 부리로 생긴 삼각형의 조각이 뼈에 새겨져 있는 것을 볼 수 있다.

바닷가 언덕에서 매가 갈매기를 잡아먹고 남긴 흔적

매가 자주 앉는 절벽에 호랑지빠귀를 잡아 던져두었다. 보통 먹이를 절벽 틈 사이에 두는 것과는 달리 이 절벽에 사는 매는 사람과 육식동물의 접근이 전혀 없어 먹이를 빼앗기지 않는다는 것을 아는 것처럼 곳곳에 이렇게 먹이를 던져두었다.

매 들은 대개 먹이를 잡고 일정 부분은 후일을 위해 저축해두는 습성이 있다. 먹이는 풀이 우거진 곳 혹은 절벽의 틈이나 나무의 틈 등에 숨겨 놓는다. 종종 사냥 후 잡은 먹이를 숨겨두고 다시 사냥하기도 한다. 특히 수컷에 비해 암컷이 그러는 성향이 더 짙다.

암컷이 절벽 틈 사이에 저장해 둔 먹이를 찾고 있다.

## 매의 먹이와 먹이 소요량

날씨에 따라 매의 먹잇감 선택이 달라지지만 맛을 구별하는 것 같지는 않다. 어떤 한 종류를 선호한다거나 어떤 부위 혹은 뼈의 어떤 부분을 좋아한다면 몇몇 종류는 먹지 않을 수도 있으나, 여러 종류의 새를 잡아오고 모든 부위를 먹는 것을 보면 그러진 않는 것 같다. 새들의 독특한 색과 문양이 매의 먹이 선택에 영향에 영향을 주는 것 같은데 이는 매의 눈에 쉽게 띄기 때문일 것이다. 새들은 장소를 옮겨 다닐 때 취약해진다. 둥지를 떠나거나 다른 장소로 이동할 때 혹은 계절적 이동에 맞물려 옮겨 다닐 때 그렇다. 특히 이동시기에 있는 새들은 더욱 취약해진다. 숨을 장소를 학습하지 않은 상태라면 더욱 그렇다.

새에게 미각이 있는가는 다윈 시절부터 논의 되던 주제였다. 새의 딱딱한 부리는 말랑말랑하고 민감한 입과 전혀 달라서 새가 맛을 느낄 수 있으리라고 상상하기란 어렵다. 새의 부리는 딱딱하고 대개 뾰족하며 부리 안은 아무런 감각이 없을 것처럼 보인다. 또 먹이를 씹지 않고 그냥 삼키기 때문에 맛을 느끼지 못할 것만 같다.

그러나 과학적인 실험을 통해 새의 종류마다 맛봉우리 수가 다르고 맛봉우리 숫자에 따라 맛을 느끼는 정도가 다르다는 것이 밝혀져 왔고, 새에게도 맛봉오리가 존재하며 맛을 느낄 수 있다고 확인된 새의 종류도 점차 늘고 있다.

가장 취약한 새는 알비뇨로 위장 색을 잃었거나, 병든 새, 기형인 새, 혼자 다니는 새, 아직 어린 새, 나이 많은 새 등이다. 아울러 위장으로부터 노출된 새들과 추적하기 쉽게 직선으로 날아가는 새들, 영역다툼으로 주위 경계가 소홀한 녀석들이 쉽게 매의 사냥감이 된다.

야생에서 매의 먹이량을 예측하기는 힘들지만 사육되는 매는 먹이로 1일당 100~150그램 정도의 먹이가 필요한 것으로 보고 있다. 매는 자기 몸무게의 25~30퍼센트 정도 되는 먹이를 단번에 섭취할 수 있다. 큰 먹이를 잡았을 경우에는 먹이를 남긴다는 것인데, 한 번에 다 먹지 못한 먹잇감은 두세 번에 나누어 먹는다. 그러니 덩치가 큰 다른 약탈자에게 먹이를 빼앗길 수도 있다. 매가 한 번에 많은 양을 먹으면 여러 가지 이점이 생긴다. 그 중 하나는 큰 먹잇감을 좇거나 잡는 노력으로 최대한의 에너지가 보상된다는 것이다. 한 번 거하게 먹고 나면 다음번 사냥에 사용할 에너지원이 충분히 채워지기 때문에 사냥감이 부족하거나 사냥에 연신 실패하더라도 오랜 기간 버틸 수 있게 된다.

국내에서 관찰되는 매의 먹잇감은 조류가 대부분이다. 먹잇감은 공중에서 잡히지만 해안가에 서식하는 매들은 공격한 먹이가 물속에 빠지면 건져내 먹기도 한다. 이를 오해하여 "매가 물고기를 잡아먹는다"는 사람도 있다. 새벽이나 저녁에 동굴로 들어가거나 나오는 박쥐를 잡아먹기도 하지만 국내에서는 박쥐를 보기란 쉽지 않기 때문에 매가 박쥐를 사냥하는 장면을 본 적은 없다. 둥지를 지키는 암컷은 둥지 근처의 벌레를 잡아먹기도 하고 근처에서 매미와 그물강도래 salmonfly를 잡아먹기도 한다. 외국의 경우에는 물수리가 사냥해 온 물고기를 빼앗아 먹기도 하고 작은 호크류나 포유류로부터 먹이를 빼앗거나 죽은 고기도 먹는다고 한다. 하지만 우리나라에서 이러한 매는 아직 관찰된 적이 없다. 다만 둥지를 지키는 암컷이 둥지에서 곤충을 잡아먹는 것은 여러 번 보았다.

국내에서 매의 사냥감으로 촬영된 새는 같은 맹금류에 속하는 소쩍새를 비롯하여 갈매기와 꿩 등 매와 비슷한 크기의 새부터 도요새, 파랑새, 청호반새, 물총새, 바다오리, 직박구리, 호랑지빠귀, 노랑지빠귀, 진홍가슴, 팔색조, 노랑할미새, 울새, 유리새, 흰눈썹황금새, 황금새 등 중소형 새와, 아주 작은 크기의 오목눈이 숲새 등 작은 새까지 우리나라에 사는 텃새나 여름철새, 겨울철새 등 몇몇 맹금류를 제외한 새가 거의 해당된다.

영국에서는 약 137종의 새들이 매의 먹잇감으로 잡힌 것이 관찰되었다. 6그램에 가장 작은 상모솔새Goldcrest에서 크게는 1.5킬로그램의 큰갈매기Great black backed gull까지인 것으로 나타났다. 중부유럽에서는 약 210종이 먹잇감으로 잡혔다 하며 미국에서는 약 450종의 새들이 매의 먹이가 된다는 기록이 있다. 전 세계적으로는 언덕을 사냥터로 사용하는 매들과 바닷가를 주 사냥터로 사용하는 매, 혹은 강가를 사용하는 매 등에 따라 주 사냥터에서 잡는 먹잇감의 종류가 달라지기 때문에 약 1,500~2,000종류의 새를 먹잇감으로 삼는다는 통계를 얻을 수 있다.

지역에 따라 선호하는 먹이는 변하게 마련이다. 개체수가 많거나 쉽게 사냥할 수 있는 먹잇감에 따라 육추기간과 일반 시즌의 먹잇감도 변하는데 어떤 매는 사냥을 쉽게 할 수 있는 지역으로 옮긴다고 한다. 또한 매는 습성상 자신보다 덩치가 큰 새도 공격한다. 육추기간 중에는 자신의 영역에 들어오는 새가 있는 탓에 새끼를 지키기 위해서도 그러지만 평소에는 공격성을 키우기 위해서 다른 큰 새를 공격하기도 한다. 스코틀랜드에서는 성질이 사납고 덩치도 비슷한 까마귀도 먹잇감으로 관찰된 사례가 있다. 영국과 아일랜드에서는 많은 수의 비둘기들이 경주를 위해 사육되다 레이싱 훈련이나 경기 도중 매에게 잡아먹히기도 한다. 매의 주식인 비둘기의 깃털은 매가 이를 발톱으로 움켜쥘 때 빠져나가기 쉽게 진화해왔다고 한다.

평균적인 먹이량은 수컷은 약 100~110그램, 암컷은 140~150그램으로 알려져 있다. 수컷에 비해 몸이 큰 암컷의 먹이는 몸에서 잃는 열이 적기 때문에 상대적으로 작다. 물론 먹이 소요량의 실제 평균은 야생과 비교할 때 다소 차이가 나게 마련이다. 영국에서는 약 650그램의 새를 잡은 매는 하루에 약 20퍼센트인 먹이를 섭취하고 총 5일에 걸쳐 먹이를 전부 소비했다고 한다. 평균 몸무게 1.01킬로그램인 새를 잡은 암컷 매는 5일에 걸쳐 먹이를 소진했다.

매 한 쌍은 1년에 약 116킬로그램의 먹이를 소모한다고 한다. 또 부부매가 부화에서부터 독립할 때까지 3마리의 새끼를 키우던 중 한마리가 사망한 새끼가 있을 때에는 약 118킬로그램의 먹이를 소모한다고 한다. 육추기 때는 새끼와 매 부부를 위한 사냥과 육추에 많은 에너지를 소비하므로 몸무게가 최대 20퍼센트까지 감소하지만 새끼가 부모에 의존하지 않고 살아갈 수 있으면 다시 예전의 무게로 돌아간다.

북미나 유럽에서는 다수의 지원자들이 육추시기에 돌입한 매를 꾸준히 관찰·기록해 하나의 자료로 만들어 내고 있지만 우리나라에서는 관련 자료나 조사 기록을 찾을 수 없었다. 육추기에 잡는 먹이의 종류와 이를 가져오는 횟수에 대해서는 체계적인 조사가 필요하다. 이 같은 조사는 육추기에 비교적 쉽게 이루어질 수 있기 때문이다. 매의 팰릿을 통해서도 먹잇감의 종류에 대해 자세한 정보를 얻을 수 있다.


## 매의 이동과 우리나라 분포현황

새는 먹잇감과 경쟁관계에 따라 이동하는 양상이 다르다. 어린 매는 독립하여 부모와 고향을 떠난다. 이동이란 어떤 지역을 떠나는 것이고, 떠돌이는 지역의 특수성에 따라서 떠돌아다니거나 무작위로 여러 지역으로 돌아다니는 것을 두고 하는 말이다.

일 년에 두 번 이동하는 새들은 기온과 낮의 길이, 온도, 날씨, 먹잇감에 따라 먼 거리를 이동한다. 극지방의 매들이 월동을 위해 남미 대륙까지 약 29,000킬로미터를 이동하는 경우도 있다. 그러나 우리나라에 살고 있는 매들의 이동에 관한 연구는 거의 전무한 상태다. 월동기가 되면 많은 수의 오리가 우리나라를 월동지로 삼는다. 이들은 우리나라의 하천과 바다로 내려와 한겨울을 보낸다. 이들과 함께 수리와 매과 새 및 일부 매도 평소에 보이지 않던 하천이나 바닷가에 모습을 드러낸다. 이들이 우리나라에서 태어나 육지로 나온 매인지 아니면 먼 북쪽에서 먹잇감을 따라 우리나라까지 내려온 매인지는 알 수 없다.

또한 우리나라에서 태어나 부모의 영역을 떠난 새끼 매는 남서해의 여러 섬들에 새로운 영역을 구축하는지, 다른 먼 나라까지 날아가 떠돌이 생활을 하는지에 대해서도 연구한 결과는 찾지 못했다.

다만 우리나라의 날씨가 새에게는 혹독하지 않기 때문에 영역을 가진 대다수의 매들은 자기 영역을 떠나지 않는다. 겨울이 되어도 태종대의 암수 매는 여전히 자신의 영역을 지키고 있고 굴업도의 매도 자기 영역을 지키고 있다.

한겨울에 찾아간 태종대, 겨울에도 자기 영역을 떠나지 않고 함께 생활하는 부부 매의 모습

먹잇감의 부족을 겪어야 하는 새끼 매와, 큰 사냥감이 필요하지만 자기의 영역 내에서는 큰 먹잇감을 찾을 수 없는 암컷 매가 섬이나 절벽의 영역을 벗어나 내륙 하천이나 해안의 습지대로 먹이를 찾아 이동하지 않을까 하는 생각이 든다.

북극권에 사는 흰매Gyrfalcon 중 영역을 가진 수컷 매는 겨울이 되어 이동기가 되어도 자기 영역을 떠나지 않는 반면 새끼와 암컷 매는 더 따뜻한 곳으로 이동한다. 북미에서 흰매는 먹잇감(조류)이 이동하기 때문에 고향을 뜬다고 한다. 이들은 8월 말에서 11월 중순까지 계속 이동한다.

새들의 이동에는 완전한 이동과 부분 이동 및 불규칙한 이동이 있다. 완전이동
은 월동기가 되면 월동지를 향해 모든 새들이 떠났다가 되돌아오는 것을 말한다.
가장 일반적인 유형인 부분이동은 일부만 번식지를 떠났다가 회귀하는 이동을
일컫고, 불규칙 이동은 이동시기와 장소도 알 수 없고 이동 여부를 예측할 수 없
는 이동을 말한다.

우리나라에 살고 있는 매도 부분적 이동을 하여 서식지에 그대로 사는 매도 있
고 월동기에는 서식지를 떠나 내륙에 모습을 보이는 매도 있을 것이라 추정된다.

매뿐 아니라 맹금류도 상승기류를 타고 이동하는 쉬운 방법을 구사한다. 매 역
시 상승기류를 타는 능력이 있다. 하지만 이들은 평소처럼 날개를 파닥거리며 날
아가는 비행법을 많이 이용한다. 이 비행법은 에너지 소비가 심하지만 최소한의
시간으로 목적지에 도달할 수 있다는 장점이 있다. 상승기류를 이용하려면 이를
타고 고도를 높이기 위한 시간이 필요하다. 매는 강력한 날갯짓으로 고도를 낮추
지 않고 일직선으로 날아가는 비행을 선호한다. 세찬 비바람과 눈비도 이러한 패
턴을 막을 수는 없다. 매의 날개는 이렇게 날기 위해 진화해 왔기 때문이다. 가끔
은 참수리와 흰꼬리수리처럼 상승기류를 이용해서 이동하는 새들과 비슷한 형태
로 이동하지만 매의 주된 이동방식은 아니다. 이동시에는 시속 120킬로미터의
속도까지 내며 난다고 한다.

매는 강력한 근육의 힘으로 고도를 낮추지 않고 일직선으로 날아가며 이동시간을 줄일 수 있다.

매의 이동에 관한 연구는 북미에서 많이 진행되었고 자료도 풍부하다. 북미에서 관찰된 매는 개별적으로 이동하기 때문에 무리지어 이동하는 다른 새들처럼 관찰이 쉽지 않다. 때때로 암수 한 쌍이 같이 이동하는 경우도 있고 암수 한 쌍이 같은 지역에서 겨울을 나는 경우도 있다. 매가 이동할 때는 먹잇감과 에너지 보충을 위해 며칠에서 몇 주일간에 한 지역에서 쉬었다 가는 경우도 있다. 위성원격통신장치를 단 매가 이동 중에 약 2~3일간 휴식하면서 이동한다는 사실을 알아내기도 했다. 또한 이동시에는 깃털변환을 중단한다.

어린 매는 자신의 영역을 찾아 이동한다. 태종대 매의 영역에 들어선 어린 매

길을 어떻게 찾아 가느냐는 수면의 굴곡과 숲의 모양, 태양과 별의 위치, 지구자기장 등을 이용하고 주요 구조물의 특징 및 지형적 특징 등을 이용한다. 또한 산맥이나 해안을 따라 이동하기도 한다. 특별히 매는 무리지어 이동하는 새를 따라 이동하는 경우가 많다.

북유럽에서 아프리카까지의 왕복이동, 혹은 알래스카에서 뉴질랜드까지 1만 1,000킬로미터를 8일 만에 주파하는 새들이 어떻게 방향을 잡아 길을 찾아가는가 하는 연구는 위치추적기라는 신기술 덕분에 결실을 맺었다. 새들이 얼마나 먼 거리를 비행하는지 더 포괄적이고 상세하게 알 수 있게 된 것이다. 하지만 '어떻게' 길을 찾고 여행하는지를 두고는 좋은 의견을 찾지 못했다.

소형 조류는 에물런 깔때기라는 방법을 이용해 일정한 시기에 특정한 방향으로 날아가도록 유전적으로 프로그래밍되어 있음을 알게 된다. 새들은 출발하는 순간 그곳이 어디인지 알아야 하며 집이 어느 방향인지도 알아야 한다. 사람이라면 1단계는 지도를 보고 2단계는 나침반을 이용하는 것처럼 말이다. 낮에 이동하는 새는 태양 나침반을 이용하고 밤에 이동하는 새는 별나침반을 이용한다.

또한 새에게는 자각이 있어 지구 자기장에서 나침반 방향을 읽어낸다는 사실이 밝혀졌는데, 더욱더 놀라운 사실은 새들에게 나침반뿐만 아니라 자기 '지도'도 있다는 것이다. 자각은 철새뿐 아니라 가축화된 닭에게도 있다고 한다. 새의 눈과 뇌를 이용한 실험을 통해 빛의 세기보다도 영상의 선명도가 중요하다는 사실이 알려졌다. 지형의 윤곽과 가장자리를 보고 적절한 신호를 포착하면 자각이 촉발된다. 그리고 시각적으로 유도된 화학반응이 나침반 역할을 하고 부리의 자철석 수용체는 지도 역할을 하는 것이다. 나침반은 자기장의 방향을 감지하고 지도는 자기장의 세기를 감지하여 망망대해를 건너거나 드넓은 땅덩어리를 지날 때 두 정보를 통합하여 집으로 가는 길을 찾는다는 것이다.

매의 이동을 연구하기 위한 송신기는 맹금류 몸무게의 약 3퍼센트를 넘지 않게 새의 등에 달고 위성을 통해 신호를 주고받을 수 있다. 이를 통해 정확한 이동 경로 및 야간 휴식 장소, 한 곳에 머무르는 시간 등을 알 수 있다. 혹은 GPS와 태양 충전 기능을 이용하여 훨씬 더 오랫동안 사용할 수 있고 더 정확한 자료를 얻을 수 있는 초소형 장비들이 개발되고 있다.

방사성 동위원소 측정법도 있다. 매에게 뿜어져 나오는 방사성 동위원소를 측정하는 것이다. 방사성 동위원소는 고도에 따라 달라진다. 이를 통해 먹이에 대한 정보와 먹잇감이 사는 곳에 대한 정보를 비롯하여, 깃털은 어디에서 자랐고 겨울철과 여름철의 새들은 어디에 있는지에 대한 정보도 파악할 수 있다. 이러한 자료를 통해 매의 이동에 대한 정보를 얻을 수 있다.

매가 이동하는 시기에는 정확한 숫자를 파악할 수 없다. 그래서 매의 숫자를 추정할 수 있는 가장 좋은 방법은 육추기를 보내는 매의 영역에 있는 개체를 확인함으로써 그 숫자를 정확히 알 수 있다. 하지만 모든 매의 수효를 정확히 알아내기는 어렵다. 상당수의 매가 짝을 찾지 못한 채 떠돌아다니는 개체도 있기 때문이다. 몇몇 사람이 모든 지역의 매를 확인하는 것도 어려운 일이다. 특히 우리나라에 살고 있는 매는 대부분 바닷가 절벽이나 섬의 절벽에 둥지를 짓기 때문에 몇몇 사람의 노력으로 그 개체수를 파악해 내기란 쉽지 않다.

매는 간혹 내륙 절벽이나 인공 구조물에서도 둥지를 틀긴 하지만 주 서식지는 바닷가를 향한 절벽이나 섬 지역 절벽이다. 그래서 더욱더 개체 수의 파악이 어렵다.

현재까지 매가 살고 있다고 신문·방송을 통해 보도된 곳만 해도 부산 태종대, 나무섬, 형제섬, 오륙도, 이기대, 통영 소매물도, 제주 성산포, 수월봉 일대, 제주시 사수도, 제주시 한경면, 서귀포, 서해의 연평도, 굴업도, 대청도, 백령도, 신안 칠발도, 어청도, 충남의 대길산도, 북격렬비도, 울릉도 통구미인근, 독도 등으로 나타났다.

남해안의 수많은 무인도 및 유인도에서도 매가 살 수 있는 환경이 조성된다. 비록 작은 섬이지만 한 쌍의 매가 살고 있다.

또한 현재 목포대학 도서문화연구원으로 재직 중인 이제언씨가 2011년 무인도 답사팀에서 서해의 섬을 방문하고 남긴 기록에 따르면 비치도와 밖노루섬, 하형제도, 대섬, 입모도, 외모도, 소복기도, 소차마도, 하백도, 형제도, 국도, 중결도, 외마도, 내파수도, 외간초도 등지에서도 매나 매의 흔적이 발견되기도 했다.

섬으로 탐조를 가거나, 여행을 갔다가 매를 보고 기록이나 사진으로 남긴 것을 확인해 보면 홍도, 흑산도 등에서도 그런 적이 있었다. 하지만 이는 우리에게 알려진 일부 일뿐이다. 우리나라에는 약 3400여개의 섬이 있다. 이 중에서 약 440여개의 섬에 사람이 거주하고 나머지 대부분은 무인도다. 사람이 살고 있는 섬에서도 네 쌍 이상의 매가 둥지를 틀고 생활하는 곳도 있고 작은 바위섬에서도 한 쌍의 매가 서식하는 것으로 보아 실제로 보고되지 않은 서해의 많은 섬들에서도 다수의 매가 생활한다고 봐야 할 것이다.

예를 들면, 약 1.70제곱킬로미터의 넓이를 가진 굴업도에도 2015년에는 최소한 4쌍의 매가 둥지를 틀어 새끼를 키워냈고 2016년 역시 최소한 4쌍의 매가 둥지를 틀고 새끼를 키워냈다. 확인하지 못한 곳까지 하면 5쌍의 매가 있으리라 가정할 수 있다. 이렇게 좁은 영역에 많은 매가 밀집해 있다는 것은 먹잇감을 풍부히 얻을 수 있기 때문일 거라고 추측된다. 그만큼 이 섬의 환경이 매가 살기에 적당하다는 것이다.

따라서 매는 먹잇감을 충분히 얻을 수 있고 둥지를 지을 수 있는 환경이라면 좁은 지역에서도 여러 쌍의 매가 살 수 있다. 이를 종합해 보면 한때는 개체수가 급감했던 매가 현재는 상당히 많이 늘어났으리라 추정할 수는 있다. 하지만 구체적인 개체수를 조사하지 않아 국내에서 서식하는 매의 정확한 통계는 없다고 본다.

바다 위 작은 섬들은 이동하는 새에게는 오아시스와 같은 존재다. 쉴 수 있는 휴식처가 되기도 하고 에너지를 보충할 수도 있기 때문이다. 그런 곳에서는 매들이 어김없이 둥지를 틀고 새끼를 키운다.]

## 매목의 맹금류엔 어떤 새들이 있을까?

맹금류는 다른 동물을 사냥해 포식하는 육식성 조류로, 날카로운 발톱과 부리 그리고 잘 발달한 감각기관과 강한 날개를 지니고 있다. 영어로 맹금류는 Raptor 라 하는데 raptor의 어원은 라틴어 rapere에서 유래했다. Rapere는 먹잇감을 움켜지고 옮긴다는 뜻을 가지고 있다. 대부분의 맹금류가 잡은 먹이를 발로 낚아채거나 움켜지고 하늘을 날아다니기 때문이다.

맹금류Raptor는 먹이를 발로 낚아채거나 움켜지고 하늘을 날아다닌다는 뜻에서 유래했다.

맹금류는 주간과 야간에 활동하는 종류로 나눌 수 있다. 주행성 맹금류는 오래 전부터 힘과 용기 및 권위를 상징하는 동물로 여겨졌다. 그래서 힘의 상징으로 왕이나 귀족의 문장으로 혹은 하늘을 지배하는 제왕으로서 신화나 문학, 건축, 예술 등의 분야에 등장하기도 한다. 또한 인도, 남아메리카, 몽골 등지에서는 맹금류가 신의 영역인 하늘과 인간의 영역인 땅을 이어주는 매개자 역할을 한다고 믿기도 했다.

매는 주행성 맹금류에 속한다. 매Peregrine Falcon라는 명칭은 라틴어 Peregrinus에서 나왔으며 뜻은 여행자, 낯선 이 등의 뜻을 가지며 여러 곳을 떠돌아다니는 특성과 함께 월동지를 찾아 북반구의 여러 곳에서 발견되었기 때문에 이런 이름을 갖게 되었다.

매는 다른 어떤 새들보다 널리 분포하여 남극과 아이슬란드 그 외 몇 지역을 제외하고는 전 세계 어디에서나 가장 잘 적응해왔고 다양한 형태로 그 서식지에 적응해 왔다. 심지어 도시와 인간이 만든 구조물을 영역으로 살아가는 녀석도 있다. 그러나 뉴질랜드, 아일랜드, 열대지역은 먹이가 풍부함에도 새끼를 키우지 않고 매가 통과하는데 그 이유는 밝혀지지 않고 있다. 매의 깃털색은 북쪽지역이나 건조지역보다 열대지역이나 습기가 많은 지역의 깃털이 더 어둡고 풍부한 색을 보이는 경향이 있다.

우리나라에 서식하는 맹금류 중에서 천연기념물로 지정하여 보호하는 새들이 있다. 수리과에 10종, 매과에 2종의 새가 천연기념물로 지정·보호되고 있다.

천연기념물

수리과 10종: 독수리(천연기념물243-1), 검독수리(천연기념물243-2), 참수리(천연기념물243-3), 흰꼬리수리(천연기념물243-4), 참매(천연기념물323-1), 붉은배새매(천연기념물323-2), 개구리매(천연기념물323-3), 새매(천연기념물323-4), 알락개구리매(천연기념물323-5), 잿빛개구리매(천연기념물323-6)

매과 2종: 매(천연기념물323-7), 황조롱이(천연기념물323-8)

또한 환경부에서도 이들의 중요성과 보존을 위해 멸종위기동물로 보호하고 있다.

환경부 멸종위기 동물 1급(조류 12종 중 매목 4종): 매, 흰꼬리수리, 참수리, 검독수리

환경부 멸종위기 동물 2급(조류 49종 중 매목 13종): 독수리, 새홀리기, 조롱이, 재빛개구리매, 물수리, 항라머리검독수리, 붉은배새매, 새매, 큰말똥가리, 알락개구리매, 벌매, 참매, 흰죽지수리

[한국의 맹금류(채희영, 박종길, 최창용, 빙기창 공저, 국립공원관리공단(드림미디어) 2009년)(16-19쪽)]에서는 맹금류의 분류를 다음과 같이 한다.

분류학상 매목에 속하는 맹금류는 전체 조류의 약 3퍼센트정도로 약 290여종이 알려져 있다. 매목은 다시 다섯 개의 과로 나누어지며, 첫째는 뱀잡이수리과, 둘째 콘도르과, 셋째 물수리과, 넷째 수리과, 다섯째 매과로 나눈다. 이에 대하여 자세히 알아보면 다음과 같다.

매목의 첫 번째인 뱀잡이수리과에 1속 1종이 있다. 우리나라에서는 볼 수 없고 맹금류 중 유일하게 땅위를 걸어 다니며 사냥하는 맹금류에 속하는 새로 아주 특이하다. 매목의 두 번째인 콘도르과에는 4속 7종이 있으며 북미와 남미대륙의 콘도르가 이에 속한다. 날개를 펼치면 3미터에 이르는 대형 새이다. 우리나라에서는 볼 수 없다. 매목의 세 번째인 물수리과는 1속 1종이 있고 봄가을에 우리나라를 통과하며 일부 개체는 우리나라에서 번식도 한다. 2016년, 2017년 제주도에서 번식하는 개체가 발견되기도 했다.

매목의 네 번째인 수리과Family Accipitridae에는 맹금류의 대부분을 차지하는 64속 220여종이 있으며 이는 다시 여섯 가지로 나눠진다. 첫째 독수리류Vultures에는 청소부인 독수리가 있으며 겨울철 우리나라에 많은 개체가 월동하러 온다. 둘째는 수리류 Eagle. 참수리, 흰꼬리수리, 검독수리, 항라머리독수리, 초원수리 등 수리가 붙은 새는 대부분 이에 속한다. 우리나라에서 볼 수 있는 수리는 사람에 따라 다르게 나타나며 약 21여종 혹은 27종의 수리를 볼 수 있다. 셋째, 새매류hawks에는 새매, 참매, 왕새매, 붉은배새매, 조롱이 등이 있으며 우리나라에서 번식하는 개체도 많고 텃새로 살아가는 녀석도 있다. 이 분류에 속하는 새는 수리과의 새인데도 매라는 이름을 가지고 있어 우리가 살펴볼 '매Peregrine Falcon'와는 혼동을 일으키기 쉽다. 넷째, 솔개류Kite가 있으며 대표적인 새가 솔개이고 월동하는 개체도 있고 우리나라에서 번식하는 개체도 있다. 다섯째는 개구리매류Harriers로 잿빛개구리매, 알락개구리매, 개구리매가 여기에 속한다. 우리나라에서는 여름과 겨울에 볼 수 있는 종류로 나뉜다. 이 종류 역시 수리과의 새로 '매'와는 이름만 비슷할 뿐 전혀 다른 새이다. 여섯째는 말똥가리류Buzzards인데 월동기에 큰말똥가리, 말똥가리, 털발말똥가리, 캄챠카털발말똥가리를 우리나라에서 볼 수 있다.

매목의 다섯 번째 분류에 속하며 이 책에서 주로 다루게 되는 매목·매과의 새는 다시 10속 61여종이 있고 여기에 속하는 '매과'의 새에 대하여는 아래 별도의 장에서 더 상세히 다루어 본다.

물수리

개구리매

솔개

독수리

참수리

흰꼬리수리

참매

새매

왕새매

붉은배새매

벌매

말똥가리

조롱이

참수리와 매를 함께 볼 수 있는 경우는 극히 드물다. 그래서 매와 크기가 비슷한 까마귀와 참수리를 비교해 보았다.

DNA 조사라는 기술적 발전에 따라 2008년도에 발표된 자료에 따르면 매목의 수리과와 매과의 DNA 유사성이 크지 않다는 것이 밝혀져 매과와 수리과를 재분류해야 한다는 필요성이 제기 되었다. 매과의 새들은 수리과의 새들보다 올빼미과의 새들과 유전적 유사성이 더 비슷하다고 밝혀졌다. 상이한 매과의 새와 올빼미과의 새, 두 종은 먹이를 사냥하고 죽이는 행동이 비슷하고 두 마리가 서로 협력하는 모습, 해부상의 구조, 신체적 적응력 등이 비슷하게 진화해왔기 때문에 서로의 유전적 유사성이 비슷해진 것으로 생각된다.

### 우리나라에서 볼 수 있는 매목 매과에는 어떤 새들이 있을까?

매목·매과에 속한 61여종의 매 역시 모양과 습성에 따라 굉장히 다양한 면을 가지고 있다. 매목·매과의 매는 네 개의 다른 그룹으로 나눌 수 있다. 첫 번째 그룹에는 매보다 작으면서도 매와 흡사하게 닮은 새들로 작은 새와 곤충을 좋아하는 새홀리기, 쇠황조롱이Merlins, 황조롱이Kestrels, 비둘기조롱이가 있다. 이들 새들은 우리나라에서 볼 수 있는 새들이다.

두 번째 그룹에는 숲매류Forest Falcon로 중남미의 열대지방에 서식하는 매로 매보다는 참매와 훨씬 더 닮았으며 서식지 역시 개활지를 좋아하는 매와 달리 참매와 비슷한 숲속에서 생활한다. 여기에 속하는 새들은 우리나라에서는 볼 수 없다. 세 번째 그룹에는 카라카라Caracaras로 9종류의 카라카라가 중남미에 발견되며 한 종류는 북미대륙에서 볼 수 있다. 카라카라는 매 보다는 콘도르와 같은 습성을 더 자주 보여 죽은 동물의 사체를 먹기도 하고 나뭇잎을 먹기도 하는 등 매와는 다른 새로 보이나, 깃털갈이 형식이나 고속 비행을 위한 코의 모양, 뼈결절 같은 것들은 매로 진화하는 과정을 자세히 설명하여 유전상으로 중요한 역할을 하는 녀석이다.

네 번째 그룹에는 일반적으로 매라고 이름 붙이고 이 책에서 주로 다루는 매 Peregrine falcon는 다시 두 개의 그룹인 매와 사막매로 나눌 수 있다. 이 두 종류의 특징은 빠른 속도로 나는 것과 눈 주위에서 아래로 난 검은 무늬, 그리고 넓고 시야가 펼쳐진 장소에서 사냥한다는 공통점이 있다는 것이다. 또한 암수 역전현상 RSD 등의 특징이 있다.

남미에사는카라카라는 습성은 콘도르와 비슷하게 죽은 동물의 사체를 먹기도 하지만 매로의 진화 과정을 잘 설명해 주는 중요한 역할을 한다.

Lanner Falcon(falco biarmicus, 아프리카 매), Saker Falcon(falco cherrug 중앙아시아 매), Prairie Falcon(falcon mexicanus 북미서부매)처럼 건조한 지역에 사는 매들은 포유류뿐 아니라 새도 먹이로 삼는다. 이들은 먹잇감이 부족한 서식지의 환경에서도 완벽히 적응해 어려움을 헤쳐 나간다. 이 책에서 다루는 일반적인 매는 숲으로 뒤덮여있는 열대지역에서는 보기가 힘들다.

분류학상으로 매과·매속의 매를 진짜 매라고 한다. 매목 수리과의 화석 기록으로 보면 약 5500만~3400만 년 전에 분화된 것으로 보인다. 매는 약 2천만 년 전에 진화를 시작했으며 현재 우리가 보는 매는 상대적으로 최근인 7~800만 년 전 기후의 변화로 사바나 지역과 초원지대가 생겨나면서 널리 분포하기 시작했다. 진화의 속도도 빨라졌다고 생각된다. 이렇게 개방된 공간을 이용하기 위해 이들에게 급격한 변화가 일어났다고 학자들은 추정한다.

매를 다시 세분할 때는 학자에 따라 23개의 아종 혹은 21개 아종으로 나누기도 하지만 이 책에서는 지리적으로 19개의 아종으로 나눈 이론에 따라 19종을 소개한다. 포함되지 않은 2개의 아종은 작은 섬 지역에 제한되어 있고 크기와 모습에 차이가 있기 때문에 더 많은 연구가 필요하다는 점에서 제외된다. 매는 서식지에 따른 고위도 차가운 지역에 살수록 저위도 더운 지역에 사는 매보다 크기가 크다. 우리나라에 살고 있는 매는 Falco Peregrinus Japonensis라 명명되며 북동시베리아와 우리나라, 일본 및 대만에 살고 있는 매와 동일한 종류로 분류된다.

우리나라에 사는 매는 Falco Peregrinus Japonensis라 명명되며 북동시베리아와 우리나라 및 일본과 대만에 살고 있는 매와 동종으로 분류된다.

Falco peregrinus tundrius: 북아메리카 북극툰드라지역, 그린란드

Falco peregrinus anatum: 북미지역(캐나다 북부에서 멕시코 북부지역)

Falco peregrinus pealei: 북아메리카 서부 해안

Falco peregrinus cassini: 남아메라카 에쿠아도르에서 티에라 델 푸에고

Falco peregrinus calidus: 유라시아 툰드라에서 시베리아 북동부

Falco peregrinus peregrinus: 유라시아 툰두라 지역에서 남부까지
피레네 북부, 발칸,히말리야, 영국
러시아 극동

Falco peregrinus pelegrinoides: 북아프리카 카나리아제도에서 이라크

Falco peregrinus brookei : 이베리아 반도, 코가서스 산맥에서 지중해

Falco peregrinus babylonicus: 아시아(이란에서 몽골)

Falco peregrinus madens: 아프리카 대륙 서쪽의 섬나라

Falco peregrinus minor: 사하라사막 남부

Falco peregrinus radama: 아프리카 동부 마다카스카르

Falco peregrinus peregrinator: 파키스탄, 인디아, 스리랑카, 중국 남동부

Falco peregrinus japonensis: 북동시베리아, 우리나라, 일본, 대만

Falco peregrinus furuitii: (멸종추측) 북서 태평양

Falco peregrinus ernesti: 동남아시아 말레이반도, 인도네시아

Falco peregrinus nesiotes: 태평양 남서쪽(뉴칼레도니아, 피지)

Falco peregrinus macropus: 오스트레일리아, 태즈매니아

Falco peregrinus submelanogenys: 오스트레일리아 남서부


61종의 매목·매과에 속하는 새들 중 우리나라에서 볼 수 있는 매과는 주로 다음과 같은 7개 종류의 새들이다. (『한국의 맹금류(채희영, 박종길, 최창용, 빙기창 공저, 국립공원관리공단(드림미디어) 2009년)(16~19쪽)』)

첫째, 애기황조롱이lesser kestrel 혹은 작은 황조롱이로 번역하지만 우리이름으로는 흰발톱황조롱이라 불리고 제주도등 남부지방에서 관찰만 몇 번 되었을 뿐 사진자료나 채집자료는 없다. 우리나라 이름 그대로 황조롱이와 비슷하나 발톱이 비둘기조롱이처럼 흰색으로 보인다.

도심지 혹은 농경지 등 환경에 잘 적응하여 가장 쉽게 만날 수 있는 황조롱이

암컷 비둘기조롱이는 새홀리기와 비슷하나 크기가 조금 더 작고 눈 주위와 머리 부분에 검은 깃털이 나있다. 0834-1 (수컷) 수컷 비둘기조롱이는 암컷과 깃털색이 다르다.

둘째, 황조롱이Common Kestrel로 우리나라 도심지 혹은 농경지 등 어디에서나 잘 적응하여 매과 중에서 가장 쉽게 만날 수 있는 새이다.

셋째는 비둘기조롱이Amur Falcon로 가을철 우리나라를 지나가는 나그네새다. 벼가 익어 황금 들녘이 될 때 우리나라를 찾아와 잠시 머물다 날아간다.

새홀리기는 황조롱이 보다 깃털색이 진하여 북한에서는 검은조롱이로 불린다. 눈 주위에서부터 뺨까지 검은색 깃털이 난다. 다리에 난 주황색 깃털로 구분할 수 있다.

셋째는 비둘기조롱이Amur Falcon로 가을철 우리나라를 지나가는 나그네새다. 벼가 익어 황금 들녘이 될 때 우리나라를 찾아와 잠시 머물다 날아간다.

넷째, 쇠황조롱이Merlin는 겨울철 우리나라에 월동하러 내려오며 황조롱이와 모양이 비슷하다. 황조롱이보다 크기가 약간 작다.

다섯째, 새호리기Eurasian Hobby는 5월 초순에 우리나라에 오는 여름새로 우리나라에서 번식하는 새 중에서는 가장 늦게 번식한다. 황조롱이와 크기와 모양이 비슷하여 가장 많이 혼동하는 새이다.

여섯째, 핸다손매(Saker Falcon, 토굴매)는 쉽게 볼 수 없다. 우리나라에서는 아주 가끔 미조(길 잃은 새)로 발견된다.

일곱째는 이 책에서 소개하는 매 혹은 송골매다. 우리나라에서는 매Peregrine Falcon와 아종인 바다매Peale's Peregrine Falcon가 있다. 바다매는 주로 북미대륙의 서쪽 연안 및 알래스카, 러시아 쿠릴열도에 살고 있다. 매와 비교하면 전체적으로 어둡고 진한 색을 띤다. 바다매 수컷이 매 암컷과 크기와 무게가 같다. 또한 눈 주위에서 뺨에 이르는 구레나룻과 목덜미의 간격이 매는 약 1.5배인 반면 바다매는 폭이 좁다. 또한 매에게는 날개 아랫 깃 밑 윗 깃에는 깃 사이를 구분하는 흰색 띠가 있는 반면 바다매에게는 깃과 깃 사이를 구분할 수 있는 선이 희미하여 전체적으로 깃이 검고 진하게 보인다.

바다매는 매와 비슷하지만 구분하기가 쉽지 않다. 바다매와 일반 매의 구분은 이 책의 참고문헌 중 학술서인『바다매의 기록(강성구)』을 참고했다. (사진은 미로 공영팔 제공. 2012년 3월 12일 태종대 촬영)

## 매의 이름을 가졌지만 수리과의 새

### — 매로 혼동하는 새

지역방송이나 공영방송의 인터뷰에서조차 새의 이름을 다르게 부르는 경우를 가끔 본다. 사람들은 다양한 종류의 맹금류를 딱 두 부류의 새로 나눈다. 새가 크고 맹금류 같이 생겼으면 독수리로, 그 보다는 작지만 날렵하면 매라고 생각하는 사람들이 의외로 많다.

독수리라 부르는 대형 맹금류에는 주로 매목 수리과에 속하는 새들로 매목 독수리과인 독수리와는 분명히 구분해야 한다. 독수리는 스스로 먹이를 사냥할 수 없어 주로 청소부 역할을 도맡아 한다. 그러나 수리과의 검독수리, 참수리, 항라머리검독수리, 흰꼬리수리, 초원수리 등 우리나라에서 볼 수 있는 수리는 대부분 스스로 사냥할 능력을 갖추었다.

매라고 부르는 참매와 새매, 황조롱이, 새홀리기, 매 등이 있다. 심지어 솔개를 보고 매라 하고, 잿빛개구리매와 같은 개구리매를 보고도 매라 하는 사람이 있다. 매는 이름이 각각 다르지만 중형급 맹금류를 통칭할 때는 이름을 모르더라도 으레 '매'란다.

새싹이 터지 않은 봄날, 높은 낙엽송 가지에 둥지를 틀었다.

　조선 전l중기까지 참매는 부유층에서 사용했다. '매'의 먹이를 조달하는 용도로 사용되다가 조선후기에는 매사냥에 많이 사용된 탓에 '매'라면 보통 참매를 떠올리게 되었다. 참매는 수리과의 새로 숲속에 둥지를 틀고 잠복하며 사냥한다.

참매도 매와 같이 포란을 분담하기도 하지만 매 보다 수컷 참매가 더 자주 포란을 분담한다.

검은 깃털이 나기 시작하면 혼자 있는 시간이 늘어난다. 암컷 매는 새끼들에게 먹이를 찢어 먹이는 역할을 주로 한다.

이소할 시기가 거의 다 된 어린 참매들

　참매, 새매, 왕새매, 붉은배새매, 잿빛개구리매, 알락개구리매, 개구리매, 벌매 등이 매가 붙은 새들인데 이들은 전부 수리과에 속하고 곤충과 작은 새를 먹이로 삼는다는 점에서는 매와 비슷하다. 그러나 붉은배새매, 잿빛개구리매, 알락개구리매, 개구리매 등은 이름에서도 알 수 있듯이 주로 개구리처럼 땅위의 먹잇감을 선호한다는 점에서는 다르다. 새를 잡더라도 땅 위에 있는 새나 둥지의 새끼를 잡는 경우가 많다. 또한 참매, 새매, 왕새매, 벌매 등은 새와 함께 작은 포유류도 먹이로 삼는다는 점에서 매와는 다르다. 이들은 땅위에서 빈틈을 보이는 새들을 주로 사냥하도록 날개가 진화해왔다. 하늘을 날아다니는 새를 사냥하는 매와는 달리 날개가 진화되지 않았다는 점도 다르다.

　이들 중에서 참매와 새매는 이름이 친숙하여 매와 혼동하기 일쑤다. 참매는 매와는 달리 주로 숲에서 생활하며 겨울철 먹이가 되는 새가 늘어나면 개활지인 강가나 벌판으로 나온다. 옛 선조들도 참매와 매를 사냥에 이용하며 거의 동일하게 취급하기도 했지만 이들이 다르다는 사실은 알고 있었다. 전통적으로 왕족 및 귀족들은 호쾌한 사냥을 하는 매를 더 선호했다. 조선초기 참매는 매를 잡아 진상품으로 올릴 때 매의 먹이를 잡는 역할을 하기도 했다.

붉은배새매가 개구리를 사냥해 왔다. 붉은배새매, 잿빛개구리매, 알락개구리매, 개구리매 등은 새와 함께 땅위의 작은 먹잇감을 주로 잡는다.

참매와 새매는 크기로 알 수 있으나 몸의 무늬와 동공의 색, 눈썹 선으로도 구분할 수 있다. 매와는 외관으로 쉽게 구별된다. 생활방식의 차이는 세 종류가 모두 새를 사냥한다는 것이 공통점이나 사냥하는 방법은 조금씩 다르다. 눈썹 선은 참매가 새매보다 더 굵고 진하다. 참매는 새매보다 몸 앞면의 가로줄이 더 촘촘하고 희게 보이며 새매의 몸 앞면의 가로줄은 갈색으로 보인다. 어린 참매는 몸 앞면에 갈색의 굵은 세로줄이 있는 반면 어린 새매는 갈색의 가로줄이 있어 참매와 구분된다.

사냥법에도 차이가 난다. 참매나 새매는 나뭇가지 위에서 잠복하다가 순간적으로 새를 덮치는 사냥법을 선택하고 매 역시 절벽 위에서 기다리다가 사냥하는 방법을 사용하지만 주된 사냥법은 빠른 속력과 순발력을 이용한 공격이다. 이 둘은 숲처럼 장애물이 많은 곳이나 넓은 개활지 중 어디를 선호하느냐에 따라 달라질 것이다.

겨울철 참매는 숲을 벗어나 월동을 위해 내려온 새를 사냥하기 위해 한강으로 나온다.

바닷가에 사는 매라도 영역이 없는 어린 매나 먹이구하이 부족한 암컷 매는 내륙으로 돌아온다.

## 새홀리기

필자는 새홀리기[새호리기]를 작은매라 부른다. 매를 담을 수 없을 때는 새홀리기를 담으며 매를 담지 못한 아쉬움을 달랜다. 새홀리기는 매와 닮았고 행동양식도 매와 가장 비슷하다. 매와 새홀리기는 크기가 다르다. 매의 몸길이는 약 40~49센티미터인데 반해 새홀리기는 약 33.5~35센티미터다.

하지만 이 둘을 혼동할 일은 별로 없다. 서로 사는 곳이 다르고 볼 수 있는 시기가 서로 다르기 때문이다. 바닷가나 섬지역이 아닌 여름철 내륙이나 도시에서는 매를 만나기가 극히 힘들다. 그래서 새홀리기가 비록 습성이나 행동이 매와 비슷하다고는 하나 5월에서 10월까지 도시나 내륙에서 만나는 새홀리기를 매와 혼동할 일은 별로 없을 것 같다.

다 자란 어른 매의 몸통에는 얇은 가로줄이 생기지만 새홀리기는 굵은 세로줄로 되어 있다. 몸통 위에서 목 부분까지 매는 옅은 노란색이 약간 섞여있는 흰색빛이 많이 나는 반면 새홀리기는 황색 빛이 많이 난다. 새홀리기는 발목 위에서 몸통과 만나는 곳까지 마치 황색 바지를 입고 있는 것처럼 연분홍의 깃털이 발목을 덮고 있다는 점이 가장 큰 차이다. 또한 새홀리기는 몸통에 비해 꼬리 날개가 더 길다. 크기와 외관만 보았을 때는 새홀리기와 황조롱이를 구분하는 것이 더 어려울 수 있다.

어린 매는 갈색이 균일하게 보인다. 8007-1 어린 새홀리기는 눈 주위의 검은색 깃털이 더 진하고 분홍색 빛이 전체적으로 많이 난다.

새홀리기는 매와의 외형적인 차이에도 사냥하는 모습이나 먹이를 두고는 매와
유사한 습성이 있다. 매의 먹이는 대부분 넓은 개활지나 바닷가에 분포되어 있는
데 새홀리기 역시 시야가 넓게 펼쳐진 장소에서 작은 새와 곤충을 사냥한다. 수컷
매가 암컷 매에게 구애하거나 육추기간에 공중에서 먹이를 전달하듯 새홀리기도
그리한다.

새홀리기의 습성은 매와 가장 비슷
하다. 새와 곤충을 주로 잡아먹지
만 구애기때는 매처럼 수컷이 새를
잡아오면 공중에서 암컷에게 먹이
를 전달한다.

매과 조류의 특징인 부메랑 모양의 날개로 날개 끝만 움직이는 것 같은 짧은 날갯짓에 의해 속력을 높이고 날개를 접어 공중에서 떨어져 내리며 속력을 내는 것은 매와 동일하다. 폭이 좁고 긴 날개는 방향을 급격히 전환할 수 있어 사냥의 효율을 높인다. 그러나 새홀리기는 사람의 접근이 어려운 바닷가 절벽에서 주로 서식하는 매와는 달리 인간에 적응하여 도심의 시설물이나 나무에 지은 까치둥지를 이용하는 등 황조롱이와 비슷하다.

바닷가 절벽이나 섬 지역에서 일 년 사시사철 언제나 볼 수 있는 매는 5월 되면 매의 새끼들은 부화하여 육추기를 보낸다. 반면 새홀리기는 5월이 되어야 우리나라에 찾아온다. 5월 초 먼 길을 날아온 새홀리기는 허기에 지쳐있다. 이때는 동양하루살이(팅커벨)가 불빛을 찾아 옷가게 쇼윈도를 찾아 날아다니는 시기이기도 하다. 새홀리기는 작은 곤충들이 많은 곳에서 먼 거리를 이동하여 허기진 배를 채운다.

5월 초에 도착한 새홀리기는 짝을 만나 적당한 둥지를 찾아다닌다. 매년 비슷한 지역으로 돌아오지만 같은 곳에 둥지를 틀지는 않는다. 작년에 사용한 둥지 근처에 가보지만 까치들이 보수해 놓지 않았으면 비바람으로 둥지로 사용할 수 없기 때문이다. 이제껏 보아온 10여 쌍의 새홀리기는 모두 지난해에 사용한 둥지를 다시 쓰지 않았다.

새홀리기는 그해 새로 지은 까치둥지 중에서도 바람에 흔들리지 않는 튼튼한 둥지를 좋아한다. 이를테면 나무위의 접시형 둥지, 혹은 철탑 위의 접시형 둥지, 교통신호등의 접시형 둥지, 혹은 나무 위에 얹은 속이 빈 계란형 둥지, 아래 위가 막힌 둥근 형태의 둥지 등, 까치가 만든 둥지를 주로 사용한다.

적당한 둥지를 발견하면 근처에 있는 고사목에 두 마리가 앉아 있는 장면을 볼 수 있다. 이 시기의 암컷은 고사목에 앉아 있는 시간이 많고 수컷은 암컷에게 먹이를 갖다 주며 암컷의 환심을 산다. 자신의 사냥실력을 보여줌으로 2세들이 먹이 걱정 없이 잘 자랄 수 있다는 것을 보여 주는 것이다. 이런 행동은 매와 동일하다.

낮 시간 동안 암컷은 가끔 가까운 거리를 날아 수컷과 함께 하늘을 선회하기도 한다. 때로는 저녁 햇빛이 약한 시간에 두 마리가 하늘을 선회하는 장면을 볼 수 있다. 이렇게 한 마리가 고사목에 앉아 있는 장면이나 두 마리가 하늘을 선회하고 나서 내려앉는 곳을 유심히 찾아보면 새홀리기 둥지 예정지나 휴식처를 찾을 수 있다.

새홀리기는 새와 곤충, 특히 잠자리가 주식이다. 암컷에게 먹이를 가져다주면서 사냥실력을 과시하는 한편 새끼들에게는 먹이를 충분히 공급할 수 있다는 것을 보여준다.

5월 중순부터 둥지를 찾는 새홀리기를 비롯하여 수컷이 먹이를 가져올 동안 고사목이나 죽은 가지에 앉아 있는 암컷은 6월 초순까지 보인다. 이 시기에 암수의 짝짓기가 이루어진다. 초록색으로 올라온 나뭇잎이 아직까지는 무성하지 않기 때문에 새홀리기가 앉아 있는 모습을 발견하기 쉬운 계절이기도 하다.

새홀리기는 많을 때는 하루에 8회 이상 짝짓기한다.

알을 낳을 시기가 다가오면 짝짓기 횟수가 많아지는데 하루에만 7~8회 이상 짝짓기를 하는 날도 있다. 짝짓기 기간이 끝나고 새홀리기 암컷이 둥지에 들어가 포란을 시작하면 새홀리기를 만나기 힘든 기간이 시작된다.

6월 중순 혹은 말경에 알을 낳고 포란을 시작하면 7월 말경에 알이 부화한다. 8월 말경 새끼가 이소하기까지 가장 무더운 여름철에 새끼를 키운다. 이 시기에 새홀리기는 매와 같은 빠른 비행술과 순간적인 방향전환 능력으로 한두 시간 동안 수십 마리의 잠자리나 날아다니는 곤충, 혹은 작은 새를 잡아 새끼들에게 가져다준다. 가장 무더운 8월, 뜨거운 햇볕 아래 먹이를 잡아 새끼에게 가져다주고 난 새홀리기는 나뭇그늘에서 휴식을 취한다. 8월이나 9월초가 되면 새끼들은 어미처럼 날렵하게 비행하고, 서늘한 날씨가 되는 10월에는 떠날 채비를 하여 볼 수 있는 개체수가 점점 줄어든다. 내륙에서 매들이 활동하는 겨울에는 보이지 않게 된다.

새홀리기는 가장 더운 여름철에 새끼를 키워내기 때문에 새끼들은 나뭇그늘에 앉아 먹이를 기다리다가 어미가 먹이를 가져오면 빼앗듯이 받아든다.

## 황조롱이

주변에서 가장 쉽게 만날 수 있는 매과의 새로 황조롱이를 꼽는다. 사시사철 우리나라에 사는 텃새 황조롱이는 크기와 모양이 새홀리기와 유사하여 사람들은 대부분 이 둘을 정확히 구분하지 못한다. 새홀리기는 발목의 연분홍빛 깃털이 있지만 황조롱이는 이 깃털이 없어 새홀리기와 구분된다. 눈 아래 선명한 검은 깃털의 새홀리기와 달리 황조롱이는 눈 아래 깃털이 더 연해 보인다. 새홀리기는 북한에서는 검은조롱이로 불리며 황조롱이보다 전체적으로 검게 보인다. 텃새인 황조롱이는 우리나라에서 사시사철 활동하지만 새홀리기는 여름철새로 5월에서 10월까지 활동한다. 때문에 이들을 함께 볼 수 있는 5월~10월 사이에는 황조롱이와 새홀리기를 구분하지 못하는 경우가 많다.

새홀리기는 눈 아래 선명한 검은 깃털과 발목의 연분홍빛 깃털로 황조롱이와 구별된다. 어린 새끼의 발목에도 노란 깃털이 있어 황조롱이와 구분할 수 있다.

이 둘은 사냥방식이나 먹이가 명확히 구분된다. 곤충이 공통적인 먹이지만 황조롱이는 날아다니는 곤충 보다는 풀 위에 앉아 있는 곤충이나 땅 위로 돌아다니는 곤충을 잡는 경우가 더 많은 반면 새홀리기는 주로 날아다니는 풍뎅이와 매미,

잠자리 등을 잡아먹는 경우가 더 많다. 또한 황조롱이가 지상의 쥐를 주된 먹이로 삼고 주로 한 장소에서 호버링하며 사냥하는 반면 새홀리기는 날아다니는 작은 새를 주로 먹는다. 아울러 빠른 속도로 비행하며 사냥한다는 점도 황조롱이와는 크게 다르다.

새홀리기는 주로 날아다니는 곤충과 새를 잡는다.

황조롱이는 날아다니는 곤충보다 풀숲에 있는 곤충과 쥐를 주로 잡는다.

황조롱이와 비슷한 새 중에는 우리나라에 월동하러 내려오는 쇠황조롱이가 있다. 조류 이름에 붙은 '쇠'는 작다는 뜻이다. 황조롱이보다 크기가 작지만 민첩하고 끈질긴 성격으로 작은 새를 사냥하는 실력이 좋다.

## 비둘기조롱이

매과 새인 비둘기조롱이는 9월 20일 전후로 중부지방에 출현하기 시작하여 10월 중하순 비둘기조롱이들이 쉬는 전봇대 주변 논에 벼 베기가 끝나면 시즌이 끝난다. 즉, 가을에 우리나라를 지나간다는 이야기다.

비둘기조롱이는 암컷과 수컷의 외관이 확연히 다르다. 암컷은 새홀리기와 비슷하지만 수컷은 붉은배새매 수컷과 비슷하다. 크기는 새홀리기보다 약간 작고 사냥하는 모습은 새홀리기와 흡사하다. 날아다니는 잠자리가 주된 먹이라는 점도 같다. 들판 위로 낮게 날아다니는 잠자리를 채어가는 모습은 새홀리기의 사냥 장면과 비슷하다. 새홀리기와 다른 점이 있다면 낮은 전봇대에 앉아 먹이를 기다리며 땅 위를 기어 다니는 곤충도 사냥한다는 것이다. 또한 비둘기조롱이는 작은 새를 사냥하는 새홀리기와는 달리 곤충을 주로 잡아먹는다.

비둘기조롱이는 가을철 우리나라를 지나가는 새이기 때문에 새홀리기와 겹치는 시즌이 9월 중순에서 10월까지고 논이 많은 한정된 지역에서 주로 보인다.

비둘기조롱이의 주된 먹이는 날아다니거나 땅위를 기어 다니는 곤충이다. 수컷이 잠자리를 사냥하는 중이다.

비둘기조롱이를 관찰하다보면 한 번에 같이 이동하지 않고 한 마리씩 모습을 보이다가 어느 한 마리가 전깃줄에 앉으면 주변으로 한 마리씩 모여든다는 것을 알 수 있다. 날아갈 때도 단체로 이동하지 않고 한두 마리씩 개별 행동을 하는 것 같다. 이렇게 계속 모이다가 바다를 건널 때쯤 되면 단체로 이동하는 것 같다. 비둘기조롱이가 이동하는 인도에서는 이동시기에 이들을 그물로 잡아 식용으로 쓴다. 그러나 환경단체의 보호활동과 홍보활동으로 이를 식용으로 삼는 경향이 점차 줄고 있다.

비둘기조롱이는 비둘기처럼 전깃줄에 앉아 휴식을 취하며 사냥감을 물색한다. 크기와 색이 비슷해서 비둘기도 동료인 줄 알고 비둘기조롱이 틈에 내려와 앉는 일이 많기 때문에 비둘기 떼와 비둘기조롱이가 섞여 앉아 있는 경우가 많다.

비둘기조롱이는 비둘기와 크기가 비슷해 비둘기도 동종으로 알고 같은 전깃줄에 앉는 경우가 비일비재하다.

녀석들의 사냥시간은 다른 맹금류와 비슷하다. 이슬이 마르고 난 아침과 따가운 햇볕이 약해지는 오후, 즉 해가 지기 한두 시간 전에 활발한 움직임을 보인다. 9월과 10월의 한낮은 여름처럼 더울 때가 많다. 이때는 녀석들도 숲속 나뭇그늘 등에서 휴식을 취하고 있어 전깃줄에 앉아 있는 녀석을 보기란 쉽지가 않다. 그러나 흐리고 날이 덥지 않으면 낮 시간 내내 사냥하는 모습을 볼 수 있을 것이다.

비둘기조롱이는 논 위를 날아다니는 잠자리가 주된 먹이다. 하지만 낮은 전깃줄에 앉아 있을 때는 땅위를 기어 다니는 땅강아지와 여러 벌레들, 풀숲의 메뚜기 등이 사냥대상이다. 논 배수로나 도랑 등이 있으면 다양한 벌레를 볼 수 있으니 이런 곳에서는 낮은 전깃줄에서 벌레를 기다리는 비둘기조롱이를 만날 수도 있다. 벌레도 더운 시간에는 돌아다니지 않기 때문에 새들도 벌레의 특성을 알고 햇빛이 약해지는 시간에 사냥을 나온다.

추수를 앞둔 논은 황금들녘이 된다. 비둘기조롱이는 그 위를 날아다니면서 잠자리를 사냥한다.

비둘기조롱이 암컷(앞페이지), 비둘기조롱이 수컷. 황금들녘 사이의 논길을 기어 다니는 벌레 역시 먼 길을 떠나야하는 비둘기조롱이의 먹잇감이다.

# 4장 우리나라 매사냥의 역사

## 매사냥의 역사

매사냥의 기원은 인류가 가축을 기르기 시작했던 신석기시대로 약 4천 년 전에 발생했다는 것이 일반적인 이론이다. 맹금류를 이용한 사냥의 역사 중 매는 가장 선호했던 새였다. 그 기원은 알 수 없지만 인간이 동물을 사냥할 때 일부 맹금류는 사람이 사냥한 동물을 약탈하려 했고 이를 통해 맹금류를 이용하면 사냥에 도움이 된다는 것을 알게 되었다. 또 일부 사냥군은 이런 맹금류를 인간에게 도움을 줄 수 있도록 훈련을 시키면서 매사냥이 발전하게 되었다고 한다.

매사냥은 기원전 2000년경 아시아 중부에서 발생하여 인디아, 페르시아, 아라비아 반도, 몽골 등 고대문명의 여러 나라로 전파된 것으로 추측된다. 초기에는 생존을 위해 음식을 제공하는 중요한 사냥의 수단으로 이용되다가 점차적으로 스포츠적이고 오락적인 방향으로 발전하게 된다. 『동방견문록』을 작성한 마르코 폴로Marco Polo는 책에서 몽골의 황제 쿠빌라이 칸은 약 1만 명의 매부리는 사람과 수백 마리의 백송골gyr falcon, 매peregrine falcon, 핸다손 매saker falcon를 사냥터에 데리고 다녔다고 기록했다.

아랍에서는 매부리는 사람을 용기와 정력, 인내력, 자존감을 상징하는 것으로 받아들였고 중국은 정치권력과 관계가 깊었다. 유럽에서조차 중세시대에는 귀족들이 주로 매사냥을 했고 귀족 스포츠로 생각되었다. 그러나 봉건체제의 몰락과 새로운 총포의 도입으로 매사냥의 역사도 침체되기 시작한다.

매사냥, 즉 매를 이용한 사냥은 2010년 유네스코 인류무형유산으로 등재된다. 우리나라를 비롯하여 아랍에미레이트, 모로코, 몽골, 벨기에, 사우디아라비아, 시리아, 스페인, 체코, 카타르, 프랑스 등 11개국이 포함되었고 2012년에는 두 개국이 추가되었다. 그러나 매사냥을 스포츠로 즐긴 중동 왕족들이 앞장서서 인류무형유산에 등재된 탓에 우리나라의 실재적인 이익은 미미할 정도이다.

우리나라에 오는 맹금류에 대해 쓴 『바람의 눈』은 다음과 같이 이야기한다. 우리나라에서 발견된 매사냥의 근거는 『삼국사기』에서 흔적을 찾을 수 있으며 중국 지안의 삼실총에는 꿩과 같은 날짐승을 사냥하는 장면에서 매를 부리는 사람의 매사냥동작이 잘 묘사되어 있다고 한다. 또한 황해도 안악 1호분, 장천 1호분의 벽화의 매사냥 그림을 통해서도 알 수 있다. 안정복이 쓴 『동사강목』에는 고구려 2대 유리왕이 매사냥에 심취해 정사를 돌보지 않아 신하인 대보협부가 간했으나 듣지 않았다고 기록된 점으로 보아 고구려에서도 매사냥이 성행했다는 것을 알 수 있다.

지배계급이 북방의 부여에서 온 백제는 국호를 남부여, 혹은 응준이라고 했는데 응준은 매의 나라라는 뜻이다. 백제 왕족의 주군이 일본에 매사냥을 전파했다는 기록은 일본 『서기』에 기록되어 있다. 공주 수촌리 고분에서 2006년에 발굴된 5세기 중기의 백제 금동관은 그 자태가 매의 형상을 갖고 있어 백제 역시 매사냥이 성행했다는 것을 알 수 있다.

또한 『삼국사기』에 따르면 신라의 진평왕은 매사냥에 푹 빠져 신하들이 걱정했다고 한다. 이러한 사실로 볼 때 삼국시대에는 한반도의 전역에서 매사냥이 있었던 것으로 추정된다. 특히 매사냥은 생업을 목적으로 하기 보다는 하나의 오락으로서 귀족계층이나 왕족들의 여가로 애용되었음을 여러 기록들은 전하고 있다.

매사냥이 본격적으로 역사의 전면에 나타나 매사냥의 방법과 매를 기르는 방법 등이 상세히 기록되기 시작한 시기는 고려시대로 볼 수 있다. 고려시대에는 매를 잡아 기르고 관리하는 관청인 응방과 직업으로 매사냥을 하는 응사가 탄생했다. 야생매를 사육하고 훈련시키는 매사냥 교본인 『응골방』이 집필되었고 원나라와 매사냥 문화를 교류하기도 했다. 응방이라는 기관이 설립되고 책이 집필되면서 고려의 매사냥 기술은 비약적으로 발전하게 된다. 하지만 매를 포획하기 위한 짐은 일반 백성의 차지가 되었고 매를 잡기 위해 험난한 지역으로 요역을 떠나는 등, 매사냥으로 백성들은 생업에 종사하지 못한 채 나랏일인 요역에 동원되고 응방에 속한 자들의 행패가 심해지면서 많은 문제점들이 생겨났다는 기록이 나온다. 이를 보면 고려시대 역시 왕족이나 권력층의 유흥으로서 매사냥의 전통을 전승을 해왔다고 할 수 있다.


조선시대의 매 사냥 기록은 『조선왕조실록』에 기록되어 있다. 세종대왕은 매사냥을 아주 좋아하여 아버지인 태종에 이어 두 번째로 매사냥을 많이 했다. 세종 때 명나라는 말 2만 5천 필을 조공으로 요구했다. 이런 무리한 요구는 조선 군사력의 약화를 가져올 뿐만 아니라 당시 경제상황으로는 백성들의 궁핍을 불러일으킬 수 있는 터무니없는 무리한 요구였으나 거부할 수도 없는 노릇이었다. 그러나 세종은 명나라 황제가 매사냥을 좋아하는 것을 알고 아골매 3마리와 황응(참매) 12마리를 보내 말과 대체시키는 생각을 해낸다.

특히 세종 때에는 해동청이라는 매의 이름이 자주 오르내리기 시작하는데 이 매를 잡았을 경우에는 포상도 매우 높았다는 것이 왕조실록에 기록되어 있다. 당시 해동청을 포획하기가 굉장히 어려워 함경도와 평안도, 황해도만 매를 진상하고 전라도와 경상도는 매의 진상에서 벗어나게 해주는 조치를 취하기도 했다. 단종 때에도 중국에 진상할 해동청 7마리를 확보하지 못해 국사에 큰 문제가 생겼다고 근심하는 대목이 나오기도 한다.

또한 해동청과 별도로 세조 때에는 송골매가 포획되었다는 소식에도 굉장히 기뻐하고 이를 포획한 자에게 상을 내렸다는 기록이 있다. 당시에도 절벽에 사는 매를 포획하기 위해 요역에 동원되는 백성이 증가했고 잡은 매를 이동할 때는 매 먹이인 닭, 개, 돼지를 민가에서 마구 침탈하는 등의 피해가 많아 백성들의 원성이 높았다고 한다. 연산군 때는 좌우응방으로 나눠 매를 관리하는 응사의 수도 여느 때 보다 많아진다. 물론 폐단도 막심했다. 그 이후로도 매의 진상을 두고 신하들이 문제를 꾸준히 제기하여 전라도와 경상도에서 매의 진상을 감해달라는 상소가 이어지지만 받아들여지지 않는다.

응방은 조선중기를 지나면서 폐지되지만 진상은 계속된다. 임금의 매사냥 기록은 실록에서 점차 줄어들지만 귀족과 서민들의 매사냥은 늘어나게 된다. 궁전에서 매사냥이 계속 이어진 이유는 궁중에 공급하는 꿩고기가 매사냥을 통해 공급되었기 때문이었다. 매사냥이 단순한 유희가 아니라 실질적인 육류 공급원이었던 것이다.

특히 조선중기를 지나 후기로 접어들자 매사냥에는 일반 백성과는 다른 부유층 혹은 지방 토호들의 경제적 지원으로 이루어지는 오락적 요소가 많았다. 특히 부유한 사람이면 누구나 매를 가지고 싶어 했다는 점은 제정 러시아 때 기록된 한반도 침략 자료인 『학국지』를 보면 알 수 있다.

일제강점기에 이르러는 매사냥은 거의 전국에서 이루어졌고 조선총독부는 매사냥꾼에 등재된 사람에게만 매사냥을 하도록 지침을 내렸다. 1931년 조선총독부에 등재된 매 사냥꾼은 1740명에 이른다고 한다.

일제강점기 이후에는 6.25전쟁과 DDT의 오남용으로 매의 개체수가 급격히 감소했다. 이때는 매를 구하기가 어려워 매사냥이 자취를 감추었고 몇몇 사람들의 노력 덕분에 겨우 명맥을 이어오고 있다. 현재 진안의 박정오 응사와 대전의 고려응방 박용순 응사, 청도의 이기복씨, 해외에서는 박규섭씨와 이들에게서 전수받고 있는 십여 명의 사람들이 있어 매사냥의 명맥이 이어지고 있는 것이다.

대전 고려응방이 매사냥의 명맥을 유지하고 있다. 매년 2월에 매사냥 시연회를 개최하는 박용순 응사

매년 2월이 되면 대전 고려응방에서 매사냥 시연회를 연다. 대전시 무형문화재로 지정된 박용순 응사는 고려응방을 운영해왔다. 그는 검독수리, 매, 참매, 해리스 매, 황조롱이를 관리하며 우리나라의 매사냥의 역사를 이어가고 있다. 매사냥에 관심 있는 전수자 교육도 그의 몫이다. 고려응방에서 실시하는 시연회 외에도 3월에는 청도박물관에서 이기복씨가 매사냥 시연회를 연다. 전북 진안에서는 12월에 열린다.

매사냥 전수자인 유지영씨가 황조롱이를 이용하여 훈련하는 모습을 보여주고 있다.

매사냥 전수자인 안완균씨가 어린 참매의 훈련과정을 보여준다.

## 해동청 보라매의 유래

지금까지 우리나라 매사냥의 역사를 살펴보았다면 이번에는 어떤 새를 이용하여 매사냥을 해왔는가를 알아보기로 하자. 매사냥에는 매와 검독수리를 비롯하여 참매와 새매, 황조롱이, 쇠황조롱이, 세이커 매(핸다손 매) 등이 다양한 이름으로 불리며 매사냥에 이용되어 왔다. 그 중에서도 매사냥하면 가장 먼저 떠 올리게 되는 유명한 해동청 보라매라는 새를 알아볼까 한다.

원나라에서 명나라에 이를 때까지 중국은 고려와 조선에 끊임없이 해동청 조공을 강요해왔다. 늦은 가을이 되면 중국에 보낼 해동청을 마련하는 것이 조정의 대사 중 하나였다. 특히 명나라 때 해동청의 조공 강요가 극성을 부렸는데『조선왕조실록』을 보면 세종이 조공용 해동청의 확보에 잠을 자지 않고 고민하는 대목이 나온다. 중국 황제에게 보내는 해동청은 일반 해동청이 아니라 옥송골, 옥해청, 귀송골이라는 전신이 옥빛 즉 흰색의 특수한 매였다. 세종조의 조선실록에 따르면, 옥송골의 확보를 위해 백성에게 면포와 벼슬을 내려 옥송골을 바치게 했지만 옥송골이 워낙 귀한 터라 겨울에 겨우 한 마리만 잡아 중국에 보냈다.

기록으로 보건대 해동청은 우리나라 고대 응사 및 중국의 황제들까지 극찬한 최고의 사냥매로 유명하다. 도대체 옥송골은 무엇이며 해동청은 무엇을 가리키는가? 중국에서는 해동청을 어떻게 기록하고 있는지 알아보자.

이렇게 유명한 해동청매를 구하기 위해 노력한 중국 측은『해동역사속십기재대청일통지』에서 이렇게 기록하고 있다. 만주의 여진 부락 동북지방에 오국이 있으니 이곳에는 동쪽으로 큰 바다와 접하여 좋은 매가 산출되는데 일컬어 해동청이라 하며 요나라인들(거란)이 해동청을 구하기 위해 전투를 불사했다고 기록한다.

『해동역사속십기재음사세기』를 보면 요천희2년(송휘룡24년)에는 고려 국경인 정평 북쪽의 해안과 그 인근의 여러 촌락에서 유명한 해동청이 산출되었다고 한다. 또한『삼근북맹회편』에는 오국의 해안가 절벽에서 이 매를 구했다. 이러한 내용을 볼 때 해동청매는 소련의 연해주 해안에서 함경남도 함흥해안가에 걸쳐 서식했다는 사실을 알 수 있다.

고려말『응골편』에는 응속에 속하는 새와 골속에 속하는 새를 분명히 나누었고 응속에 속한 새의 모습은 현재의 참매와 새매와 같고, 골속에 속한 새는 현재의 매와 모습이 같다. 우리 옛 문헌인『신증응골방』의 내용을 보면 해동청은 아골인 송골매와 생김새가 비슷하나 다른 것은 아골은 꼬리깃이 길다고 되어있다. 또한『신증응골방』의 내용을 보면 해동청은 영리하고 사람을 잘 따르기 때문에 특별히 훈련을 하지 않아도 사냥을 시켜 봉황의 새끼 정도는 후려잡을 수 있다고 한다. 고니나 기러기, 황새, 메추리, 숫토끼 등도 잡는다는 것이다. 이를 보면 해동청과 송골매는 서로 달리 인식해 왔다는 점을 알 수 있다.

그러면 옛 문헌에 나오는 송골을 살펴보자. 고려시대 이조년이 쓴『응골방』과 옛 문헌에는 매를 송골 아골이라 칭했다. 몽골어로 방랑자란 뜻의 songquor에서 유래한 것이다.『응골방』교습편에서 송골매는 거위와 기러기 및 황새새끼로 훈련하고『신증응골방』응골총론에서 송골매는 기러기, 오리 까치로 훈련하며『고본응골방』교습편에서 송골은 거위나 기러기, 황새새끼로 훈련한다고 되어 있다.

후대에 나온『조선어사전』에서는 해동청을 '매의 일종으로 조선의 동북지방에서 나며 8, 9월에 남쪽에 온다'고 했다. 결국 해동청은 중국인이 해동국에서 나는 매라는 뜻으로 이름을 붙인 것인데 이를 가리키는 기록이 있다. '고려의 해동청만이 능히 고니[백조]를 잡을 수 있다' 고니는 일명 백조라고도 불리는 큰 새이다. 수리과의 새 중에서도 가장 큰 새에 드는 참수리와도 크기가 맞먹는다. 참수리가 하늘에 떠올라 사냥을 할 때 물위의 다른 새들은 하늘로 날아오르거나 물속으로 들어가 숨지만 고니는 물위에서 유유히 먹이를 잡아먹는다.

고니는 매나 참매 보다 몸무게가 6~7배 되고 날개가 2~3배쯤 되는 참수리가 날아올라도 물위에서 유유히 먹이를 잡는 크고 여유로운 새다.

매나 참매보다 몸무게는 6~7배정도 되고 날개는 두 배에서 세 배나 되는 큰 참수리도 사냥감으로 대하지 못하는 큰 새인 것이다. 해동청은 이런 새을 사냥할 수 있다고 하니 얼마나 용맹하고 대담할지 그려진다.

옛 기록으로 이를 확인해보자. 『조선왕조실록』에 기록된 이름만으로는 해동청 보라매와 송골매가 어떤 새를 지칭하는지 일러주는 정확한 자료는 구할 수 없지만, 기록을 보면 명칭이 다양했으리라는 점은 추정할 수 있다. 『조선왕조실록』을 보면 송골웅[송골매]은 해동청이라 하고 귀송골, 거솔송골, 저간송골, 거거송골, 옥해청이라고도 한다. 이 기록에는 송골매의 종류에 위와 같은 이름이 있다. 이는 겉모습으로 보이는 색의 차이에 따라 명칭이 달랐을 뿐 하나의 종이라 생각하면 될 듯싶다. 세종 때 조말생은 "해청은 하얗다"라고 했다는 기록이 있다. 기록에 따르면 송골매와 해동청은 동일했고 색상에 따라 다른 이름을 붙였으리라는 것을 짐작할 수 있다.

퇴곤이라는 이라는 매도 있는데 이는 흰매를 말하니 옥송골을 이렇게도 불렀을 것 같다. 이름에는 해청웅자 등도 있다. 이 매는 구하기가 힘들어 관리나 백성들이 이 매를 잡아 오면 상을 주기도 하고 군역을 면제했다는 기록이 조선 초·중기 실록에 많이 나온다. 즉, 조선 초·중기까지는 해동청이라 불리는 귀한 매로 옥송골과 송골이라는 두 종류의 매가 등장한다는 것이다. 옥송골은 흰색을 띄는 매, 송골은 청매의 매를 일컫는다. 서로 다른 두 매가 서서히 해동청 송골매 혹은 송골웅이라는 이름으로 하나가 되면서 해동청과 송골매는 조선에서 나는 귀한 매라는 의미로 일반에게 널리 전파된다.

『조선왕조실록』에는 해동청과 송골매라는 이름 외에 별도로 아골과 황응이라는 매가 송골매 보다 더 자주 등장하며 매년 진상되는 숫자도 최고 30연까지였다고 한다. 세종 때의 또 다른 기록에는 아골 30연과 황응 10연을 중국에 바쳤다는 기록이 있다. 세조 때는 매를 송골과 토골 및 아골로 나눈다고 했다. 또한 조선실록에는 일반적인 매를 지칭하는 응자에 대한 폐해도 기록되어 있다. 당시 왕족과 귀족이 상당수의 응자[매]를 가지고 있었고 각 지방에서도 잡아 수시로 중앙에 보내면서 민가에 피해를 끼쳤으며 패가 없는 매는 사용하지 못하게 했다고 한다. 송골을 제외한 매는 왕족과 귀족 및 민간이 다수를 확보했다고 볼 수 있다. 지금과는 달리 매의 종류를 정확하게 분류할 수 없었던 당시 사람들은 기록하는 사람에 따라 매를 혼용하거나 다양한 이름으로 불렀을 것이다.

이번에는 조선중기 이후의 기록을 살펴보자. 중국과 우리나라의 초기 자료에는 함경도 지방과 그 북쪽 지방의 동쪽인 동해 바다에 접한 지역에서 나오는 매를 해동청이라 했는데 조선후기로 들어오면서 『조선왕조실록』에서의 매사냥 기록은 점차 사라지고 개인이 작성한 문집에서는 매사냥에 대한 기록이 점차 많아진다.

해동청과 보라매의 수요는 늘었지만 공급 측면 즉, 포획할 수 있는 수는 점점 줄어만 간다. 그러자 비슷한 종이면서도 크기가 작은 현재의 매가 해동청의 이름을 얻기 시작하고 송골매라는 명칭 역시 이어 받게 된다. 점점 바닷가 해안에서 서식하는 우리나라 매를 해동청이라 부르며 송골매라고도 부르게 된다.

포획할 수 있는 해동청 보라매 수가 점점 줄어들면서 현재 우리나라 바닷가 절벽에 사는 매가 해동청매의 이름을 얻게 되었다.

조선후기의 『오주연문장전산고』에는 다음과 같이 기록되어 있다. 해주목과 백령진에 매가 많이 서식하고 있는데 전국에서 제일로 쳐주었으며 이곳의 매를 통틀어 장산곶 매라 불렀다. 매란 지형적으로 바닷가 해안에 암벽이 높은데서 많이 서식한다. 매가 그 해에 태어나 둥지를 떠난 뒤 반년이상 지나 스스로 먹이를 포획할 수 있을 무렵에 잡아 길들인 매를 보라매라 부른다. 아직 새끼로 털갈이를 하지 않아서 보랏빛을 띠기 때문에 보라매라고 한다. 붉은 빛은 적보라, 약간 흰

빛을 띄는 것을 열보라라고 불렀다. 또한 산에서 스스로 자란 매를 산지니, 집에서 길들여진 매를 수지니라 불렀는데 꿩 사냥에 주로 수지니를 사용했다.

이 기록은 현재의 매와 참매를 정확히 구분하지 못하고 있는 듯 보인다. 바닷가 절벽에 사는 매는 '매'를 뜻하고 그 1년생 매를 보라매라 부른다. 산에서 잡은 매는 산진이라 하며 꿩 사냥에 사용한다고 했다. 이 기록은 매와 참매를 구분하지 못하고 같은 매로 인식하고 있다는 것을 말하고 있다. 매도 꿩 사냥에 사용했지만 꿩 사냥에 유리한 새는 참매인데 참매는 내륙의 숲에서 잡을 수 있기 때문에 바닷가 절벽에 사는 매보다는 쉽게 잡을 수 있었을 것이다. 물론 참매 1년생의 경우에도 용감하고 적극적인 사냥을 하는 시기라 보라매라 할 수 있지만 이 책에 쓰여진 의도로 보았을 때는 '매'의 1년생을 보라매라 하는 것이 맞을 것이다. 『오주연문장전산고』가 집필된 조선후기의 매사냥은 조선초기의 왕족들이 즐겨했을 볼거리가 많은 '매'를 이용한 사냥보다 실재적인 사냥 위주의 '참매' 사냥이 더 유행했기 때문에 저자는 매와 참매의 구분을 확실히 하지 못했을 것이다. 분류학적으로 명확히 다른 이 두 종류의 매를 현재에도 대부분의 사람들이 구분하지 못하는 것과 이유가 같으리라.

이 책이 쓰인 시기는 이미 해동청 보라매, 송골매가 더는 조정에 진상되지 않고 중국에서도 더 이상 요구하지도 않았다. 아마도 예전에 해동청이 다른 매들과 함께 이 지역에도 내려왔다가 많이 잡혔기 때문에 이 지역에 사는 매를 통칭하여 해동청이라 했을 것이다. 또한 이시기에는 응자(참매)에 의한 매사냥이 널리 퍼진 상태에서 기록된 책이란 점에서 장산곶 매 전체를 해동청, 송골매로 오인하게 되는 계기가 되었다 본다. 또 이 이야기 속에서는 보라매가 곧 송골매의 1년생 어린매라 하고 있다. 지금 우리가 일반적으로 알고 있는 참매의 1년생 어린매가 보라매가 아닌 매의 1년생 매를 보라매라 불렀다는 것이다.

조선후기의 기록을 보면 매사냥에는 사냥을 하는 '송골매,' 그 해에 난 새끼를 길들여서 사냥에 쓰는 '보라매'를 사용하는데 이때 보라매를 '해동청 보라매'라 부른다고 했다. 이 시기에는 왕족과 귀족의 유흥적 스포츠로는 더 이상 행해지지 않았고 부유한 계급의 일반인도 매사냥을 시작하면서 이름을 혼용하기 시작한다. 예전부터 사용된 유명하고 귀한 새의 이름을 그대로 사용하여 송골매와 보라매 그리고 해동청이 같은 의미로 사용된 것이다.

황석영의 소설『장길산』에서도 장산곶 매에 대한 이야기가 나온다. 잠시 소개하면 다음과 같다.

> [그곳에 지방민의 입에서 입으로 전해 내려오는 전설이 있어 기록했으되...
>
> 갯가에 게딱지 같은 집들이 모여서 마을을 이루었고, 마을마다 아름드리 해송이 몇 백 년씩 나이를 먹어 자라고 있었다. 산세가 험하고 모래가 대부분인 해변에서 농사라야 수수나 기장 따위가 고작인 어촌 사람들은 진작부터 바다에 나가야만 했다.
>
> 열흘 길, 보름 길, 어떤 때는 한 달 이상씩 걸리는 뱃길에서 풍어의 기쁨은 쉽게 잊혀지는 대신 수많은 사람들이 풍랑에 삼켜져서 그 슬픔만 오랫동안 남아있곤 했다.
>
> 마을이 생겨나기 전부터 이곳 바닷가에는 매가 날아와 살았으니 나라의 응방에서 이 지방의 매를 특산물로 정하여 관가에 바치도록 했는데 특히 대청도의 이른바 해동청 보라매는 사람과 쉽게 친해질 수 있었기 때문이다. (중략)

이 역시 앞의 경우와 같다고 볼 수 있다. 해동청, 송골매는 더 이상 보기도 어렵고 잡히지도 않는 상태에서 현재 우리가 볼 수 있는 매들이 겨울이 되면 이동해 온다. 그 이동경로에 장산곶이 있는데 이곳의 여건은 매들이 서식하기에 좋은 천혜의 요소를 갖추고 있어 많은 수의 매를 포획할 수 있어 장산곶 매는 해동청 보라매, 송골매의 이름을 이어 받게 된다. 현재와 달리 옛날에는 이들 중 일부는 실재 송골매라 불렸을 매도 내려왔고 이들이 해동청, 송골매로 나라에 진상되었을 것이라 추정할 수 있다.

조선후기의 상황을 어느 정도 추정해 볼 수 있는 자료를 찾아보면 조선말 전국적으로 매사냥이 널리 퍼져있을 때의 상황에 대해 조사하고 기록한 자료가 있다. 1993년 문화재청에서 각 지방에 생존해 있던 매사냥 경험자들에게서 직접 이야기를 듣고 이를 기록으로 남긴 『매사냥 조사 보고서』가 있다. 이시기는 매사냥의 주된 흐름이 참매로 굳어져가는 시기였기 때문에 주로 참매에 대한 기술이 중심이 된다. 여기에 나온 이야기를 줄여보면 다음과 같다.

경기도에서만 하더라도 남양주시, 안성, 연천 용인, 파주, 포천 등에 많은 수의 매바위, 매봉재, 매봉이라는 지명이 남아있고 이들 지역은 매를 잡던 곳, 매가 쉬어 가는 곳, 매 모양으로 생긴 바위가 있는 곳, 매사냥을 즐겨했던 곳, 매사냥꾼의 막사가 있던 곳, 매가 많이 보이던 장소 등이다. 강원도에서는 매바우, 매봉, 매봉재, 매바웃골, 매막재, 매복산, 매봉산 등의 지명이 거의 모든 지방에 남아있을 정도로 매와 관련된 지명이 곳곳에 남아있다. 이러한 사정은 다른 지방 역시 비슷하고 이것은 곧 전국적으로 매사냥이 이루어졌다는 것을 말한다. 이러한 지형적 특징은 참매의 서식지와 일치한다.

매를 잡는 방식은 닭이나 병아리, 비둘기를 미끼로 하여 잡는 방법과 매는 반드시 같은 자리로 되돌아오는 습관을 이용하여 먹이를 잡은 흔적이 있는 곳에 덮치기를 설치하거나 그물을 사용하여 잡는 방법 등으로 전국 대부분이 서로 비슷한 방법을 사용했다. 다만 매를 잡는 도구는 덮치기, 뒤피, 방틀, 덜피 등 지방에 따라 다른 이름으로 불리고 만드는 방법도 지방마다 차이가 있다. 매는 이렇게 직접 잡는 방법도 있지만 매를 사고팔기도 했는데 쌀 대 여섯 가마니로 사는 곳도 있고 꿩을 잘 잡는 매는 소 한 마리 값을 주고 사는 경우도 있다고 했다.

매사냥 시연회에서 매를 잡는 도구를 설치하고 어떻게 작동하는지를 보여주는 고령응방의 박용순 응사

매를 부려 꿩을 잡는 사람은 지방에 따라 수알치, 봉받이, 매방소, 매받이, 봉군이 등으로 불린다. 매사냥을 할 때에는 수알치 외에 잔솔밭에 숨어 있는 꿩을 날리기 위해 작대기로 두드려 나가며 '우, 우' 소리를 외쳐주는 4~8명의 '털이꾼'과, 매나 꿩이 날아간 방향을 털이꾼에게 알려주는 '매꾼' 혹은 '보꾼'이 합세한다. 매사냥을 위해 매 한 마리를 집에서 기르거나 겨울에서 이른 봄철 동안 사냥을 계속하기 위해서는 먹이용 고기 조달은 물론 매 훈련 및 사냥에 필요한 몰이꾼들을 수시로 집에 불러 식사와 술대접을 계속해야 하기 때문에 많은 인력과 재력이

소요되었다. 이때 매 사냥은 집안일에 도움을 주지 못했다고 한다. 매의 먹이가 필요해서 잡아온 꿩도 매가 먹는 양이 많았고 나무를 해와야 하는 남편은 나무를 해오지 않고 산과 들을 헤매고 다니느라 옷이 뜯겨 부인들의 일이 늘어나 원성을 사기도 했다.

매를 훈련시키는 기간도 15~40일까지로 다양하나 보통의 경우 약 30일 전후의 기간이 필요하다고 했다. 또한 훈련이 끝난 후 사냥을 시작하는 시기도 지역별로 약간의 차이가 난다. 겨울철에만 했다는 곳도 있고 늦여름에서 초봄까지 했다는 등, 지역이나 매사냥을 하는 사람들의 상황에 따라서도 달랐다. 대부분은 겨울철 소일거리로 했으나 전문적으로 매사냥에 참여하여 꿩을 팔아 생계를 유지하는 사람도 있었다. 농사일이 대강 끝나서 농부들이 여가 활용하기 좋은 때에 시작했다. 농부들은 참매를 잡아 한철 실컷 즐기고 농사철이 오기 전에 고기를 배불려 먹여 놓아주는 아량을 보이기도 했다. 고을마다 직업 매꾼들도 있어서 하루 종일 매를 데리고 나가 꿩을 10~20마리 가량 잡기도 했는데 매로 잡은 꿩은 매치라하며 시장에서 총으로 잡은 불치라는 꿩보다도 더 비싸게 팔렸었다.

매를 훈련시키기 위해 기름기 없는 먹이를 주어 15~40일 정도 훈련시키면 사냥에 나갈 수 있다. 매사냥 전날에는 매의 신경을 곤두세우기 위해 매의 가슴을 쓰다듬어서 잠들지 못하게 한다. 또한 매의 뱃속 기름기를 빼서 사냥에 의욕을 보이도록 7~8개의 목화씨나 솜을 뭉쳐서 먹이는데 이는 매의 배를 곯게 하여 사냥을 잘 할 수 있도록 하기 위함이다. 사냥을 나가면 많을 때는 꿩을 열 댓 마리를 잡고 못해도 6~7마리는 잡는다. 물론 한 마리도 잡지 못할 때도 있다고 한다. 일제 강점기 때는 매사냥 시기를 나라에서 정해 주었다.

보통의 경우 매를 잡은 그 해, 사냥을 하고 놓아주지만 몇 해를 계속해서 사냥을 시키는 경우도 있다. 여름에 집에서 키우는 것을 '묵힌다'고 하는데 매는 추운 지방에 주로 살기에 여름 한 철을 묵히는 것은 무척 어려워 죽는 경우도 많고 여름철 내내 매의 먹이를 공급하기 위해서는 들어가는 경비도 무척 많아 경제력이 있는 집안이 아니면 기르기가 쉽지 않았다 한다. 묵히는 매는 보통 4년 동안 사냥을 했다.

박용순 응사가 그 동안 함께한 참매의 시치미를 떼고 마지막 인사를 하고 있다.

매사냥 시연회에서 그동안 훈련시키고 함께 했던 참매를 자연으로 돌려보내는 응사의 모습에서 아쉬움과 섭섭함을 느낄 수 있다.

"꿩 대신 닭"이라는 말이 있다. 매사냥을 하는 중 꿩을 따라가다 잡지 못하면 매가 집에서 기르던 닭을 잡는 경우도 많아 변상을 해야 했기 때문에 생겨난 말이다. 꿩을 잡을 때도 매는 꿩의 몸통을 쥐지 않는다. 꿩의 모가지만 움켜지고 곧바로 골을 파먹는다. 이렇게 꿩 한 마리를 잡으면 그 만큼 재미를 주어야 또 사냥을 한다. 여름에 쉴 동안에는 개구리나 쥐를 잡아서 먹이거나 닭을 잡아서 먹이기도 한다.

이상은 조선말에서 일제강점기를 거쳐 1950년 6.25전쟁으로 우리나라의 매사냥의 명맥이 끊기 전 마지막으로 매사냥을 했던 사람들의 기억을 정리한 내용이다. 조선 초·중기까지의 왕실과 귀족들의 매사냥은 보는 것을 중요시했기 때문에 사냥이 박진감 넘치는 매를 이용한 매사냥이 주를 이루었다. 골속인 송골매는 응속인 참매에 비하여 포획하기가 까다롭다. 주로 바닷가 절벽에 서식하고 가끔 겨울철 하천이나 평야지대로 내려오긴 하지만 참매에 비하여 그 숫자가 적고 사냥 또한 참매처럼 하루에 수십 번도 시도하지 않아 매사냥을 하는 입장에서는 게으른 새로 비쳐져 인기가 없었을 것이므로 조선후기로 갈수록 점점 매사냥의 큰 줄기는 참매로 굳어져 가고, 참매 및 새매, 황조롱이를 이용한 매사냥이 사람들 사이에 널리 퍼지게 된다. 그에 따라 예전에 사용되던 해동청의 명맥을 참매가 이어가게 되고 참매 1년생은 보라매의 지위를 얻게 된다. 장산곶 매로 대표되던 매는 송골매의 지위를 이어 받게 된다. 해동청 보라매, 송골매는 더 이상 한반도에 내려오지 않지만 그 이름만은 아직도 회자되고 있는 것이다.

참매에 비하여 매는 하늘을 빠른 속도로 선회하고 화려한 비행기술을 선보이며 사냥하기 때문에 보는 사람이 매의 비행과 사냥에 감탄하게 된다. 실재 사냥보다 사람의 눈을 즐겁게 해주는 역할을 하여 귀족들이 주로 이용했다.

## 현재의 분류법으로 본 해동청 보라매와 송골매는?

예전의 기록과 현재의 분류법을 근거로 우리와 공존하고 있는 매들이 옛 기록에 나오는 매와 가장 비슷한 종류는 어떤 것인지 추측해 보자.

기록을 보면 희고 거대한 매로써 퇴골, 옥송골, 귀송골로 불린 해동청매는 현재 북극권에 살고 있는 지요팰컨gyrfalcon이 아닌가 추측할 수 있다. 재미 매 전문가 박규섭씨는 이 옥송골을 북극해와 베링해 언저리에 사는 지요팰컨이라는 대형 매로 추정했다. 나 역시 이 의견에 공감한다. 지요팰컨, 즉 옥송골은 몸체의 깃털 변이가 심해서 완전 흰색의 매도 있고, 개체마다 흰색의 비율이 달라져 그 깃털 색에 따라 각각의 다른 이름으로 불렸을 것이란 추측이 가능하다. 기후온난화로 한반도에는 거의 내려오지 않지만 한겨울 날씨가 상당히 추웠던 한반도 북부지방에서는 조선시대 중기까지는 가끔 내려와 사람들 눈에 띄었고 이 매가 잡혀 진상되지 않았을까 추측해 본다. 이 매는 북극권에 서식하며 큰 덩치를 이용하여 일반적인 매가 잡을 수 있는 먹이보다 더 큰 새와 포유류를 사냥한다고 알려져 있다.

또한 해동청의 일종으로 취급되었던 송골매라는 특별한 매는 알래스카와 시베리아의 북쪽 해안지역에 살고 있는 바다매가 아닐까 추측해 본다. 바다매Peale's peregrine는 현재의 매와 구분하기 어려우나 자세히 보면, 현재의 매는 등의 깃털이 청회색인데 바다매는 검푸른색, 즉 깃털 색깔이 매보다 더 진하며 바다매의 작은 수컷이 매의 큰 암컷 정도의 크기라고 해서 대략 매보다 1/3 정도 더 크다고 할 수 있다. 그러나 바다매는 매와 모습이 너무나 흡사하여 바다매와 매가 같이 있지 않는 이상 구분하기가 쉽지 않다. 이 매는 현재 우리나라에서도 가끔 관찰되곤 하지만 웬만한 전문가가 아니면 이를 구분할 수 없다. 이 바다매를 옛사람들은 송골매라 부르지 않았을까 생각한다. 혹시 이 바다매가 해동청이라면 강승구가 쓴 바다매에 대한 기록을 보면 현재에도 국내에서 두 번의 관찰기록이 있고 전국의 새를 관찰하러다니는 김석민씨도 동해안에서 관찰한 적이 있다고 한다.

이런 대형 매가 가을이 되면 남하하는 고니와 오리 등을 좇아 한반도 북방 함경도 해안까지 내려온다. 그리고 봄이 되면 역시 철수하는 기러기 오리 등을 따라 북으로 올라가 버린다. 북에서 날아온 대형 매인 지요팰컨gyrfalcon과 바다매가 중국인들이 작명해준 해동청 보라매나 송골매가 아닐까 추측해 본다.

바다매는 매보다 덩치가 더 크고 색도 더 짙다. 눈 주위의 검은색 깃털의 폭도 얇반 매보다 좁지만 이 매를 구분하기란 쉽지 않다. (미로 공영 팔 제공 2012년 3월 12일 태종대 촬영)

　지금까지 나온 이름의 매를 정리하여 현재 분류학상의 매와 가장 비슷한 특징을 나타내는 매와 일치시켜보면 다음과 같지 않았을까 한다.


　백송골gyr flacon: 백송골은 송골매 중에서 제일 큰 매로 우리나라에서도 예로부터 아주 귀한 매로 여겼으며 고어로 옥송골, 옥해청, 귀송골이라 했고 해동청으로 불리며 중국의 황제에게 보내는 귀한 선물이었다. 이 매는 추운 지방인 북극권에 살고 송골매보다 더 큰 물새를 잡아먹고 산다. 우리나라에서 채집된 기록은 단 한 번 있으며 털색깔은 백색형, 반백형, 암색형 3종류가 있다. 이 매는 현재 우리나라에는 도래하지 않고 러시아의 사할린, 캄차카 반도와 가까운 일본의 북해도에는 겨울철에 오고 있다. 특히 백색형은 매 중에서 최고로 여겼다.


　바다매: 매보다 더 크고 용맹한 습성을 가지고 있고 지금도 아주 드물게 발견된다. 하지만 매와 바다매, 둘을 같이 놓고 비교해 보지 않는 이상 구분하기가 힘들기 때문에 이 바다매를 송골매라 칭했으나 사람들은 송골매와 아골인 매를 쉽

게 구분하지 못하고 점차 송골이라는 이름은 아골이었던 현재의 매에게로 이름을 넘겨 준 것으로 생각된다.

매falcon: 현재 우리가 매라 부르고 이 책에 나오는 바닷가 절벽에 사는 매 모두를 통칭한다. 옛 기록에서는 아골, 골속의 매라 불렸을 것으로 추정된다. 해동청인 백송골이나 송골매인 바다매가 우리나라에서 발견되는 횟수가 점차 줄어들면서 아골인 매가 점차 송골매의 이름을 이어받게 된 것으로 보인다. 지요팰콘이나 바다매와 마찬가지로 빠르게 날면서 먹이를 사냥하는 모습에서 박진감을 느껴, 보는 사람들을 감탄케 하는 비행실력을 갖추고 있다. 잘 훈련된 현재의 매는 매사냥뿐 아니라 공항에서의 사고를 예방하는 데에도 사용되고 있다. 비행기와 새들의 충돌로 인한 사고를 예방하기 위해 비행기가 이륙하기 전 매가 공항 상공을 선회함으로 일반 새들의 공항에로의 접근을 막는데 이용된다.

매를 이용한 매사냥은 하늘을 빠르게 날아다니며 먹잇감을 찾다가 하늘로 솟아오르는 새가 미처 알아채지도 못한 상태에서 공격하는 박진감 넘치는 사냥법을 구사하기 때문에 예부터 왕과 귀족들의 놀이문화로 성행했다. 매사냥 시연회에서

세이커매(핸다손 매): 1987년 1월 경기도에서 1개체가 채집된 기록이 있으며 1998년 이후 월동기에 천수만, 아산만 등지에서 관찰되었다. '신증 응골방'에서는 훈련시켜 토끼나 꿩을 잡는 다고 했으며 사냥하는 방법은 송골매와 같이 높이 날아올라 공중에서 잡는 것이 아니라 수리과의 참매 같이 주로 지상의 새나 포유류를 사냥한다. 이 매의 특징을 잘 표현하는 대목이다. 우리나라 기록에 나오는 매로는 '토굴매'일 가능성이 크다.

참매: 조선후기 매사냥꾼들이 애용하던 매다. 꿩 잡는 기술이 타의 추종을 불허하여 한국의 매꾼들은 참매가 북에서 날아오는 가을철에 잡아서 2주쯤 훈련시켜 겨우 내내 사냥을 즐긴다고 했다. 참매의 영어명은 Goshawk다. 즉, 거위goose를 잡는 매라는 말인데, 참매는 꿩뿐 아니라 오리도 공격한다. 조선후기로 갈수록 매사냥은 참매로 하는 매사냥이 대세를 이루며 해동청 보라매의 이름을 참매에게도 사용하기 시작한다. 지금도 참매의 1년생을 보라매라 부르기도 한다. 하지만 우리의 기록에는 황응 즉, 황색의 매라고 불렸으며 해동청이나 보라매와는 거리가 있었을 것이라 생각한다.

조선왕조실록에는 송골매를 잡아 진상할 때 먹이 때문에 민가의 닭이나 개를 마구 잡는 폐해가 심해지자 황응을 함께 진상함으로써 매의 먹이인 꿩을 잡아 백성에게 피해를 주지 않도록 명을 내리기도 했다.

참매를 이용한 매사냥은 조선후기에 들어오면서 민간에 널리 퍼진다. 꿩을 잡는 기술이 탁월하다.

쇠황조롱이: 우리나라에는 겨울마다 드물게 오는 철새로 크기는 비둘기만 하며 황조롱이와 달리 자기 몸집보다 큰 새도 과감히 사냥한다. 고어로는 '도룡태'라고 하는데 이 이름 또한 몽고에서 유래했다. 쇠황조롱이는 메추리 사냥에 이용하기 위해 길들인다.

황조롱이: 우리나라 전역에 분포하며 인간의 환경에 가장 잘 적응한 맹금류다. 도심에서도 쉽게 관찰할 수 있는 새로 길들이면 작은 메추라기도 잘 사냥한다.

황조롱이가 매사냥회에서 황조롱이를 사냥한 후 유지영 응사가 메추리를 회수하기 직전의 모습

## 5장 태종대 매 이야기

### 매를 보기 위한 여정과 떨리는 첫 만남

태종대에서의 일상은 언제나 비슷하다. 비록 추운 겨울이라 하더라도 버스에서 내리는 순간 시원하고 상쾌한 공기와 짭짤하고 야릇한 바닷바람이 가슴 한가득 들어오며 가슴을 시원하게 한다.

새 사진을 시작하면서 가장 먼저 나를 매료시킨 새가 철원의 두루미였다. 그 다음으로 나의 관심을 끈 새는 태종대의 매였다. 태종대의 푸른 바다를 배경으로 날아가는, 강인하면서도 귀여운 모습의 매를 보면서 그 매력에 흠뻑 빠져 들었다.

에메랄드 빛 바다 위에 생긴 빛망울을 배경으로 날아가는 사진을 보고 나도 그런 사진을 담고 싶었고 마침내 푸른 빛 방울 터지는 바다 위를 날아가는 매를 담았다.

내가 사는 남양주에서 태종대까지 차로 왕복하기는 너무 먼 곳이고 주말 운전은 너무 피곤하다. 그래서 내가 선택한 방법은 금요일 심야 고속버스를 타고 내려가는 것이었다. 밤 12시 동서울을 출발하거나 새벽 1시에 서울을 출발하는 심야 우등버스를 타면 새벽 4, 5시에는 부산 고속버스 터미널에 도착한다. 전철과 연결된 터미널에서 휴식을 취한 후 5시 10분경에 부산역으로 가는 첫 전철을 타면 부산역에는 6시경에 도착한다.

부산역 건너편의 버스정류장에 가기 전, 편의점에서 점심에 먹을 음료수와 물을 사고, 근처 김밥집에서 아침과 점심으로 먹을 김밥을 준비한다. 그리고 태종대행 버스인 88번이나 101번을 기다린다. 그러면 주말을 이용하여 태종대에 온 여행자들 몇 명이 같은 버스를 타고 종점인 부산의 대표적 관광지인 태종대에서 내린다. 한 여름에도, 겨울철에도, 이른 새벽의 태종대길에서는 느끼는 상쾌함은 이루 말할 수가 없다. 순환열차를 타는 갈림길까지의 낮은 오르막길은 내 몸 구석구석 뜨거워진 피를 순환시키며 오늘 하루는 또 어떤 일을 만날 것인지에 대한 부푼 기대감을 갖게 한다.

순환로를 따라 걷는 길은 어둠이 내리는 겨울철 아침시간에도 아침 운동을 하는 사람들을 많이 만나게 된다. 여름철에는 이른 새벽 이미 태종대 순환로를 한 바퀴 돌고 내려오는 사람들과도 만난다. 새벽에 만나는 사람들은 이미 서로를 잘 안다. 인사를 건네고 안부를 묻거나 함께 걸으며 서로의 이야기로 상쾌한 아침을 시작한다.

두 번의 구비를 돌며 언덕을 오르면 어느새 남항 전망대에 도착한다. 예전 부산에 살 때도 자주 보지 못하던 장면들을 볼 수 있다. 남항전망대에서 바라보는 서부 부산의 풍경은 마치 배 위에서 바라보는 도시의 풍경과도 같다. 불빛을 환하게 켠 채 낮은 파도에 몸을 맡기고 출렁이고 있는 커다란 배들을 바라보는 것도 좋고 막 어둠을 가셔내는 여명 빛에 마지막 남은 불빛을 아스라이 뿜어내는 도심 건물들의 마지막 불빛도 아름답다.

아스라한 파돗소리를 뒤로 하고 마지막 남은 오르막을 준비하며 잠시 아름드리 소나무 사이를 지난다. 낮은 오르막을 오르고 다시 내리막길을 만나며 한 구비를 돌면 전망대가 저만치 보이기 시작한다. 전망대가 보이기 시작하면 마음은 어느새 급해지기 시작한다. '혹시나 몇 분 차이로 매가 왔다 가는 것을 놓치지 않을까' 하는 생각이 들기 때문이다. 급한 마음을 진정시키며 크게 한 번 심호흡을 하고 천천히 전망대 난간으로 다가간다. 지정석에 앉아 있는 매를 볼 때도 좋고 아침의 따뜻하고 은은함 속에 묻힌 바다와 섬과 파도를 바라보는 것만 해도 좋다.

남항전망대에서 본 서부 부산의 모습, 다대포와 거제도 그리고 서부 부산이 보인다.

전망대에서 바다색이 시시각각으로 푸른 바다의 색이 에메랄드빛으로 바뀌어 가는 모습을 바라보는 것도 좋다.

　　여름철에는 버스를 타고 오면서 해양대 너머 바다 위로 붉게 떠오른 해를 보면서 오지만 겨울철에는 전망대에 올라도 아직 캄캄하기만 하다. 겨울철에는 날이 밝아질 때까지 기다려야만 한다. 해가 일찍 뜨는 여름철에도 아침에는 전망대를 정면으로 비추는 햇빛 때문에 매가 날아도 산란광으로 인해 뿌옇게 보인다.

9시가 넘어 첫 순환열차가 올 때쯤 해서 매를 담는 사람들이 한두 명씩 모이기 시작한다. 3월부터 5월 시즌 중에는 매를 담기 위해 오는 사람의 수는 더욱 늘어나 전망대에 서 있을 자리조차 부족하게 되고, 그럴 땐 좀처럼 내려가지 않는 1층까지 내려가야 한다. 1층의 자리는 매와 거리가 가까워진다는 장점이 있는 반면, 전망대 앞에 자라는 나무로 시야가 상당히 제한되어 빠르게 움직이는 매를 따라 잡기 힘들다는 단점도 있다. 그래서 전망대의 좋은 자리를 잡기 위한 치열한 자리잡기 경쟁이 벌어진다. 하지만 시즌 중이 아니라면 늘 태종대를 지키는 사람들만 찾기에 좀 편하게 자리를 잡을 수 있다.

2층 전망대에서도 시기별로 자리를 잡는 위치가 달라지고 바람의 방향에 따라 어떤 자리에 있는가에 따라 더 많은 장면을 담을 수 있는 자리가 있기 때문에 늘 그때그때의 상황을 잘 파악하여야 한다.

전망대의 자리가 넓게 보여도 둥근 원형이라서 매를 볼 수 있는 시야가 좁아진다. 같은 전망대에 있더라도 어떤 곳에선 매를 볼 수 있는 반면 다른 곳에서 매를 볼 수 없는 곳도 있다.

지나치는 관광객들뿐이고 사진 담는 사람이 아무도 없을 땐 휑하니 넓게만 보이는 2층 전망대에서 혼자서 이쪽 끝에서 저쪽 끝까지 매가 오는지 다 확인해야할 때는 내내 한 순간도 방심할 수 없는 상황이 되어 버린다. 원형으로 된 전망대는 어떤 자리에 있느냐에 따라 다른 쪽의 상황을 전혀 볼 수 없기 때문이다.

같이 매를 담는 사람이 여러 명이 있을 때는 가끔씩 다른 일을 할 수 있다. 최소한 두 명이라도 있으면 각각 반대 상황을 체크하고 서로 반대 방향의 상황을 알려주면 좀 피곤함이 덜하고 세 명이상이라면 한결 편해진다. 언제 나타날지 모르는 매로 인해 몇 시간씩 서 있어 피곤한 몸과 마음의 긴장을 풀기 위해 의자에 앉아 몇 분간의 단잠에 빠질 수도 있고 휴대폰을 보거나 멍하니 바다만 바라볼 수 있는 시간을 가질 수 있다. 매와 카메라에 대해 한담을 나누며 잠시 긴장감을 풀 수도 있다. 하지만 한두 명은 꼭 매의 움직임을 찾아 절벽과 바다 위를 주시하고 있어야 한다. 전망대에서 보이는 매는 비둘기 정도로 작게 보이지만 매 특유의 빠른 날갯짓으로 날아오는 매의 움직임을 통해서도 알 수 있고 매가 날 때 절벽에 비추지는 매의 그림자를 통해서도 알 수 있다. 매를 보면 다른 이에게 매가 나타났다는 신호를 해 주어야만 여러 명이 있는 효과가 나타난다.

매가 언제 어떻게 나타날지 알 수 없기 때문에 화장실에 가는 시간, 점심을 먹으러 가는 시간 등으로 잠시라도 자리를 비울 수가 없다. 아주 짧은 시간 잠깐 동안 매가 가까이 날아주는 순간이 언제 내 눈앞에서 펼쳐질 지 알 수 없기 때문이다. 그 시간이 때로는 몇 분이 될 수도 있고 단 몇 초 만에 중요한 장면이 끝날 수도 있기 때문이다. 하루 온종일 기다렸는데 내가 자리를 비운 단 몇 분, 몇 초 동안에 매가 날았다가 사라져 버린다고 생각하면 얼마나 억울하겠는가? 때로는 단한 장의 사진으로도 하루의 피곤이 완전히 가실 수도 있는데 자리를 비운 잠깐사이 중요한 비행이 있었다면 그 잠깐의 시간을 얼마나 원망할까? 그래서 쉽사리 자리를 떠날 수 없는 일이다. 그런 이유로 전망대를 떠날 수 없기에 김밥이나 삼각김밥을 사와 매를 기다리며 점심을 해결한다.

그러나 한 명이 자리를 비울 때 가끔씩 멋진 장면이 펼쳐질 때도 있다. 이런 날은 다음 차례로 누군가 한 명이 잠시 자리를 비워주었으면 하는 이기적인 마음이 생길 때도 있다. 누군가의 희생으로 멋진 한 장면을 담을 수 있을 지도 모르는데 은근히 그런 순간을 만들어 줄 누군가를 기다리는 욕심이 생기게 된다.

잠시 자리를 비웠을 때 단 몇 초 만에 이렇게 멋진 비행을 하면서 날아가 버리면 얼마나 후회를 할지 모르는 일이다.

에메랄드빛 바다 위에 빛망울이 비치며 그 위를 바다보다 더 짙은 감청색의 등을 보이며 한 마리의 새가 날아간다. 커다란 눈동자와 꽉 다문 날카로운 부리로부터 나오는 용맹스러움을 느낄 수 있다. 한 장의 사진 속에 녀석의 모든 것이 들어있는 듯한 착각, 그리고 녀석을 보고 싶다는 욕망이 가슴속에서 피어오른다.

대구에서의 설 연휴가 끝나고 하루의 시간을 더 내어 오랜만에 태종대를 찾는다. 중부지방에서 느끼는 2월의 날씨와 남쪽 부산에서 느끼는 2월의 날씨는 많은 차이가 있다. 아직도 한겨울의 채취가 그대로 남아 마지막까지 겨울임을 증명하는 듯 두꺼운 옷을 벗지 못하게 하는 중부지방과 달리 태종대는 봄이 찾아 온 듯 꽃망울이 사방에서 피어날 듯 부풀어 올라있고 입고 있는 겨울옷이 계절에 맞지 않은 듯 훨훨 벗어던지게 하는 온화함을 보인다.

커다란 눈동자와 꽉 다문 날카로운 부리로부터 나오는 용맹스러움을 느낄 수 있다.

대구에서의 설 연휴가 끝나고 하루의 시간을 더 내어 오랜만에 태종대를 찾는다. 중부지방에서 느끼는 2월의 날씨와 남쪽 부산에서 느끼는 2월의 날씨는 많은 차이가 있다. 아직도 한겨울의 채취가 그대로 남아 마지막까지 겨울임을 증명하는 듯 두꺼운 옷을 벗지 못하게 하는 중부지방과 달리 태종대는 봄이 찾아 온 듯 꽃망울이 사방에서 피어날 듯 부풀어 올라있고 입고 있는 겨울옷이 계절에 맞지 않은 듯 훨훨 벗어던지게 하는 온화함을 보인다.

아직 끝나지 않은 설 연휴의 끝자락 울긋불긋 색동옷을 차려입고 온가족이 함께 나온 사람들 틈을 지나 전망대에 올라선다. 일찍 올라온 것도 아닌데 관광객을 제외하곤 사진을 담는 사람이 아무도 없다. 맑은 날씨, 발밑으로 펼쳐진 푸른 바다, 20분마다 올라오는 순환열차는 많은 사람들을 내려놓고 그들의 즐겁고 밝은 웃음소리와 이야깃소리로 전망대는 북적인다.

"야!" "와" 대부분의 사람들이 전망대에 올라와서 처음 뱉어내는 감탄의 소리다. 눈앞이 확 트여 그 끝을 알 수 없는 바다의 모습에 환호하고 절벽과 바다의 절묘한 조화 풍경에 반하며, 눈앞에 성큼 다가서있는 주전자섬을 보며 사람들은 감탄 섞인 환호를 한다.

전망대에서 바라다 본 푸른 빛 바다

　그렇게 잠시, 전망대 난간에 기대어 사람들을 구경하는 사이 매는 전망대 앞 죽은 소나무 가지로 날아들고 있다. 고사목이라 부르는 나뭇가지에 앉아 있는 매를 보는 것은 처음이 아니다. 2010년 여름에도 잠깐 들러서 매가 앉아 있는 모습을 보았다.

잠깐 다른 곳에 집중하고 있는 사이 고사목에 내려앉고 있는 매

첫 만남의 시간, 매는 깃털을 다듬기 시작한다. 그러기를 삼십여 분, 깃털을 다듬던 녀석이 낮은 소리로 울기 시작한다. 그리고 또 한 마리의 매가 날아와 반대편 나뭇가지에 앉는다. 두 마리의 매를 동시에 보고 있다. 내내 사진으로만 보며 부러워하던 장면을 나도 드디어 볼 수 있게 되었다.

암컷 매와 수컷 매가 고사목에 앉아 서로 인사하고 있다.

'이제 곧 짝짓기를 하겠지' 하며 기다리지만 수컷은 한참을 그렇게 암컷을 쳐다보고 있다. 암컷은 고개를 숙이며 몸을 낮추고 수컷을 불러보지만 아무런 움직임도 보이지 않던 수컷은 나무를 박차고 절벽 아래로 몸을 날린다. 수컷이 떠난 후 암컷 매는 다시 깃털을 매만지며 수컷이 외면했다는 사실에 어이없어 하는 듯한 묘한 미소를 지어 보인다.

수컷 매에게 무시를 당한 듯한 암컷 매의 표정이 재미있다.

고사목에 앉은 매들은 몸을 가볍게 한 후 날아가기 때문에 이렇게 배설을 하면 그 다음에는 날아가는 장면을 담기 위한 준비를 해야 한다.

한 시간여를 나뭇가지에 앉아 자리를 지키던 암컷이 날아오른다. 그리고 전망대 앞 파란하늘을 배경으로 두어 차례 선회 비행을 한 후 사라져간다. 비행하는 암컷의 사진을 담고 나서는 오늘 하루, 내가 세운 목적을 모두 이루어낸 것 같은 기분이 든다. 그리고 4시가 넘어 그림자가 져 어둑어둑해지는 시간에 전망대를 떠난다.

암컷이 전망대 앞 하늘에서 선회한다. 매가 하늘을 배경 날 때 사진 담기는 쉽다.

이것이 나와 매와의 공식적인 첫 만남이다. 떨림이 있는 첫 만남. 그 이후로도 수십 번을 더 매를 만나러 가면서 그 처음의 만남이 얼마나 쉬웠고, 행운이었나를 알기까지는 상당한 기간이 필요했다.

### 전망대에서 사람의 마음을 훔쳐보다

아무도 없는 새벽에 올라선 전망대에는 전날 다녀간 사람들의 흔적이 여기저기 남아있다. 마시다 내버려둔 생수병이 여기저기 나뒹굴고, 커피잔들이 3층 올라가는 계단에 나란히 쌓여있기도 하다. 비닐봉지와 종이컵, 작은 포장지들이 여기저기 날아다닌다. 비가 온 날은 물이 빠지지 않는 배수구 주변에는 물이 찰랑찰랑 차있기도 하다. 소방전 옆에 빗자루와 쓰레받기가 있을 때는 아침 일찍 도착하면 청소부터 해놓는다. 하루 종일 있을 텐데 쓰레기가 날리는 것을 보면서도 그냥 둘 수 없기 때문이다. 지금은 전망대 운영주체가 바뀌어 예전보다 관리를 잘 하고 있다. 그래도 늦은 시간 다녀간 사람들은 그 흔적을 남긴다. 일찍 도착하면 어쩔 수 없이 보기 싫은 몇몇 큰 쓰레기들은 치워놓고 앉아 있는 것이 마음 편하다. 페트병, 커피잔 등을 가져와 먹은 흔적을 꼭 그렇게 아무 곳에나 두고 가면 몸이 편해지는가? 그런 쓰레기를 볼 때마다 외국인들도 많이 오는 유명 관광지의 민낯을 보는 것 같아 부끄러울 때가 많다.

　하루 종일 매를 기다리며 전망대에서 카메라를 들고 서성이다 보면 사진사인 줄 알고 사진을 찍어 달라는 사람도 있다. 전망대에서 500밀리미터 렌즈로 인물 사진을 담으면 눈이나 코만 나온 사진을 담는다는 것은 모를 것이다. 그나마 오랫동안 전망대에 있다 보니 나름 인물사진 담는 요령이 생겼다. 전망대 안과 바다의 노출차이가 커 얼굴이 검게 나오는 것이 대부분이지만 카메라의 높이를 조절하면 나름 분위기 있는 사진을 찍을 수 있게 된다. 하지만 매가 날고 있거나 언제 날아갈지 모를 중요한 순간에 그런 요청을 하면 난감하다.

낚싯배가 사람들을 거북바위와 물개바위에 내려 주고 있다.

전망대 아래에는 거북바위와 물개바위가 있고 이른 아침부터 그곳에서 사람들이 바다낚시를 즐긴다. 바람이 불고 파도가 치는 날에도 낚시를 하는 사람도 있다. 전망대에 온 사람들은 이 사람들이 어떻게 들어갔는지 궁금해 하는 사람들이 많다.

"야, 저곳에서 낚시하는 사람들은 어떻게 들어갔을까?" 한 명이 물으면 일행의 대답은 두 가지 중에서 한가지이다.

"저기 내려가는 길이 있어서 내려갔을 거야" 아니면 "낚싯배가 태워 줘서 들어가는 거겠지." 하는 대답을 한다. 이렇게 대답하는 사람은 이미 몇 번 와서 낚싯배가 사람들을 내려주는 것을 본 사람들이다. 길이 있다고 대답한 사람들은 예전에 이곳에 와서 등대 쪽부터 바닷가까지 내려가 본 사람들이 주로 하는 대답으로 전망대에서 바다로 내려가는 길이 있다고 착각하는 사람들이다.

전망대에는 안내판이 하나 있다. 사람들 틈에 가려져 보지 못한 사람들은 앞에 있는 섬이 무엇이냐고 묻는다. 안내판에 나와 있다. 생도 또는 주전자섬이라고 한다고 …… 또 옛날의 자살바위가 어디에 있냐고 일행에게 물으면 여러 가지 답이 참 많이도 나온다. 그러나 답은 지금 서있는 전망대가 자살바위 위에 세워졌다고 …….

전망대 앞에는 '생도' 또는 '주전자섬'이라는 섬이 있다. 사람에 따라 주전자처럼 보이기도 하고 그렇지 않기도 하다. 매가 여기에 들어가 버리면 곤란하다.

 날씨가 맑은 날에만 보이는 대마도, 수십 번도 더 전망대에 오른 나도 대마도를 본 것은 겨우 서너 번 밖에 없는데 보이지 않는 대마도가 저기에 보인다는 사람이 있는가 하면 대마도가 있는 방향보다 더 북쪽에 대마도가 있다는 사람도 있다. 모르면 모른다고 하면 될 것을 괜히 아는 체하는 사람들의 대답을 듣고 있으면 대답을 해 줄 수도 없고 헛웃음이 나올 때도 많다. 알아도 먼저 대답한 사람이 무안해 할까봐 모른 채 해야 하고, 일행에게 놀림감이 되지 않도록 사실을 말하지 못하는 날들이 많다. 하루 종일 전망대에 있다 보면 다양한 사람들을 만나게 된다.

## 태종대 매의 역사

 가장 오랫동안 꾸준히 관찰되어 그 이력과 생태가 가장 잘 알려진 곳은 단연 태종대의 매이다. 이곳에 매가 있다는 것은 2003년도 연합일보에 소개되면서 일반인에게도 알려졌다. 지금은 국립생물자원관에 근무하는 강승구씨가 최초 발견하여 당시에 유명한 조류학자에게 연락을 취한 그 다음날 연합일보에 보도되면서 일반인에게 알려졌다고 한다.

새 사진을 찍는 사람들은 대부분 한두 번쯤은 이곳에 들른 경험이 있을 만큼 유명한 곳이기도 하고 많은 이들에게 실망과 좌절감을 안겨주는 곳으로도 유명하다. 바다 위를 나는 매의 아름다운 모습에 열광해서 오면 너무나 빠른 속도의 매를 따라갈 수 없어 한 장의 사진도 담을 수 없거나 설사 사진으로 담았다 해도 초점을 맞추지 못한 뿌연 사진만 담아 실망감과 좌절감을 느끼는 곳이기 때문이다.

매의 주생활지가 바닷가 절벽이라 하더라도 바다를 배경으로 매를 담을 수 있는 곳은 전 세계에서도 많지 않다. 전 세계 생태사진들이 하루에도 수백 장씩 올라오는 500px라는 사이트를 방문해 보아도 나이아가라 폭포에서 올라오는 매 사진을 제외하고는 이렇게 사람 가까이에 접근하여 아름다운 바다를 배경으로 매의 등짝을 담은 사진은 올라오지 않는다. 대신 하늘을 날고 있거나 땅에서 먹이를 잡고 있는 모습 등을 담은 매 사진은 많이 볼 수 있다.

이렇게 바다를 배경으로 아름다운 매 사진을 담을 수 있는 곳은 전 세계 어딜 가도 없다. 태종대는 그만큼 매 사진을 담기 좋은 곳이다.

태종대의 초창기 기록은 찾을 수 없었지만 2006년부터의 기록은 찾을 수 있었다. 지금도 태종대에 가면 만날 수 있는 닉네임 공돌삼촌으로 불리는 권용하님은 비교적 이른 시기부터 이곳의 매를 촬영해 오고 있다. 2006년도부터 시작하였으니 벌써 12년 동안 이곳의 매를 촬영해오고 있는 셈이다. 이와 비슷한 시기부터 활동해왔던 이로 닉네임이 서린전설이라는 분이 있다. 이 분들이 초장기에 활동하면서 매의 모습과 습성 및 사진들을 많이 남기며 많은 사람들에게 호기심과 매 사진에 대한 열망을 갖게 했다. 이 분들과 함께 활동하신 분 중에는 그만 두신 분도 있고, 이젠 자기 지역에 있는 새들만 주로 탐조하시는 분도 있다. 그 뒤를 이어 미로라는 닉네임을 사용하는 공용팔님은 이곳 태종대 매의 생생하고 아름다움을 극도로 잘 표현한 사진을 남기며 많은 사람들을 매사진에 빠져들게 한 중요한 역할을 담당했다. 아울러 고독한냐옹이란 닉네임으로 활동하며 태종대와 남해안의 매들에 대해 다양한 정보와 많은 사진을 갖고 있는 유강희님이 있다. 이들의 뒤를 이어 이 책을 쓰고 있는 필자를 비롯하여 닉네임 가을도반 임영업님, 울산짱이 이장희님 같은 이들이 그 뒤를 잇고 있다. 또한 이들과는 별개로 박기하, 철마 정현섭 같은 분들이 오랫동안 이곳 태종대에서 매를 촬영을 해오고 있다.

이런 분들이 남긴 사진과 글을 보면 태종대 매가 몇 년간 지나온 자취를 추정해 볼 수 있다. 미로 공용팔님의 블로그와 서린전설님의 블로그에 올라온 사진들과 가을도반 임영업님의 블로그에 올라온 사진들을 참고하고, 개인 블로그가 없는 공돌삼촌 권용하님과 고독한냐옹이 유강희님의 이야기와 촬영한 사진들은 모클럽에 올린 사진을 종합하여 2011년부터 담아온 필자의 사진들과 비교하며 정리해 보면 다음과 같은 사실을 알 수 있다.

차량을 가지고 태종대로 들어갈 수 있었던 2006년 시즌 중에는 5월 4일까지는 아직 부화를 하지 못했는지 조용하다가 7월 9일에 새끼 한마리가 나와 날아다녔다는 기록이 있는 것으로 보아 이 해에는 최소한 한 마리 이상의 새끼가 있었다. 하지만 정확히 몇 마리인지는 기록이 없어 확인하지 못했다.

2007년 시즌에도 최소한 새끼 두 마리가 6월초에 이소했고, 7월에도 두 마리의 새끼가 훈련을 하고 있었다는 기록과 사진이 있는 것으로 보아 이 해에는 정상적인 시기에 맞게 최소한 두 마리의 새끼가 성공적으로 자랐다고 할 수 있다.

2008년 시즌에는 6월에 새끼 3마리가 보였으며 첫 번째 이소는 6월 7일 날 이루어졌고, 6월 19일 경에는 두 마리가 둥지를 떠나 둥지 주위를 날아다닌 사진들이 있다. 이 해 역시 일주일 정도 시차는 있지만 정상적 시기에 맞게 세 마리의 새끼가 무사히 이소했다.

2009년 시즌에는 3월 4일경부터 포란을 시작했고 새끼들에게 먹이를 갖다 주는 공중급식이 4월에 행해졌다. 그해 5월 EBS에서 태종대 매를 촬영했다. 그리고 새끼가 전망대 가까이 날아다니고 먹이를 가지고 훈련하는 장면도 많았으나 새끼는 한 마리만 줄곧 보인다. 이는 곧 두 마리 이상이면 서로 경쟁하는 장면이 있었을 터인데 이런 모습이 보이지 않았다는 점으로 미루어 한 마리의 새끼만 있었다고 추정해 볼 수 있다.

2010년 시즌에는 3월초부터 짝짓기하는 모습이 보였고 3월 22일까지 짝짓기를 시도했다. 4월 초까지는 포란 징후를 보이지 않다가 생도(주전자섬)에서 번식한 듯 6월에 새끼 한마리가 보이기 시작했다고 한다. 생도에서 번식을 하면 매를 보기 힘들어진다. 전망대 쪽으로 잘 오지 않아 새끼가 비행을 할 무렵이 되어야 확인할 수 있기 때문이다.

내가 태종대 매를 담기 시작한 2011년 시즌부터 시작된 육추(새끼 키우기) 실패는 2017년도인 지금까지도 이어지고 있다. 2011년도에는 알을 낳고 포란을 시작했으나 새끼가 나와서 어미들이 먹이를 나르느라 바빠야 할 시기인데도 그런 징후가 보이지 않아 현지에서는 부화 실패를 예감하고 실제로도 새끼를 볼 수 없었다.

2012년 시즌에는 4월 중순쯤, 생도에 알을 낳았으나 비가 많이 와 포란이 실패로 이어지고 4월 말에 다시 교미를 하여 생도 쪽으로 가지 않고 전망대에서 2차 번식을 했다. 보통 이소할 시기인 6월 초순이 포란 4주차로 예상하고 있었지만 2차 포란 역시 실패하여 새끼를 볼 수 없었다.

2013년 시즌에는 새끼 한 마리가 부화하여 나왔으나 너무 일찍 둥지를 벗어난 새끼는 비바람이 몹시도 심한 날씨 탓에 그 전날까지 둥지 근처 절벽 위에 있다가 6월 첫째 주에 행방불명되어 다시는 보이지 않았다. 사람들을 안타깝게 하는 육추 실태는 계속 이어졌다.

2014년, 2015년에 이어 2016년에도 새끼가 보이지 않는 해가 7년째 이어지고 있다. 부화 실패가 이어지면서 매들도 전망대 앞 바다에서 비행하는 시간이 줄어들고 사람들의 관심도 멀어지게 되었다.

2014년도 고사목이 부러진 후 매들은 전망대 앞 소나무 숲에 오는 시간이 줄어들고 생도(주전자섬)에 들어가 있는 시간이 많아진다. 매는 생도에 둥지를 틀고 전망대에서 볼 수 있는 시간이 급격히 줄어들었다. 이런 여러 가지 요인들과 겹쳐

2017년도에는 관찰하는 사람이 더욱 줄게 되었다. 그래서 육추 결과에 대해 아무런 정보도 얻을 수 없는 것으로 보아 육추 실패가 이어지지 않았을까 예상된다.

아직 흰털이 완전히 빠지지 않아 날갯짓도 서툰 어린 매가 너무 일찍 둥지에서 이소하여 바람을 피할 곳도 없는 아찔한 절벽 위로 올라와 다른 장소로 옮기지도 못했다. 약 일주일 후에는 바람이 심한 어느 날 사라져 다시는 보이지 않았다.

2010년 이후 계속적인 부화 혹은 육추 실패 이유에 대해서는 관찰 결과만으로는 자세한 내용을 알 수 없다. 하지만 멀지 않은 다른 곳의 매들은 여전히 부화를 하고 새끼를 잘 키워내는 것을 보면 이곳 태종대의 매들 자체에 문제가 있는 것으로 봐야 할 것이다.

### 바람은 적군인가 아군인가? 그리고 고사목의 중요성

전망대에서 매들을 관찰·촬영하는 사람에게 굉장히 중요한 나무가 있다. 물개바위 위쪽 절벽 위에 전망대와 같은 높이로 죽은 소나무가 한 그루 있다. 죽은 소나무의 윗부분이 부러지기 전과 부러진 후로 나누어 매를 설명해야 할 정도로 그 의미와 중요성이 크다. 매들이 짝짓기를 하는 장소인 동시에 매들이 휴식을 취하며 먹잇감을 찾는 장소이기도 하고, 절벽아래 둥지에서 암컷이 휴식을 취하러 나오거나 매들이 먹이를 먹거나 새끼들이 부화하고 나면 암컷이 새끼들의 안전을 관찰하거나 혹은 암수가 먹이를 교환하거나 어치와 매의 신경전을 볼 수 있는 그런 장소이기 때문이다.

고사목의 상단 가지 끝에 앉으면 먼바다까지 바라볼 수 있을 만큼 시야가 확 트인 중요한 장소이다.

고사목의 윗가지가 부러지지 않
았을 때 매와 어치의 대치 장면

고사목의 윗가지는 부서져 없어지고 몸체와 일부 가지만 남은 상태에서의 매와 어치가 대치하고 있다.

이처럼 중요하지만 언제나 그대로 일 것 같았던 고사목의 아랫부분과 일부 가지만 남기고 상단 일부가 2014년 비바람에 부서졌다. 모진 비바람을 견디지 못하고 부러진 것이다. 늘 이곳을 찾던 사람들은 탄식을 했다. 이제 고사목 높은 가지에 앉은 매를 더는 볼 수 없게 되었고, 어치들이 자신보다 낮은 가지에 앉은 매를 공격하기 위해 가늘고 높은 가지에 앉을 일도 사라졌다는 사실에 안타까워하기도 했다.

짝짓기를 하던 가지도 사라지고 아랫부분에 남은 가지 두개는 부러진 가지의 20~30퍼센트도 되지 않고 높이도 훨씬 낮아져 매가 앉아 바다를 내려다보는 자리로는 더 이상 사용하지 않을 것 같았다. 실제로 그러한 우려는 현실로 다가왔다. 고사목에 앉아 있는 시간이 확연히 줄어들어 주전자섬의 등대에 가 앉아 있는 시간이 늘어났고 짝짓기도 등대에서 더 많이 하거나 숲속 먼 가지에서 하는 일이 많아졌다.

언젠가는 고사목이 부러져 내릴 것을 알고 늘 고민을 했으나 어찌할 수 없는 일이 생겼다. 그냥 자연이 하는 일에 따라 우리는 순응하며 매가 잊지 않고 낮은 자리에라도 날아와 앉아 주는 것에 감사해야 했다. 그나마 위안이 되는 것은 매가 날아 들어올 때 즐겨 이용하는 굽고 긴 가지가 든든히 살아남았고 매가 아직도 그 가지를 기억하여 찾아준다는 것이다.

예전보다는 앉는 횟수가 줄어들긴 했지만 그래도 암수가 가까이 앉아 줄 때도 있어 고맙다.

고사목과 함께 중요한 나무가 또 있다. 전망대 바로 아래에 위치한 소나무이다. 해가 지날수록 키가 커지고 가지를 넓혀 전망대 아래의 바다를 점점 가리고 있다. 전망대 아래의 바다는 매가 날아다니는 길목이다. 매가 다니는 길을 가리니 렌즈로 매를 따라가다가 놓치는 경우가 많아진다. 그러니 중요한 순간에 매를 놓치거나 보지 못하는 경우가 점점 많아진다. 매를 따라가다가 놓치면 매를 다시 카메라에 넣기가 힘들어진다. 우연이든 아니든 예전보다 매를 담기가 점점 힘들어지고 있다.

고사목과 함께 매를 담는데 중요한 요인은 바람이다. 태종대의 바람이 초당 7미터로 분다는 일기예보를 보고도 이미 결심한 출발이었기에 강행을 한다. 새벽녘, 아직 바람은 세지 않다. 살랑살랑 부는 바람보다는 분명 강한 바람이 맞지만 '이정도의 바람이면 괜찮겠는데' 생각하며 전망대로 향한다. 전망대로 가는 길의 바람은 더욱 약해진다. 조용하다. 과연 일기예보가 맞는지 의심스러울 정도로 바람이 약하다.

새벽부터 운동하러 나온 사람이 내뿜는 고함소리에 이른 아침의 깨끗함과 고요함이 깨진다. 바람이 숨을 죽이고 새벽과 아침의 공기가 바뀌는 조용한 시간이다. 이런 정도의 바람이면 아무 문제가 없을 거라는 생각이 들면서 전망대에 올라선다.

그러나 전망대에 올라서자 바람은 조금씩 거세진다. 난간에 서있는 나를 뒤로 밀어내고 거센 바람에 카메라를 들고 가만히 서있지 못할 정도다. 부딪히는 차가운 바람에 등을 돌려보지만 어김없이 휘돌아온 바람 때문에 춥다. 전망대 아래 절벽에도 하얗고 큰 파도를 만들어 절벽에 사정없이 부딪히며 으르렁거린다. 유람선이 떠야 할 시간이 지났는데도 높은 파도 때문에 유람선이 보이지 않는다.

차가운 기운에 몸을 덥히려 따뜻한 순환열차 하차장의 화장실 앞으로 자리를 옮기자 신기하게도 이곳의 바람은 살랑 살랑거리며 따스한 기운마저 난다. 이제 바람이 약해졌나 싶어 전망대로 향하면 어느새 그곳의 바람은 인정사정없이 나를 뒤로 물러나게 만든다. 매가 날아오더라도 카메라의 방향을 조정할 수 없을 정도의 바람 때문에 마음이 흔들린다.

'어떻게 해야 할까?, 이런 날씨 속에서 매를 담을 수가 있을까?' 하는 생각으로 망설이게 된다. 늘 가볼까 하면서도 전망대를 벗어날 수 없어 가보지 못하던 등대와 신선대에 가보기로 한다. 바람이 심하게 부는 전망대 보다는 등대 쪽에 사람들이 더 많다.

등대를 지나 신선대로 내려왔지만 여전히 바다는 저 아래로 내려다보이고 파도는 절벽에 부딪히며 으르렁거리는 소리가 올라온다. 금방이라도 하얀 파도가 올라올 듯 세차게 절벽에 부딪히며 높이높이 솟아 올라오지만 한참이나 저만치에서 멈추고 다시 바다로 떨어진다. 신선대 너머로 아슬아슬하게 보일 듯 말 듯한 전망대, 매는 보이지 않는다.

다시 전망대로 돌아온다. 사진 한 장 담지 못하고 매도 보지 못한 아쉬움에 혹시나 매가 나타나지 않을까 뒤돌아보며 전망대를 벗어나면 바람이 훨씬 잠잠해지고 전망대에 올라서면 다시 몸을 가눌 수 없을 세기의 바람에 그만 철수를 결정한다. '아직도 기찻시간이 많이 남았는데 어떡하지?'

전망대에서 바라보면 푸른 바다 위를 유유히 지나가는 유람선을 볼 수 있다.

그동안 수십 번도 더 오가며 전망대 위에서 유람선을 보기만 했지만 이럴 때 유람선을 타고서 매가 날아다니는 지형을 살펴보면 어떨까하는 생각이 든다. 바람이 세차지만 유람선은 운행을 한단다. 태종대를 둘러보는 첫 시도, 과연 절벽은 어떤 모습을 보일까? 궁금하기도 했다. 전망대 절벽은 어떤 특징이 있기에 매들이 둥지로 사용할지 궁금증도 많았다.

유람선 은하수호가 운행을 시작하자마자 배는 파도에 요동을 치며 앞으로 나아간다. 유람선의 크기가 작지 않은데도 배는 파도에 따라 위 아래로 출렁이며 바다 속으로 들어갈 듯 파도 아래로 내려갔다가 다시 올라온다. 이제껏 탄 어떤 배도 이렇지 않았는데 많지 않은 사람들도 파도에 출렁이는 배가 무서워 2층 갑판에 서있기보다 실내로 들어가 버린다.

머리에는 초록 소나무를 이고, 여기저기 갈라지고 잘라져나간 회색빛의 높다란 절벽의 바위들, 중간 중간 경비초소로 사용되는 작은 건물들, 매들이 날아다니는 절벽이 이렇게 생겼다는 것을 처음으로 보게 된다. 하지만 절벽의 풍경을 보는 것도 잠시, 마치 바다 속으로 들어갈듯 한 배의 요동과 뱃전에 부딪혀 배 뒤편까지 날아오는 물방울 때문에 결국 배는 멀리 오륙도를 바라보면서 서둘러 귀항한다. 위에서 내려다볼 때는 가깝게 느껴진 거리가 배에서 올려다 볼 때는 더욱 멀게만 느껴진다. 저 멀리 아득하니 높게만 보이는 전망대, 그 앞을 매가 날아다닌다. 우리가 생각하는 높이보다 훨씬 높게 매가 날아다닌다.

전망대 아래에서 위로 올려다보는 높이가 내려다보는 높이보다 더 높게 보인다.

멀미가 날 것 같은 배의 흔들림과 금방이라도 바다 속에 가라앉을 것 같던 강한 파도 속에서 벗어나 해변에 도착하여 순환도로로 올라서자 어느새 바람은 잦아들고 햇볕은 따갑게 내리 쬔다. 이제 이런 기만적인 날씨에 속지 않는다. 이곳의 바람과 전망대의 바람은 방향과 세기가 다르다는 것을 안다.

태종대에서의 바람은 예측할 수 없다. 태종대 입구에 들어서서 느끼는 바람의 세기 및 방향과 전망대에 도착하기 전 순환열차 하차장의 바람과, 전망대에 올라섰을 때의 바람이 모두 다를 때가 있다. 결국은 전망대에 올라섰을 때 얼마 정도 세기의 바람이 부느냐에 달렸다고 할 수 있다. 초당 7미터가 넘는 바람은 렌즈를 밀어내고 사람을 밀어내기 시작한다. 맑은 날씨에 바다에 생기는 빛 방울이 정말 좋다면 그래도 도전할만하지만 흐리고 어두운 날씨라면 그냥 포기하고픈 마음이 생기게 된다.

또한 바람의 방향 역시 무시할 수 없다. 같은 초당 7미터라도 서풍이라면 전망대 뒤쪽에서 불어오는 바람이라 전망대 옆의 산이 바람을 막아 오히려 동풍이나 북동풍의 초당 4미터보다 더 산들거리는 바람으로 느껴질 때도 있다.

동풍과 북동풍은 고사목에 있던 매의 속력을 가속시켜 순식간에 눈에서 사라지는 효과를 나타내기도 하고 매가 바람을 거슬러 올라와 고사목에 앉을 때나 전망대 우측에서 먹이를 들고 올 때는 바람을 맞으며 천천히 날게 하는 효과를 주기도 한다.

바람의 방향에 따라 고사목에 올라오는 방향이 바뀌기도 한다.

남풍과 남서풍은 고사목에서 뛰어내린 매가 바람을 안고 천천히 날게 하여 오랫동안 시야에 머물게도 한다. 매는 바람이 약하면 바다에 낮게 깔려 날아다니며 전망대 위로 잘 올라오지 않고 절벽 아래쪽으로 붙어 나는 경향을 보인다. 그래서 사람들은 센 바람도 환영하지 않고 너무 산들산들 불어오는 바람도 싫어한다. 어느 정도 바람의 세기가 되면 전망대 아래 숲 위로 적당한 거리를 두고 매가 바람을 타면 매를 가까이에서 담을 수 있는 좋은 기회가 된다.

매가 바람을 타고 방향을 전환한다.

## 1월 맹금의 계절 그러나 여전히 춥다

겨울철이 되면 아직 어린 매들이나 월동을 위해 이동하는 매들이 내륙지방에서도 발견된다. 텃새로 살아가며 영역권이 확실하게 정해진 매들과 달리 이동하는 매들은 주로 짝이 정해지지 않은 암수 매들과 아직 영역을 찾아 헤매고 있는 어린 매들이다.

찬바람이 불고 기온이 가장 낮은 겨울의 한 가운데, 이 시기는 우리나라 전역에서 맹금류의 활동이 가장 왕성한 시기이다. 월동을 하러 내려온 참수리, 흰꼬리수리, 검독수리, 항라머리독수리 등의 대형 수리와 말똥가리, 잿빛개구리매 등의 중형급 수리, 그리고 쇠황조롱이와 같은 소형 맹금류에 이르기까지 우리나라 전역에 맹금류가 등장한다.

이 시기의 매는 자기의 영역을 벗어나지 않으며 훗날 짝짓기에 유리하도록 영역을 확고히 지킨다. 하지만 아직 영역을 가지지 못한 녀석이나 자신의 영역에서는 먹잇감이 풍부하지 못한 녀석과 어린개체들은 '떠돌이peregrine' 라는 자신의 이름에 걸맞게 내륙지방에까지 모습을 보인다. 겨울철 우리나라에서 월동하는 많은 수의 오리와 물새를 볼 수 있는 월동지 근처에는 산속에서 생활하는 참매와, 주로 바닷가에서 생활하는 매가 먹잇감을 찾아 같은 장소를 공유하기도 한다. 드넓은 평야지대에서는 먹이활동을 하는 철새를 목표로 하는 매를 만나기도 한다. 이 시기에는 월동하는 새를 사냥하는 모습을 내륙에서도 볼 수 있다.

이 시기의 태종대 매 역시 자신의 영역인 전망대를 떠나지 않고 앞 바다를 지키면서, 고사목에 앉거나 소나무 숲 사이에 앉아 매의 깃털을 정리하는 시간을 오랫동안 가진다. 하지만 한 번 날아가 버리면 다시 보는 것이 쉽지 않다.

1월에도 매가 날아다니기는 한다. 그러나 매 시즌이 아닌 시기에 매를 만나는 것은 그날의 운에 따라 결정된다. 어떤 날은 얼굴 한 번 보지 못하는 날도 있다.

한겨울의 살을 에는 듯한 추위는 전망대에 올라서는 순간부터 시작된다. 오전 아침시간 잠시 따뜻한 햇볕이 전망대 안으로 들어올 때는 한겨울의 추운날씨를 잠시 잊게 한다. 한겨울이라도 전망대를 찾는 사람은 많다. 잠시 잠깐 바다를 보고 지나가는 사람들은 추위를 잠깐이라도 잊을 수 있지만 하루 종일 매를 한 곳에서 기다리는 사람에겐 추위와의 전쟁이라고 해야 할 것이다.

1월 말이 되면 서서히 매 시즌의 시작을 준비해야 한다. 비록 짝짓기철인 3월과 비교할 수는 없지만 첫 짝짓기 날이 언제가 되고 또 누가 가장 먼저 확인할지가 초미의 관심이 된다. 먼 곳에 사는 내게는 음력 설 연휴가 녀석들의 짝짓기를 확인하러 갈 수 있는 가장 빠른 날이 된다.

1월 내내 한강에서 참수리들의 생활상을 관찰하던 내게는 새로운 녀석에게 관심을 돌리는 새로운 환경 적응의 첫 출발점이 되는 날이기도 하다. 짝짓기를 빨리 하는 시기는 1월 말쯤 부터 할 때도 있다. 하지만 아직 몸속의 호르몬은 짝짓기를 강력히 원할 만큼 분비되는 시기가 아니다 보니 짝짓기 하는 것을 보기는 쉽지 않고 매가 언제 날아올지 아는 것도 힘든 시기이다.

대부분은 차가운 태종대 바람을 맞으며 눈앞에 펼쳐지는 에메랄드빛의 바다와 바위에 부딪히며 부서져 나가는 하얀 파도를 바라보며 마음의 깊은 시름을 해결하는 것으로 위안을 얻곤 한다.


## 2월 이제부터 매 시즌의 시작이다

매 시즌은 한겨울이 끝에 다다를 즈음인 2월에 시작한다. 때로는 1월 하순에 시작하는 경우도 있지만 보통의 경우에는 2월 초순 혹은 중순이면 짝짓기가 매 시즌을 알린다. 이러한 시기의 변화는 날씨와 온도, 그리고 일조량의 변화에 의해 매 몸속에 호르몬이 분비되는 양이 증가하면서 자연적으로 짝짓기가 시작된다.

일부 수리과와 매과의 조류와 마찬가지로 특별한 의식 없이 두 마리가 함께 하늘을 나는 것으로 서로 부부가 되었음을 알린다. 바람이 적당하고 날씨가 좋은 어느 날 황홀한 비행 실력을 수컷이 선보이는 날이 있지만, 그런 날을 보기는 쉽지 않다. 아주 운이 좋은 사람은 이런 장면을 볼 기회가 있지만 대부분의 사람은 지루한 날만 계속 될 뿐이다.

매 시즌이 시작되었다고는 하지만 이 시기에도 매를 보기는 쉽지 않다. 암컷 매가 지정석에 앉아 날갯깃을 다듬고 정리하는 시간이 삼십분 혹은 한 시간이 넘더라도 휑하니 날아가 버리면 언제 다시 돌아올지 알 수 없기 때문이다.

바람이 적당한 날 매는 절벽 앞과 숲 위에서 비행을 시작한다.

부부가 되었다는 뜻으로 비행한 후에는 교미를 시작하지만 초기 단계인 이 시기에는 그렇게 자주 짝짓기를 하지 않는다. 이 시기에 수컷은 암컷에게 먹이를 가져다주며 이미 오랫동안 같이 생활하고 있는 수컷이라도 다시 자신의 사냥실력을 암컷에게서 검증 받으려한다.

수컷이 비행한다. 암컷에게 사냥하는 능력이 있음을 증명해야 하기에 사냥감을 물어와 암컷의 환심을 사기도 한다.

수컷은 암컷에게 줄 먹이를 가져와 절벽에 앉아 암컷을 부르고 있다. 하지만 암컷은 나뭇가지에 앉아 먹이를 가지러 오지 않는다.

설날 연휴를 즈음하여(1월 말~2월 말) 부모님이 계신 대구에 내려가면 경기도 집으로 올라오기 전 하루나 반나절 정도의 시간을 내어 태종대를 찾는다. 여느 조류와 마찬가지로 그 동안 새끼를 키워냈던 둥지 근처 혹은 짝짓기가 편한 장소를 찾아 암컷은 깃털 고르기에 많은 시간을 할애하며 수컷의 구애행동을 기다린다. 수컷이 짝짓기를 준비할 때는 암컷을 위하여 새끼를 기르는 데 필요한 사냥실력을 가지고 있다는 증거로 새를 사냥하여 암컷에게 가져다준다.

짝짓기하기 좋은 장소였던 고사목이 있던 시절에는 짝짓기 시즌에 시간만 잘 맞추어 가면 하루에도 몇 번씩 짝짓기 하는 장면들을 담을 수 있는 호시기가 있었다. 주말에만 갈 수 있는 사람들에게는 그림의 떡이 될 수도 있었지만 이때는 비교적 한가한 분들로 전망대가 북적이기도 했다.

하지만 고사목이 부러지고 난 후에는 짝짓기마저 확률이 더 낮아졌다. 숲속의 나뭇가지 사이에 혹은 저 멀리 등대 위에서, 주전자섬에 있는 등대 위나 바위 맨 꼭대기에서도 하기 때문에 어디에서 할지 예측할 수 없는 상황이 되어 버린 것이다. 거의 재앙 수준이라는 표현을 할 수 밖에 없었다. 하지만 운이 좋은 사람들은 그 가운데서도 짝짓기를 담을 수 있다.

새벽부터 매를 기다렸지만 매는 오후가 되어서야 모습을 보인다. 언제나 당당하게 고사목에 앉기 위해 들어온다.

　새벽부터 기다린 매는 오후가 되어서야 모습을 보인다. 절벽 저 멀리에서 모습을 보인 후 휙 하고 나타나 고사목 가지에 앉는다. 그러고는 낮은 소리로 운다. 수컷을 부르는 짝짓기 계절이 된 것이다. 한참이나 그렇게 수컷을 찾지만 수컷의 모습은 금방 보이지 않고 10여분이 흐른 후 암컷의 자세가 바뀐다. 머리를 숙이고 꼬리를 높이 치켜세운다. 그러나 모습을 나타낸 수컷은 암컷의 위쪽 가지위에 사뿐히 내려앉는다.

　수컷의 등장에 다시 암컷은 짝짓기 할 준비가 되었음을 표시한다. 수컷은 금방이라도 짝짓기를 할 것처럼 윗나뭇가지에서 암컷을 내려다본다. 하지만 한참을 망설이던 수컷은 날아올 때처럼 나무를 박차고 절벽 아래로 뛰어내린다. 수컷은 아직 준비가 되지 않았다는 것이다. 그렇게 수컷이 떠난 후에도 암컷은 그 자리를 지킨 채 열심히 날갯깃을 다듬다가 나무를 박차고 나간다. 그리고 전망대 위를 두 바퀴나 휘돌아 본 후 사라져간다.

모처럼 수컷과 암컷이 같은 가지에 나란히 앉았다. 그러나 아직은 짝짓기 할 마음이 없는지 수컷은 나뭇가지를 박차고 절벽 아래로 뛰어내린다.

눈이 시리도록 파란 바다, 마지막 절규하듯 바다로 삐죽 나온 절벽 아래로 하얀 포말을 만들어 내며 부서져 내리는 파도는 눈이 시리도록 아름답다. 다른 아무런 말도 필요 없이 그냥 단 한마디 '와!' 이것으로 모든 말을 대신하게 하는 곳이 이즈음의 태종대이다. 아직은 한겨울의 찬바람이 매섭긴 하지만 그래서 더욱 깨끗하고 청량한 공기와 마주할 수 있다. 대부분의 시간을 쪽빛으로 빛나는 바다와 끊임없이 소리치며 몰려왔다 하얗게 부서져 내리는 파돗소리를 들으면서 매를 기다려야 한다. 이런 기다림이 힘이 들지 않은 이유는 흰 돛을 올리고 유유히 지나가는 요트를 바라볼 수 있기 때문이다.

바다 위를 유유히 지나는 요트를 볼 때면 부러운 마음이 든다. 매가 오지 않아도 전망대에서 시간의 심심하지 않은 것은 언제나 활기차고 끊임없이 변하는 바다 풍경 때문이다.

하얗게 부서지는 파도와 눈부시게 맑은 날씨, 그리고 자주 오지 않는 매가 어느 순간 특유의 '캐액, 캐액' 울음소리를 내며 모습을 보인다. 암컷을 찾는 수컷의 소리가 난다. 수컷이 먹이를 들고 나타났지만 암컷은 보이지 않는다. 기다리는 사람의 마음은 애가 탄다. 암컷이 나타나지 않으면 그렇게 기다리던 공중급식의 장면을 담을 수 없다. 2월에 보는 공중급식은 그리 흔한 일이 아니기 때문이다.

점점 고도는 낮아지고 수컷 매는 멀어져간다. 그제야 나타난 암컷 매가 수컷 매에게 다가간다. 하지만 수컷이 날아가고 있는 높이는 전망대 2층에 있는 우리들보다는 울부짖으며 부서져 내리는 흰 파도에 더 가깝다. 카메라의 초점이 뒷배경에 맞기 시작한다. 그렇게 허무하게도 희미하고도 흐린 공중급식 장면을 담는다. 매년 2월이면 태종대를 찾지만 5년 만에 처음만난 2월의 공중급식을 그렇게 허무하게 눈으로 본 것으로 만족해야만 한다.

하얗게 부서지는 파도에 카메라의 초점이 뺏기면서 매들의 공중급식 장면을 놓쳤다. 짧은 시간 동안 이루어지고 배경이 어지럽기 때문에 이렇게 허무하게 담는 사람들이 많다.

먹이 전달을 끝낸 수컷 매는 암컷 매가 먹이를 가지고 안전한 장소인 절벽 아래로 사라지자 다시 날아와 나뭇가지에 돌아와 앉는다. 수컷의 부리에는 사냥감의 머리를 잘라낼 때 묻은 듯 붉은 피가 묻어 있다. 한참을 앉아 있다가 절벽 아래로 몸을 던져 사라진다. 먹이를 건네받은 암컷 매는 전망대 아래 절벽에서 사라져버린다. 군데군데 홈이 많은 전망대 아래 절벽 어디쯤에서 새끼를 키울 체력을 준비하고 있을 것이다.

공중급식을 끝낸 수컷 매가 뒤따르고 암컷 매는 먹이를 발로 움켜쥐고 바다 위를 앞서 날고 있다.

수컷 매가 다시 절벽 아래로 몸을 던진다. 부리에는 아직도 붉은 핏자국이 남아있다.

그렇게 오후에 잠깐 모습을 보인 녀석들은 기다리고 기다려도 오지 않는다. 솔개 한 마리가 절벽 아래로 유유히 지나가지만 매의 움직임은 보이지 않는다. 자신의 영역을 지나가는 맹금류들을 유난히 싫어하여 영역 방어에 적극적인 녀석이 보이지 않는다는 것은 녀석들이 다른 장소에 있다는 것을 의미한다.

2월의 태종대는 어떤 일이 일어날지 알 수 없는 날의 연속이다. 어떤 날 하루는 아침부터 시작하여 저녁 돌아오기 전까지 생도(주전자섬)에 녀석들이 있는지 1시간마다 확인한 사진만 남아있는 날도 있고, 그 다음날은 마치 전날의 보상이라도 하듯이 지금쯤 매가 올 시간인데 하고 생각만 하고 있어도 매가 절벽 앞에서 날고, 고사목에도 자주 오래 앉아 있다. '이제 그만 좀 앉아 있고 제발 날아가라'고 마음으로 외치는 날도 있다. 그야말로 시즌은 시작하였으되 아직 시즌이 아닌 듯도 하고 본 시즌이 시작된 듯 요란한 날도 있고 예측 불허의 날이 되는 시기이다.

해가 바뀌어, 매년 짝짓기 장면을 담는 것이 실패해도 2월이 되면 다시 태종대를 찾는다. 동백꽃의 부드럽고 윤이 반지르르 나는 이파리와 붉게 피어오른 꽃잎을 보면서 남도의 싱그러운 아침 공기를 한껏 들이마시며 걷는다. 언뜻언뜻 보이는 남항의 으스름 불빛을 보며 부딪치는 파돗소리에 취하여 걷다보면 어느새 산속에서 흘러나오는 옹달샘을 지난다. 차가운 물을 한 모금 마시면 그 시원한 맛에 다시 발걸음은 활기를 얻고 마음은 가벼워진다. 가파른 언덕길을 헥헥거리며 얼마 남지 않은 남항전망대를 바라보며 발길을 옮긴다. '이제 고지가 저기인데 저곳까지만 가면 반은 간 것 같은데, 잠시 휴식을 취할 수 있는 공간도 있는데' 하며 부지런히 발걸음을 옮겨 놓는다.

지난 5년 동안 어렵게 찾은 날에는 하지 않다가 꼭 내가 떠난 다음날에 올해 첫 짝짓기를 했다는 소식을 들을 때면 가방을 메고 다시 가고 싶은 생각이 들지만 직장에 매인 나로서는 어쩔 수 없는 날들이 이어졌다.

아침 해가 붉게 타오른다. 이런 날이 좋다. 왠지 좋은 일이 일어날 것 같은 느낌이 든다. 전망대에 도착했을 때는 매가 어느새 고사목에 앉아 있다. 날아다니는 활동적인 매를 담고 싶지만 보이지 않아 애만 태우는 것보다는 이렇게 가만히 앉아 있는 매를 보는 것이 차라리 나을 때도 있다. 고사목을 박차고 절벽 아래로 뛰어내렸던 녀석은 언제 내가 그랬냐는 듯이 다시 조금 전에 앉아 있던 고사목 제자리로 태연하게 돌아온다.

그러고는 다시 깃털을 단장하고 멍하니 바다를 바라보며 지나가는 새들의 움직임을 따라 머리가 돌아간다. 그렇지만 고사목 가지를 쉽사리 떠나진 않는다. 잠시 바다 위를 날다가 돌아온 지 1시간이 지났지만 여전히 그 자리를 지킨다. 잠시 후 녀석이 방향을 바꾼다. '이제 다시 절벽 아래로 뛰어내리겠지' 하며 카메라를 녀석에게로 향하는 순간 녀석이 무엇을 바라보는 것 같다. 뛰어내릴 자세가 아니다.

무엇인가 평소와 다르다는 것을 느끼며 카메라 셔터를 누른다. 그리고 파인더 속으로 또 다른 매가 날아들고 있다. '뭐지, 설마 짝짓기를 ……' 몇 년 동안 번번이 2월에 찾아 왔건만 짝짓기를 담은 적이 없다. 그래도 두 마리가 한 화면에 들어왔다는 것은 그냥 있을 수 없는 일이다.

가슴이 쿵쾅거리며 파인더 속, 매들의 황홀한 모습에 눈을 뗄 수 없다. 곧장 날아온 수컷은 암컷의 등 위에서 방향을 바꾸며 순식간에 암컷 등 위로 발을 사뿐히 내려앉아 짝짓기 자세를 취한다. 발을 모으고 발톱을 양옆으로 모으며 날카로운 발톱에 암컷의 깃털이 상하지 않게 한다. 거기에 맞게 암컷도 고개를 숙이고 날개를 살짝 벌려 수컷 앉게 편한 자세를 잡는다. 암컷의 신호에 따라 수컷이 들어오지만 이번에는 암컷의 신호도 없이 갑자기 수컷이 들어와 약간은 당황한 듯하지만 이내 두 마리 매가 짝짓기를 한다.

수컷은 연신 날개를 퍼덕이며 암컷 위에서 균형을 잡고 꽁짓깃을 아래로 내린다. 암컷 역시 날개를 약간 벌려 균형을 잡고 꽁짓깃을 올려 암수의 꽁짓깃이 서로 엇갈리게 한다. 수컷이 내내 날갯짓으로 균형을 잡는 동안 암컷 역시 고사목을 부여잡은 발톱으로 균형을 유지한다. 수컷의 발톱은 여전히 옆으로 가지런히 눕혀 암컷에게 상처를 주지 않으려고 노력한다. 암컷은 가끔 소리를 지르며 머리의 방향을 바꾸며 수컷의 행동에 용기를 준다. 그 짧은 5초간의 순간을 카메라를 통하여 보는 내게는 그 동작들 하나하나가 슬로비디오처럼 왠지 오랜 시간이 지속된 것처럼 느껴진다. 1초에 10장씩 찍히는 카메라 속의 미러가 움직이는 소리와 심장 뛰는 소리가 더욱 쿵쾅거림은 수컷이 암컷의 등을 벗어나는 순간이 되어서야 비로소 멈춘다. 순식간에 짝짓기는 끝나고 수컷은 암컷의 몸 위에서 곧장 바다로 뛰어내린다.

암컷은 수컷이 들어오고 있다는 신호를 주지도 않고 암컷의 모습이 이상하다고 느끼는 순간부터 셔터를 눌렀다. 그때는 이미 수컷이 거의 암컷 가까이 접근했을 때이다. 수컷은 암컷의 등위로 살포시 내려앉는다. 그리고 무릎 아래를 암컷의 등위에 올려 발톱으로 암컷의 등위로 올라가는 것을 대신한다. 그러면 발톱으로 무장된 발로 암컷 등에 올라서지 않고 발톱을 가지런히 모을 수 있다. 단 5초간의 사랑을 하고 수 컷은 암컷의 등을 떠난다

　수컷이 암컷의 등 위에서 바다로 뛰어내리고 난 후에도 한참동안 암컷은 꼬리를 위로 치켜세운 채로 있다. 수정을 높이기 위한 행동이다. 바다 위를 한 바퀴 횡하고 돈 수컷은 짝짓기를 한 고사목 아래가지로 다시 돌아온다. 암컷은 짝짓기를 한 가지에 그대로 있다. 수컷은 한참 아래 가지에 앉아 암컷의 모습을 가만히 지켜본다. 이제 한참 동안 둘은 깃털을 고를 것이기에 녀석들의 행동에 긴장하며 기다리지 않아도 된다.

　카메라를 확인한다. 09시 5분 03초에 정확히 수컷이 들어오는 장면이 잡혔고 09시 05분 08초에 짝짓기를 끝내고 수컷이 암컷을 떠났다. 단 5초 만에 사랑을 나누었다. 미래를 위한 준비는 앞으로도 수십, 수백 번의 짝짓기를 할 테지만 이제 그 작은 시작을 했다. 제발 올 한 해는 무사히 새끼를 키워내기를 바란다.

## 3월 짝짓기 소리 요란하다

2월에 짝짓기는 시작되었지만 더 많은 횟수의 짝짓기를 볼 수 있는 본격적인 짝짓기 시절인 3월이 돌아왔다. 사람들에게 고사목에서 많게는 하루에 네 차례도 보여 줄만큼 왕성한 짝짓기를 보여주는 때도 있다. 하지만 이러한 짝짓기 시즌에 매를 보러 간다 하더라도 매들의 짝짓기를 다 볼 수 있는 것은 아니다. 제대로한번 못보고 돌아올 수도 있다. 보이지 않는 절벽에 숨어서 하는 경우도 있고 저 멀리 등대에서 하거나 전망대 앞 신선대 돌아가는 숲에서 하는 경우도 있으니 그야말로 복불복이라 누구도 알 수 없다.

3월 하순경에는 알을 낳아야 하기 때문에 매에게는 여느 때보다 절실한 시기다. 이때는 맑은 하늘도 서서히 많아지고 태종대가 진가를 발휘하는 시기이기도하다. 이런 날 가까운 곳에서 짝짓기를 볼 수 있다면 더할 나위 없이 좋을 것이다. 솔개도 날아다니고 안개 낀 바다 위를 매가 날아다닐 때도 더러 있다.

솔개가 매의 영역에 들어왔다. 득달같이 날아와서 솔개를 쫓아내야 할 매의 모습은 보이지 않는다.

227

태종대 고사목의 윗부분이 부러지기 전 3월의 어느 날, 암컷 매가 상쾌한 아침 공기를 가르고 특유의 울음소리를 내며 횟대에 날아와 앉는다. 그러고는 곧장 머리를 조아리고 꼬리를 치켜세운다. 암컷이 짝짓기를 유도하는 장면이다. 그 순간 또 다른 매의 모습이 보인다. 머리를 숙인 암컷의 정면에서 들어와 작은 원을 그리며 긴 발톱을 마주보게 오므리면서 암컷의 등을 향해 잦은 날갯짓으로 속도를 줄여나간다. 암컷의 등위로 살짝 올라타면서 발톱이 암컷의 몸에 닿지 않도록 옆으로 오므리지만 길고 날카로운 발톱은 여전히 위협적이다. 최대한 옆으로 오므라진 발톱을 균형추로 하여 날개를 퍼덕이며 균형을 잡는다. 그렇게 단 8초만의 짧은 짝짓기가 끝나자 수컷은 암컷의 등위에서 절벽 아래로 뛰어내린다.

고사목에 내려앉은 암컷이 수컷을 부르자 수컷이 금방 뒤따라 날아 들어온다. 수컷은 날아오는 방향을 바꾸기 위해 속도를 줄이며 암컷의 등위로 사뿐히 내려앉는다. 암컷에게 상처를 입히지 않기 위해 위협적인 발톱을 오므린 채 암컷의 등위에 내려앉는다. 날개를 퍼덕이며 암컷의 등위에서 균형을 잡으며 단 8초 동안의 짧은 짝짓기를 마치고 곧장 절벽 아래로 뛰어내린다.

태종대의 아침은 빛이 정면으로 전망대를 비추기 때문에 빛이 사방에서 올라온다. 그래서 선명한 사진을 담기 어렵다. 하지만 2013년 3월 이때 태종대에서는 짝짓기를 처음으로 보는 순간이었기에 그 기쁨은 달리 말할 수가 없다. 짧은 시간에 짝짓기를 끝낸 암컷은 수컷이 사라진 후에도 한 시간이나 제자리를 지키며 깃털을 손질한다. 몸속에서 수정이 확실하게 일어나기를 본능적으로 기다리는 행동이다. 암컷이 깃털을 손질하고 수컷이 먹이를 가져오기를 기다리는 시간, 눈앞의 매는 사진으로 담을 수 없어 그림의 떡이나 계륵과 같은 존재가 된다. 물론 매가 있어 심심하진 않다.

곧 날아갈 거란 신호를 보낼 요량으로 녀석은 내내 깃털을 손질하다가 몸을 가볍게 하기 위해 배설을 한다. 때로는 고개를 까닥이고 무엇인가에 시선을 주며 거리를 재고 있어도 자리를 뜨겠다는 신호로 봄직하다. 아무런 신호 없이 갑자기 날아가는 경우도 있다. 매가 날아갈 때도 그렇지만 어느 순간에는 매가 전망대를 향하여 정면으로 날아올 때도 있다. 이는 태종대를 찾는 고수들이 진정으로 원하는 장면이지만 정면을 향해 빠른 속도로 날아오는 매에게 초점을 잡지 못하기 때문에 대개는 이를 담지 못한다.

오전에는 약 1시간 간격으로 고사목에 내려앉든가 바다 위를 날던 녀석이 오후가 되어 기온이 올라가자 3시간 동안 모습을 보여주지 않다가 갑자기 나타나 전망대 건너편 소나무 숲속에 앉아 휴식을 취한다.

고사목이 부러지기 전에도 가끔 이용하던 전망대 건너편 신선대로 넘어가는 소나무 숲은 고사목이 부러진 후에는 더욱 자주 매들이 휴식을 취하거나 짝짓기를 하는 장소로 이용한다. 하지만 전망대에서는 너무 먼 거리에 있다.

절벽 아래쪽에 둥지를 정했다면 짝짓기를 끝낸 암컷 매는 전망대에서 멀리 가지 않고 근처에서 깃털을 손질하면서 수컷이 먹이를 가져올 때까지 기다린다. 알을 부화한 후에도 둥지에서 알을 품던 매가 가끔 몸을 풀러 나와 비행을 하거나 잠시 휴식을 취하러 나온 모습을 볼 수 있다.

3월은 월동을 마친 새들이 다시 자기 고향으로 돌아가는 시기이기도 하다. 새들의 이동과 함께 내륙 곳곳에서 이들을 먹이로 삼아 살아가던 매들 역시 고향으로 돌아가야 한다. 때로는 아직 어린 매들이 먹이를 따라 왔다가 다시 고향으로 돌아가거나 떠돌이가 되어 영역을 찾아다니게 된다. 그러면서 다른 매의 영역을 지나가게 된다. 이때는 영역을 지키는 매들과 영역싸움이 벌어지기도 한다. 우리 나라에서는 대부분 어린 매들이 이동하기 때문에 영역이 있는 어른 매와 어린 매 들이 벌이는 싸움을 볼 수 있다. 먹이를 사냥할 때처럼 빠른 속도로 날아다니면 서 침입자를 공격한다. 암컷의 경우에는 몸에 알이 있기 때문에 수컷이 보다 적극 적으로 대응한다. 가끔은 두 마리가 침입자를 협공한다. 영역을 지키는 자나 침입 자가 모두 치명적인 상처로 목숨을 잃을 수 있기 때문에 위협과 방어적인 싸움이 벌어지고 나면 십중팔구는 침입자가 쫓겨난다.

태종대 앞 바다에 아직 어린 매가 매들의 영역에 들어왔다. 아직 새끼 때의 깃털이 남아있는 것으로 보아, 매년 육추가 실패한 태종대 매의 새끼는 아니고 다른 곳에서 태어난 녀석이다.

## 4월 공중급식 그리고 솔개둥지

3월과 비슷하게 4월 초순에는 매들이 아직 알을 품고 있는 시기라 가끔 수컷이 먹이를 물고 오는 경우를 제외하면 전망대 앞 절벽은 조용하기만 하다. 알을 품다 가 몸을 풀러 나온 암컷이 고사목 지정석에 앉아 있거나 지정석에 앉기 위해 둥 지를 나와 날아오를 때를 제외하면 아직까지 활동적인 매를 보기가 힘들다.

짝짓기는 보통 3월 중하순경이 되면 거의 끝이 난다. 가끔 유대 짝짓기라는 수정을 확실히 하기 위한 행위가 4월에도 있긴 하지만 본 시즌의 짝짓기는 3월 중하순이면 모두 끝이 난다. 그러나 포란 중 알이 모두 깨어지거나 새끼가 막 나왔다 하더라도 불의의 사고로 포란 중인 새끼가 죽을 때는 2차 짝짓기가 시작된다. 늦어도 5월 초순에는 알을 다시 낳을 수 있고 7월까지는 새끼에게 먹이를 공급할 수 있기 때문에 2차 짝짓기 시즌이 4월 중순이나 말경에 있을 때도 있다. 이때의 짝짓기는 먹이를 가져오는 것 같은 구애행동이 생략된 채 곧장 짝짓기가 이루어진다.

중순을 넘어가면 드디어 매들이 더 활발해진다. 날씨도 화창한 날이 많아지고 나들이 나오는 사람들도 늘어나며 전망대 앞을 지나가는 유람선의 노랫소리는 더 자주 들린다. 매는 절벽 높이 자라다가 죽은 고사목 가지 끝 지정석을 벗어나 가끔은 햇볕을 가려주는 소나무 숲 그늘 진 곳에 들어가 앉는다. 사람들이 지나다니는 길에서도 멀지 않은 나무속에서 시간을 보내고 있는 녀석이 숲을 뛰어나와 바다 위로 날아가는 모습을 담고자 한참을 기다린다. 하지만 녀석은 줄곧 숲을 벗어날 생각이 없을 때가 있다. 이런 때는 오히려 내가 녀석이 보이는 곳으로 찾아가는 것이 더 낫다.

사람들이 다니는 길 가까운 곳 소나무 숲에 매가 앉았다. 사람들은 대부분 매를 보지 못하고 지나간다.

매가 길가 소나무 숲에 있다는 것을 알면서도 전망대를 벗어날 수 없는 이유는 매가 언제 그 자리를 벗어나 옥빛 바다 위를 날아갈지 알 수 없기 때문이다. 가만히 앉아 있는 모습보다 날개를 펴고 바다 위를 나는 매의 모습에 빠져 있기에 앉아 있는 모습은 애써 외면하는 경우가 많다. 하지만 그런 생각을 버리고 전망대를 벗어나면 고사목에 앉아 있는 매를 바다 배경으로 색다른 모습의 매를 담을 수 있다.

고사목 높은 가지에 앉아 자신의 영역을 관찰하고 있다. 동해와 남해의 경계선인 태종대 앞 바다는 동해의 푸르고 차가운 물과 남해의 따뜻한 에메랄드 색 바닷물이 만나곤 한다.

매가 날았다. 비록 해가 비추진 않았지만 먼 이국의 빙하가 녹은 물에서나 볼 수 있는 바다색을 이곳 태종대 앞바다에서 볼 수 있다. 바다 위를 나는 매를 볼 수 있다는 것은 아무나 누릴 수 있는 축복이 아니다.

사람이 익숙해진 매는 사람을 보아도 멀뚱멀뚱하기 때문에 매가 착한 녀석이라고 오해하는 경우가 비일비재하다. 태종대 매는 사람들이 익숙해졌기 때문에 사람이 가까이 있어도 사람들에게 소리를 지르지 않는다. 녀석들끼리 의사를 전달할 때만 소리를 낸다. 녀석과 한참 눈을 맞추다 보면 어느새 나뭇가지를 박차고 뛰어내려 바다를 향해 파닥거리며 날아간다. 날아가는 방향을 보니 주전자섬에 들어갈 모양이다. 점점 작아지며 등대로 향하는 모습에 또 언제까지 기다려야 할지 모른다는 사실에 한숨 쉰다.

무거운 카메라를 내려놓고 녀석이 날아가겠다는 신호를 주면 그때 담겠다는 생각을 하고 있는 사이 아무런 신호도 없이 갑자기 매가 나무에서 뛰어내린다.

잠깐 전망대에 들렀다 가는 사람에겐 전망대에 불어오는 바람은 상쾌하고 시원한 바람이지만 오전 내내 그늘진 전망대를 벗어날 수 없는 사람에겐 한겨울의 칼바람만큼이나 차가운 바람이다. 매가 올 것 같지 않은 잠깐의 시간동안 따뜻한 햇볕을 찾아 모자상 앞 의자에서 햇빛 바라기를 하며 추위에서 벗어나려한다.

어떤 날은 오전에는 두 시간 주기로 모습을 보여 주다가 오후에는 아예 모습을 보여 주지도 않는다. 고사목이 부러지지 않았을 때는 주로 고사목에 와서 앉았지만 가끔은 숲속 그늘진 소나무에 가서 앉을 때도 있다. 이 시기에는 어치들의 육추가 본격적으로 이루어지지 않지만 숲속에 둥지를 튼 어치는 매가 가까이 있는 것이 두려워 수시로 매의 행동을 관찰하러 나온다. 꽤 많고 똑똑한 어치는 자신이 더 민첩하게 움직일 수 있다는 장점을 알고나 있다는 듯이 두려움도 떨치고 매 가까이에 앉아 어떻게든 매를 자신의 영역에서 쫓아내려고 한다.

소나무 숲 속에 앉은 매를 찾아와 어떻게 하면 매를 쫓아 낼 수 있을까를 생각 중인 똑똑한 어치

4월 어느 오후, 시간이 흐른다. 해가 남쪽을 지나 서쪽으로 기울어 감에 따라 절벽 그림자가 바다 위로 드리워져 간다. 그림자가 드리워지기 시작하면 빛이 급격히 약해지면서 카메라의 세팅을 바꾸는 주기도 점점 빨라진다. 그림자를 보면서 '이젠 그만 철수 할까?' 라는 생각이 들지만 조금만 더 기다리면 매가 멋진 모습으로 날아주지 않을까 하는 마음에 쉽게 자리를 떠날 수 없다.

다섯 시가 넘었다. 언제나 매를 담으러 오는 고정 멤버들 모두는 갈 생각을 하지 않는다. 하루 종일 기다렸는데 제대로 된 장면 하나 건지지 못했기에 더 아쉬움이 커서 자리를 뜰 수 없다. 매가 운다. 수컷이 우는 소리가 들린다. 멀리서 사냥감을 가져오면서 암컷을 부르는 소리가 들린다. 평소와는 다른 소리다. 말로만 듣고 사진으로만 보던 공중급식을 보게 된다는 데 긴장이 고조된다. 카메라 화면에 담지 못하면 어쩌나 싶은 탓에 날아오는 수컷에 렌즈를 향한다. 수컷이 전망대 아래 절벽으로 낮게 깔려 들어온다. 햇빛이 전망대 뒤로 가 렌즈에 들어오는 빛도 약하다. 약한 빛 때문에 카메라의 셔터 속도도 많이 늦추어 두었다. iso를 올려두어 화질이 걱정된다.

수컷은 평소보다 느린 속도로 희생된 새를 들고 오다가 부리로 먹이를 옮긴다. 카메라는 수컷을 따라간다. 혹시라도 놓치지 않을까 조바심이 나고 초점이 맞지 않을 수 있다는 생각에 긴장이 감돈다. 필자는 곧 수컷에게 날아갈 암컷을 기다린다. 하지만 절벽 아래에 있는 암컷은 나오지 않았다. 수컷의 다리에서 부리로 옮긴 먹잇감은 다시 수컷의 다리로 옮겨가고 수컷은 암컷에게 먹이를 가지고 왔다는 신호로 "캐액, 캐액" 소리 내 부르며 절벽 앞 바다 위를 크게 선회한다. 분명 암컷은 절벽 아래에 들어가 있고 소리도 들었을 텐데 나오지 않았다.

수컷이 암컷을 부르며 먹이를 들고 나타났다. 먹이를 부리로 옮겨 암컷이 받기 쉬운 자세를 취한다. 수컷의 뒤쪽 아래에서 암컷이 접근한다.
암컷이 적당한 위치에 자리 잡으면 수컷은 먹이를 떨어트린다. 암컷은 수컷이 떨어트린 먹이를 발톱으로 잡아챈다.

절벽에서 멀리 벗어나지 않은 수컷은 다시 절벽 가까이 붙으며 부리로 먹이를 옮긴다. 언뜻 암컷이 날아온 것은 알아챘지만 어떤 자세로 들어올지 몰라 수컷을 따라가면서 셔터를 누른다. 암컷이 카메라 파인더로 들어왔다. 셔터는 눌렀지만 어떤 장면에선 초점이 맞지 않고 있다는 것을 느낀다. 암컷은 수컷의 뒤쪽 아래에서 접근하여 수컷을 향하여 발톱을 세우고 들어오자 수컷은 부리에 물고 있던 먹이를 떨어뜨린다. 수컷의 부리에서 떨어진 먹이는 수컷 부리근처까지 온 암컷의 발톱에 잡히고 암컷은 방향을 틀어 비켜나간다. 두 마리의 매가 순간적으로 엉켰다 떨어져 절벽 아래로 나란히 날아간다.

상황은 끝났다. 모두가 자신의 카메라에 담긴 사진들을 확인하느라 바쁘다. 초점이 맞지 않는 순간이 있다는 것을 느꼈는데 그래도 몇 장은 초점이 맞은 듯 눈이 선명하게 나왔다. 하루 동안 기다린 보람이 있는 날이다. 누가 먼저랄 것도 없이 렌즈를 정리하고 가방을 싼다. 오늘 하루 일과는 끝이 났다. 비록 그림자가 져서 맑은 날 담은 것 같이 선명하진 않지만 공중급식 장면을 보았다는 사실 하나만으로도 하루 동안의 힘든 기다림이 보상 받은 기분이다.


다시 시간은 흘러 전망대 공사가 한창인 2016년 4월이 되었다. 전망대 가는 길은 밤새 세찬 바람과 싸우다가 떨어진 꽃과 나뭇가지들이 어지럽게 널려있다. 전망대 공사가 한창이어서 1층으로는 내려갈 수 없고 2층 내부건물도 공사 중이지만 사람들이 바다를 바라볼 수 있는 공간은 아직 공사를 시작하지 않았다. 2014년 4월 고사목 상단 가지가 부러진 이후 새들이 전망대 쪽으로 잘 오지 않는다는 것을 알면서도 달리 선택의 여지가 없어 큰 기대 없이 왔다. 늘 그렇듯 혹시나 하는 마음으로 전망대에 들어선 지 얼마 되지 않아 부러진 고사목에 언제 와서 앉아 있는지 모르게 매는 와있다. 반갑긴 하지만 깃털 고르기만 할 뿐 아무런 움직임도 없다가 잠시 딴 짓 하는 사이 매는 사라졌다.

똑똑한 까마귀와 바다직박구리는 전망대 쓰레기통에 먹을 것이 많이 있다는 것을 알고 사람이 없는 아침시간에는 쓰레기통을 뒤져 먹을 것을 찾아간다. 그러면서 쓰레기들을 온 사방에 흩어놓고 가기 때문에 쓰레기통 뚜껑을 해 놓았다가 이젠 그 마저도 없애 버렸다. 그래도 사람들이 흘리고 간 음식물 부스러기는 전망대에 남아있다. 까마귀는 그 남은 것을 찾아 먹으려고 사람의 눈치를 살피며 전망대 난간에 앉았다가 바닥에 내려가 음식물을 찾아다닌다.

머리가 비상한 까마귀와 같은 녀석이 또 있다. 까마귀가 없는 틈에는 바다직박구리가 쓰레기통에서 먹이를 찾는다. 내 눈치를 살피다가 전망대 바닥에 내려 온, 화려한 깃털의 바다직박구리 수컷과, 지난밤 세찬 비바람에 흩날린 붉디붉은 동백꽃이 묘한 대조를 이룬다. 녀석은 나를 흠칫 쳐다본 후에 익숙한 행동으로 바닥을 헤집고 다닌다. 한참이나 그런 후 목적을 이루었는지 전리품을 들고 전망대를 떠난다.

밤새 세찬 바람이 불어 떨어진 빨간 동백꽃과 바다직박구리 수컷의 화려한 파란색이 대조를 이룬다.

다시 기다림의 시간이 이어진다. 항상 일정하진 않지만 보통 오전에는 2시간쯤 지나면 매는 얼굴을 한 번쯤은 보여줄 때가 많다. 그래서 은근히 그 시간이 되면 올 때가 되었는데 하며 기다리게 된다. 그때 바다 위로 펄럭이며 날아오는 새가 있다. 매는 아니지만 새매보다 덩치가 크다. 그래도 조금 큰 새매겠지 하고 만다. 새매는 전망대에서 마주보는 숲 위에서 방향을 틀어 왔던 방향으로 되돌아가거나 산봉우리로 날아가는 것이 일반적인데 …… 이 녀석은 절벽 아래에서 위로 솟아올라 숲 위로 올라온다. 마치 바람에 날리는 듯 나비같이 날개를 펄럭이며 날아온 녀석은 왕새매다.

왕새매가 매의 영역인 절벽에 부딪혀 하얗게 부서져 내리는 흰 파도 위를 날아온다.

숲 위로 점점 솟아오르는 왕새매. 매는 지금 절벽 어딘가에 붙어서 이러한 왕새매의 움직임을 보고 있을 텐데 아무런 반응이 없다.

하늘 높이 오른 왕새매가 소리쳐 운다. 하지만 매는 여전히 보이지 않는다.

수리과인 새매와 왕새매가 매의 영역을 날아다닐 경우 매는 위협요소로 여기지 않는지 공격을 하지 않는다. 이미 먹잇감이나 경쟁자로써 비행실력이나 반격능력이 만만치 않다는 것을 경험으로 알았는지 솔개나 벌매 등 다른 맹금류에게 다소 민감했던 녀석이 새매류에겐 그렇게 민감하지 않다. 어쩌면 새매도 이곳에 매가 있다는 것을 보고 더는 접근하지 않는 선에서 서로 타협하지 않았을까하는 생각도 든다. 아무런 저항도 받지 않은 왕새매는 전망대 절벽 앞에서 솟구쳐 올라 전망대 위로 사라져간다.

바람이 불지 않는다. 그래서 매들은 전망대 아래 바다 가까이에 낮게 날아다닌다. 어쩌다 절벽위로 날아오를 때도 바람을 타지 못하니 절벽위로 솟구쳐 올라오지 못한다. 그나마 한 번씩 절벽을 휘둘러 날아가며 먼발치에서나마 녀석이 가까이 오지 않을까하는 희망을 갖게 한다.

4월은 매가 둥지를 트는 달이다. 암컷은 포란을 하고 수컷은 사냥을 다닌다. 하지만 매들은 2~3년간 주전자섬에서 주로 활동하다 보니 주말마다 전망대를 찾던 사람들도 잘 오지 않는다. 그렇다 보니 가끔씩 방문하는 나는 이곳 매들의 상황을 정확히는 알지 못한다. 둥지를 절벽아래 틀었는지 혹은 등대에 틀었는지 언제부터 암컷 매가 보이지 않았는지 등, 알 수 없는 정보가 허다하다. 그렇게 홀로 전망대를 지키고 있지만, 심심치 않게 모습을 보여주기는 하고 있으니 기운은 빠지지 않고 무엇인가 희망을 갖게 한다.

좀체 모습을 보이지 않는다던 녀석이 왠지 모습을 자주 보인다. 나뭇가지에도 쌩하니 올라갔다가 테라스라 이름 붙인 예전 둥지에도 갔던 녀석이 다시 고사목에 내려앉는다. 고사목에 앉은 녀석은 그대로 있는데 절벽에서 매가 다시 날아오른다. 그러고는 절벽 앞에서 순회도 하지 않고 곧장 고사목으로 날아간다.

두 마리의 매가 고사목에 앉았다. 녀석들은 서로 인사를 건넨다. 암컷이 고개를 숙이고 인사를 하면 수컷이 다시 인사를 한다. 무슨 의미일까? 녀석들이 오랫동안 보지 못했다는 뜻인데 …… 수컷이 사냥을 나가 오랫동안 돌아오지 않다가 다시 돌아온 것일까? 다른 수컷일까? 혹시 번식 실패로 2차 번식을 위해 짝짓기 전 단계일까? 등 머릿속에선 온갖 추측들로 가득 차게 된다.

부러진 고사목에 앉은 암컷이 수컷에게 머리를 숙여 인사를 건넨다. 둥지속의 알을 품고 있어야 할 암컷이 나와 있다는 것도 이상하고 마치 오랜만에 보았다는 듯 수컷에게 인사하는 암컷의 행동도 이상하다.

암컷의 인사에 수컷도 머리 숙여 인사를 한다. 수컷이 오랫동안 사냥을 떠났다가 다시 돌아온 것일까?

그러나 수컷은 그렇게 인사를 나눈 후 고사목을 박차고 날아올랐다가 10분도 채 되지 않아 커다란 먹이를 물고 와 절벽 사이로 들어가 버린다. 잠시 후 암컷도 고사목을 뛰어내려 절벽 틈으로 사라진다. 그렇게 사라진 두 녀석은 한 시간이 넘어서도 모습을 보여주지 않는다. 나도 모르게 절벽에서 나와 바다로 사라져갔는지 …… 눈을 뗄 수는 없다. 언제 절벽에서 튀어 나올지 모를 긴장감에 내내 전망대를 서성인다. 한 시간 후 잠시 모습을 보인 녀석은 푸른 바다 위에 낮게 깔려 절벽을 휘돌아 사라진다. 다시 기다림이 시작된다.

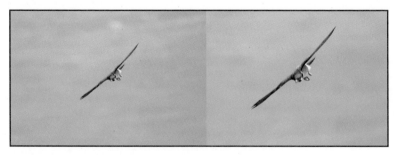

절벽 앞 먼 곳에서 모습을 드러낸 녀석은 바다 위를 한 바퀴 선회한 후 다시 사라진다.

한참이 지난 후 갑자기 전망대 앞에 모습을 휙 드러낸 녀석은 전망대 바로 밑 절벽 끝단 아주 가까운 곳에 내려앉는다. 3년 전 5월에 이렇게 가까운 곳에 앉아 있는 녀석을 본 후 아주 가까운 곳에서 녀석을 다시 보니 감회가 새롭다. 하지만 삼년 동안 절벽의 상황은 다소 변했다. 죽은 나리꽃 줄기는 가을빛을 머금은 채 절벽에서 아른거리며 매를 가린다. 바람이 불어 녀석의 얼굴이 드러날 때마다 녀석을 담아 본다. '반갑다. 정말 오랜만에 이렇게 가까이에서 다시 만나 반갑다.'

전망대 앞 바위 끝에 앉은 수컷 매. 아주 가끔씩 이렇게 무척이나 가까운 거리에 앉아 사람을 빤히 쳐다보는 녀석을 만나는 날은 행운의 날이다.

한참을 살랑이는 나리 줄기 사이로 얼굴을 보여주던 녀석이 떠났다. 나도 쓸쓸 하고 외로운 전망대를 떠난다.


4월 어느 날, 이번에도 어김없이 태종대에 오른다. 이른 아침은 편의점에서 사 온 삼각김밥 몇 개로 해결하려고 남항 전망대 가기 전 펜스에 앉아 아침식사를 대신한다. 멀리서 익숙한 목소리가 들려온다. 이른 시간에 올라올 사람이 아닌데 이렇게나 일찍? …… 의문이 들었지만 한창 매 시즌 중간이기에 당연히 일찍 오 는 것이라 생각했다. 함께 전망대를 향하다가 길가에 아름드리 소나무가 하늘을 향해 뻗어있는 틈을 보며 솔개 둥지를 찾아 보라한다. 나뭇가지 들이 얼기설기 얽 혀 좀처럼 둥지의 모습을 찾을 수 없다.

소나무 가지에 둥지를 튼 솔개, 솔잎들이 하늘거리며 가리는 사이로 간신히 둥지가 보인다.

한참을 찾아도 못 찾자, 가지 틈으로 교묘하게 보이는 솔개 둥지를 내게 알려준다. 보는 위치에 따라 보일락 말락 한 솔개 둥지. 예전에는 솔개 둥지를 남부지방에서는 심심찮게 볼 수 있었다는데 지금은 솔개마저도 숫자가 많이 줄어들어 우리나라에서 번식한다는 것은 알고 있으나 둥지는 쉽게 찾아 볼 수 없는 녀석이다. 둥지 바로 아래 나뭇가지에는 수컷이 앉아 둥지를 위협하는 까마귀를 경계하고 있다. 까마귀 역시 맹금류인 솔개가 자신의 영역 안에 둥지를 튼 것이 못마땅한지 잠시 한 눈 파는 솔개를 공격하고 지나간다. 수컷 솔개는 까마귀의 공격에도 아랑곳하지 않고 둥지 곁을 지키고 있다. 솔개 둥지를 언제 다시 볼 수 있을지 알 수 없지만 솔개는 나의 관심사가 아니다. 몇 장의 사진만 담고 전망대로 향한다.

다음날 아침에도 솔개 둥지에는 어미 솔개가 납작 엎드린 채 알을 품고 있다. 일반적으로 보이는 까치둥지가 타원형의 형태로 되어 있는 것과 달리 보통의 맹금류와 마찬가지로 솔개 둥지도 위쪽이 개방된 접시형의 둥지모양이다. 나뭇가지로 쌓아올려 만든 둥지 위에는 사람들이 버린 휴지도 둥지 재료로 사용되었다. 인간과 가까운 곳에 사는 녀석들의 특징은 우리가 버린 쓰레기들도 녀석들에게는 요긴한 둥지 재료로 잘 사용된다는 것이다. 매와 같은 시기, 녀석은 알을 품고 옴짝달싹하지 않는다.

둥지 아래 나뭇가지에 수컷이 앉아 둥지를 위협하는 까마귀를 경계하고 있으나 까마귀 역시 자기 영역에 들어온 솔개가 마땅치 않아 잠시 한눈파는 사이 솔개를 공격한다.

한 달이 지난 5월 말에 다시 방문하여 확인한 둥지 속에는 더벅머리 총각 같은 새끼 한 마리가 둥지를 가득 채우며 앉아 있고 이따금씩 서투른 날갯짓으로 날개 근육의 힘을 기르고 있다. 필자는 오랜 시간 기다리지 않고 몇 컷의 사진을 담고 는 매를 보기 위해 전망대로 향한다.

다시 2주가 흘렀다. 6월 초에 방문했을 때 새끼는 여전히 둥지를 벗어나지 못 하고 날갯짓을 연습하고 있다. 어미는 어떻게든 새끼를 둥지에서 벗어나게 하려 고 먹이로 유인하지만 새끼는 아직 둥지를 떠날 용기가 없어 먹이를 보고도 쉽사 리 둥지 밖으로 나가지 못한다.

솔개 어미의 유인은 몇 번이나 계속되지만 새끼도 먹이를 먹고 싶어서 둥지 위 에서 날갯짓을 하나 아직 둥지를 벗어날 용기가 없다. 어미는 어서 빨리 둥지를 벗어나 따라오라며 절벽 앞 바다 위를 휘이익 한 바퀴 돌아 둥지 주변에 왔다가 다시 바다 위로 날아오른다. 새끼를 이소시키려는 애타는 부모의 마음에도 새끼 는 쉽사리 둥지를 떠나지 못한다. 언제 이소할지 모르는 솔개를 기다릴 수는 없 다. 아쉽지만 솔개 둥지 앞을 떠나 매가 기다리는 전망대로 향한다. 다시 솔개 둥 지를 찾았을 때는 주인 없는 빈 둥지만 덩그러니 남아있었다.

이미 어미만큼이나 커 버린 어린 솔개는 둥지에 바짝 엎드린 채 자신을 향하는 사람의 눈길을 의심가득한 채 쳐다본다.

초여름인 6월 초, 더욱더 풍성하게 자란 솔잎들이 둥지를 가린다. 어린 솔개는 둥지에서 몇 발자국 벗어났지만 아직 어미처럼 날 준비는 되지 않았다.

솔개와 관련하여 시중에 떠도는 허황된 이야기가 하나 있다. 2005년 매일경제신문에서 펴낸 『우화경영』에 나온 이야기가 인터넷에 떠돌면서 마치 솔개의 생태를 잘 묘사한 것 같이 사람들 사이에서 회자되고 있다.

솔개의 수명은 70~80년인데 40년을 살고 나면 바위에 부리를 쪼아 헌 부리를 버려 새 부리가 나오게 하고 깃털을 한 올 한 올 다 뽑아 새 깃털이 나오는 수고를 거치고 나면 다시 40년을 더 살 수 있다는 것이다. 이 같은 허무맹랑한 잡설이 더는 인터넷에 떠돌지 않았으면 한다. 이솝이야기 같이 기업을 경영하는데 도움을 주고자 만들어낸 이야기일 뿐이다. 자연계에서 솔개가 누릴 수 있는 수명은 25년 정도일 뿐이다.

## 5월 아름답지만 슬픈 계절

드디어 매가 새끼를 키우는 계절이 되었다. 5월은 태종대의 바닷빛이 가장 아름다운 시기이기도 하다. 반짝이는 물방울이 렌즈가득 차오르며 환상의 보케를 만들어낸다. 누구나 이 순간을 기다렸을 것이다. 하지만 이때는 날씨가 맑고 따듯한 기운이 가득한 만큼이나 많은 사람들이 태종대를 찾는 시기이기도 하다. 또한 밤과 낮의 일교차로 자욱한 해무가 자주 밀려오는 시기이기도 하다.

태종대의 아름다운 바닷빛이 빛나는 계절이 돌아왔다. 빛은 좋지만 때로는 너무 강할 때도 더러 있다. 바다 위를 나는 매를 볼 때면 가슴이 뛴다.

유명관광지인 태종대가 가장 붐비는 계절이 왔다. 계절의 여왕이라는 5월에 수많은 사람들이태종대를 방문한다. 태종대로 향하는 길은 태종대로 들어가는 차들로 출발부터가 고통스럽다. 나가는 시간 역시 교통정체로 고통을 받기는 마찬가지다. 그러나 이 모든 것을 참고 견딜 수 있는 이유는 아름다운 푸른 바다를 배경으로 보케가 팡팡 터지는 매 사진을 담을 수 있다는 희망 때문이다.

새끼를 키우는 시기이기 때문에 매가 활발히 움직이는 만큼 이때는 어치의 움직임도 활발해진다. 매와 어치가 새끼를 키우는 시기가 거의 겹치기 때문이다. 6시에도 날이 환하게 밝은 아침에 전망대에 올라서면 바다직박구리와 동박새와 어치가 겁도 없이 매의 고정석인 고사목에 앉아서 먼 바다를 바라보며 나를 맞이한다.

이른아침 예쁜 동박새를 전망대에서 만날 수 있다. 매가 없는 시간에는 매의 지정석에 앉을 때도 있다.

이 시기에는 아침에 매를 만날 확률이 높다. 바람의 방향에 따라 순식간에 절벽 아래에서부터 고사목 쪽으로 치고 올라와 매가 앉을 때도 있고 건너편 좁은 계곡으로 올라가서 고사목 위쪽으로 들어올 때도 있다. 하지만 아침시간에는 동향인 전망대와 해를 마주보고 있어야 하기에 빛이 정면에서 들어오거나 측면에서 들어오는 빛이라 하더라도 빛의 산란광 때문에 뭔가 흐릿한 사진들을 많이 얻게 된다. 이럴 땐 오히려 구름이 약간 끼어 있는 편이 나을 때도 있다.

암컷 매가 고사목에 앉기 위해 접근하고 있다. 둥지에 들어오는 방법 중 하나인 전망대 옆 계곡으로 올라와 고사목과 거의 수평으로 들어오는 방법으로 고사목에 올라온다.

    고사목의 윗가지가 있을 때는 둥지를 전망대 아래에 지을 확률이 높았다. 암컷은 둥지를 고를 때 새끼들을 보살피며 둥지 가까운 곳에서 둥지를 내려다 볼 수 있는 안정된 곳이 필요하다. 이러한 장소는 암컷 자신도 휴식을 취할 수 있고 둥지도 지킬 수 있기 때문이다. 그런데 전망대 옆의 고사목이 부러짐으로써 이러한 안정된 자리를 잃게 되고 전망대 아래 절벽은 둥지로서의 큰 매력을 한 가지 잃게 되었다.

    때문에 고사목에서는 전망대 근처의 숲에 둥지를 짓는 어치와 전망대 절벽에 둥지를 짓는 매의 신경전을 볼 수 있었는데 고사목이 부러진 후에는 이런 재미있는 장면을 볼 수 있는 기회가 많이 줄었다. 특히 매가 절벽 아래에 둥지를 틀었을 때 매와 어치의 불편한 동거와 충돌은 더욱 극심하게 된다. 하지만 역설적으로 이들의 싸움을 보는 사람 입장에서는 맹금류와의 충돌도 두려워하지 않는 어치의 용감무쌍한 행동을 흥미진진하게 지켜볼 수 있다.

    어치는 매보다 더 순발력 있게 움직일 수 있다는 점을 알고 매가 안절부절 못하도록 가까이서 가지를 옮겨 다니며 신경질을 돋운다. 매가 앉은 가지보다 높은 가지로 올라가 부리로 나뭇가지를 두드리거나 파면 부스러기들이 매에게 떨어진다. 어치의 행동이 성가신 매가 날개를 펼치면 어치는 매보다 한 발 앞서 자리를 옮기거나 도망친다. 몇 번 날개를 퍼덕이며 어치를 잡으려 하지만 어치는 한 발 앞서 매의 공격을 피한다. 매가 자리를 바꾸면 다시 녀석도 자리를 바꾸고 처음에는 매와의 거리를 조금 두었다가 점점 대담해지면서 매 머리 위 나뭇가지까지 내

려와 앉기도 하고 매와 아주 가까운 거리까지 와서 신경전을 벌이기도 한다. 대개
는 매가 자리를 떠나야 긴장이 완화된다.

매 근처에 앉아 있는 어치는 매가 날아오르자 순발력을 이용해 매에게서 멀어진다.

매가 다가오는 만큼 재빠른 속도로 멀어진다.

공중에서 방향을 전환하는 매도 탄력을 받기 전까지는 어치의 순발력을 따를 수 없다.

어치가 매의 주변을 날아다니며 이를 자극한다.

매는 어치가 공격할 수 없는 가지 끝에 앉아 보지만 어치는 매가 잠시도 편안하게 쉴 수 없도록 주변을 날아다니며 매의 관심을 끈다.

　하지만 어치 중에는 무모한 녀석들이 가끔 눈에 띈다. 매의 눈치를 보며 직접 공격할 시점을 노리기도 한다. 물론 그러는 경우는 드물다. 자신의 목숨을 담보해야 하기 때문에 매의 상황을 자세히 보고 전혀 예상하지 못할 순간이나 혹은 도망갈 자신이 있을 경우에 매를 직접 공격한다. 나에게는 그런 장면을 보는 행운이 한 번도 생기질 않아 목격은 못했지만 태종대에 자주 올라오는 이들은 이렇게 대담무쌍한 행동을 하다가 어치가 매에게 잡혀가는 장면을 한 장씩은 가지고 있다.

　그러나 고사목이 부러져 나간 후에는 이렇게 역동적인 매와 어치와의 대립상황을 볼 수 있는 것이 어렵게 되었다. 어치가 매의 시선을 끌 때 앉을 자리가 부족해졌기 때문이다. 매가 전망대 아래 절벽에 둥지를 틀지 않아 어치와의 분쟁이 줄어버린 것이다.

　5월은 부모의 도움이 절실히 필요한 시기이므로 둥지가 절벽 가까운 곳에 자리했는지, 저 멀리 생도에 둥지를 틀었는지에 따라 앞으로 남은 육추기(6월까지)까지 얼굴에 함박웃음을 지을 수 있을지, 한해를 포기하고 내년을 기약할지 여부가 달려있기도 하다.

둥지를 전망대에서 가까운 곳에 지으면 수컷은 수시로 먹이를 잡아서 둥지 근처에서 암컷에게 먹이를 넘겨주거나 암컷은 수컷에게서 받아온 먹이를 고사목에 가져와 자랑하듯이 먹는 장면을 가까이서 볼 수 있다. 먹이를 들고 절벽 둥지에 들어가기 위해 날아드는 모습과, 다 먹지 못한 먹이를 숨기기 위해 절벽 틈새를 찾아가는 암컷의 모습도 쉽게 관찰할 수 있다. 암컷도 먹이를 받으러 나갈 때나 수컷과 잠시 교대하고서는 포란하느라 잔뜩 움츠려든 날개를 완화하고자 둥지 앞 가까운 곳에서 비행쇼를 벌이기도 한다.

전망대 앞 절벽. 둥지에 들어가기 위해 전망대 앞 소나무 숲 위를 날고 있다. 소나무와 소나무 사이로 얼핏 바다가 보인다.

전망대 아래 절벽에 둥지를 지었다 하더라도 하루 중 매의 활동을 지켜보면 부화 결과를 느낌으로 알 수 있다. 둥지에 들어가 있어야 할 암컷이 하루 종일 고사목에 앉아 있다거나, 혹은 짝짓기나 공중급식 때를 제외하곤 거의 울지 않던 매가 고사목에 앉아 울고 있으면 실패를 짐작하게 된다. 좀처럼 울지 않던 매가 고사목에 앉아 소리를 지르며 울면 보는 사람의 가슴도 철렁 내려앉는다. 그들은 '올해도 실패인가' 싶어 가슴을 쓸어내린다. 듣는 이의 느낌에 따라 다르긴 하지만 어떤 이는 이즈음 매 우는 소리에 가슴이 찢어지는 고통을 함께 느끼는 이도 있다. 비라도 오는 날 이런 장면을 고사목에 앉아 연출한다면 그것을 지켜보는 이의 고통은 이루 말할 수 없을 것이다. 어쩌면 친한 내 동료의 슬픔이 내게 전해져 오는 느낌일지도 모르겠다. 이런 느낌은 몇 년째 태종대를 찾는 이들의 공통된 느낌이 아닐까 싶다.

이렇게 부화가 실패하면 매들은 2차 번식을 시작한다. 1차 번식과는 다르게 암컷과 수컷의 짝짓기는 먹이교환 같은 구애행동의 과정 없이 바로 짝짓기에 들어가고 그 시기도 짧다. 2차 번식을 한 2012년도에는 1차 번식이 생도에서 이루어졌으나 실패하고 2차 번식을 전망대 절벽에서 했으나 역시 실패했다. 이 해에는 1차 번식 및 2차 번식 시기를 보고 짐작해 보면 포란 도중 알이 깨지지 않았을까 추측해 본다.

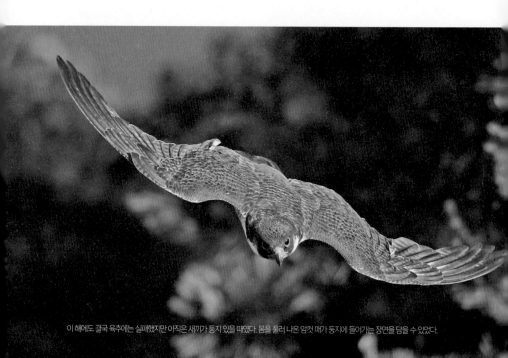

이 해에도 결국 육추에는 실패했지만 아직은 새끼가 둥지 있을 때였다. 몸을 물러 나온 암컷 매가 둥지에 들어가는 장면을 담을 수 있었다.

한 마리의 새끼라도 부화에 성공했다면 5월 초와 5월 중순, 말에 따라 약간의 차이가 있으나 매를 아주 자주 보게 되고 먹이를 달고 날아오는 수컷의 모습과 공중에서 먹이를 전달하는 장면, 암컷이 고사목에 앉아 먹이를 먹는 모습, 고사목에 앉아 있는 암컷과 느릿느릿 비행하며 새끼가 있는 둥지로 암컷이 들어가는 모습 등을 보게 된다. 날씨까지 맑은 날이라면 더할 나위 없이 좋다. 그러나 내가 매를 찍기 시작한 2011년도부터 2016년까지는 한 번도 새끼 키우기(육추)가 성공한 적이 없다.

다만 2013년 시즌에는 테라스라 부르는 고사목 아래 네모반듯한 바위 돌 위로 둥지가 있고 그쪽 절벽에 새끼 한 마리가 이소해 나왔던 적이 있다. 매를 보러 오는 이들은 이즈음에 몇 년 만에 새끼를 볼 수 있다는 기대감에 가득 차 있었다. 절벽 색과 거의 비슷한 보호색을 띤 새끼를 찾는 것이 어려웠지만 수시로 어미가 새끼에게 먹이를 갖다 주었고, 어미 매는 고사목에 앉아 새끼를 지키면서 어치들과도 수시로 대치하는 장면을 보여 주었다.

동지가 가까이 있으면 매는 동지에 드나들어야 하기 때문에 다른 때보다 바다 위를 날고 있는 모습을 담기가 쉬워진다.

이때 새끼는 날개의 근육이 발달하지 않아 사방이 절벽으로 둘러싸인 절벽 갈라진 틈에 겨우 붙어있는 상태인지라 어서 빨리 날개에 힘을 붙여 조금 더 안전한 곳으로 자리를 옮겼으면 했다. 그러나 6월 초, 몹시도 심한 바람이 불었던 어느 날부터 새끼의 모습은 보이지 않았다. 며칠만 더 있으면 하늘을 날아다닐 수 있을 정도로 다 큰 새끼였는데 모두들 몇 년 만의 경사라 기뻐하며 녀석이 부릴 재롱을 기대하고 있었는데 한 순간에 물거품이 되고 만 것이다.

어린 새끼 한 마리가 부화에 성공했다. 깃털로 보면 아직 둥지에 있어야 할 녀석이 벌써 둥지를 벗어나 절벽에 올라와 더는 올라가지도 못하고 둥지로 돌아가지도 못해 절벽에 머문다. 어미는 새끼에게 열심히 먹이를 나른다.

새끼의 깃털 보호색은 절벽과 너무나 닮아 처음에는 절벽에 있는 새끼를 찾을 수 없었다. 눈 하얀색 배설물로 새끼의 위치를 찾곤 했다.

비록 오랜 기간은 아니지만 태종대에서 내가 볼 수 있었던 새끼는 이렇게 2013년도에 실종되기 전에 본 새끼와 2011년도 10월에 절벽 앞에서 새끼 한 마리를 볼 수 있었는데 어쩌면 2010년도 새끼가 부모의 영역에 다시 돌아왔든지 아니면 다른 곳에서 자란 새끼가 우연히 지나간 것인지 모르지만 태종대에서 새끼를 본 것은 단 두 번이 전부이다.

둥지 근처에서 새끼를 보살펴야 하는 암컷에 비해 내내 사냥하러 다니느라 얼굴을 볼 수 없는 수컷은 날렵한 비행실력으로 더더욱 담기가 힘든 시기이다. 먹이를 들고 암컷을 찾는 소리가 퍼지기를 내내 기다리지만 5월에는 그런 기회가 허락되지 않았다. 그러다가 수컷 매를 가까이서 볼 수 있는 기회가 없다고 생각한 어느 날 아침 녀석은 홀연히 수컷이 전망대 1층 절벽에 사뿐히 내려앉았다. 10미터도 채 안 되는 거리에 있어 같이 있던 사람들은 흥분했다. 몇 년에 한 번씩 이런 기회를 주는 녀석인데 오늘이 바로 그날이었다.

늘 있던 2층 전망대에서 녀석을 담고 1층으로 내려갈지를 망설이고 있는 찰나에 1층에 있던 미로님이 얼른 내려오라는 신호에 뛰어내려갔다. 전망 1층, 숨소리조차 죽이며 조용히 다가가 카메라 파인더 속으로 녀석을 보았다. 금방 날아갈 모습은 아니었다. 녀석의 눈동자가 보였다. 늘 보아오던 사람들인 양 한번 얼굴을 돌려 쳐다보고는 그냥 무심한 듯 바다를 바라본다. 아름다운 바다와 아직도 연한 초록빛 가득한 숲 앞에 녀석이 있다. 무슨 생각을 하고 있을까?

가끔씩 사람들이 많이 다니는 길과 가까운 소나무 숲에 앉아 지나가는 사람들은 전혀 상관하지 않고 멍하니 바다를 바라보는 녀석을 만날 때면 무슨 생각을 하고 있는지 궁금할 때가 있다. 특히 육추의 계절에 알이 부화하지 못하고 다시 짝짓기를 시도하기에도 늦은 5월에 모든 것을 체념한 듯 망연자실 앉아 있는 매를 볼 때는 가슴이 더욱 아려온다.

5월은 벌매가 이동하는 시기다. 이때쯤 벌매가 태종대 하늘 위를 지나 일본 쪽으로 날아간다. 대부분의 벌매는 하늘 높이 날아 이동하지만 그중에는 전망대 앞을 낮게 지나쳐 가는 녀석도 있고 매처럼 바다 위로 날아가 주는 고마운 녀석도 있다. 비록 모습은 예쁘지 않지만 주연인 매가 나타나지 않을 때 이를 대신해 주는 고마운 녀석이다.

1층 전망대 앞 절벽에 앉아 있는 매. 매가 앉아 있는 곳이 진정 자살바위의 끝부분이다.

사람들의 왕래가 많은 길가 소나무 숲에 앉아 있는 매

5월 중순경에는 대규모의 벌매가 이동한다. 벌매는 대개 전망대 하늘 높이 떠서 이동하지만 가끔은 이렇게 전망대 아래로 이동하는 녀석도 있다. 작은 새를 잡아먹기도 하고 벌집을 공격하여 벌집과 애벌레를 먹기도 한다.

    태종대의 5월은 매들이 가장 활발하여 다양한 장면을 볼 수 있는 시기다. 하지만 태종대에서 육추가 몇 년째 실패하면서 시즌이 금방 끝나버리는 해가 계속되면서 매에 목마른 사람들은 다른 지역의 매를 찾아 나서기 시작했고 나 역시 새로운 곳의 매를 찾아야 했다. 그래서 굴업도에 서식하는 매를 찾은 것이다. 하지만 5월 태종대의 매는 너무나 매력적이기 때문에 혹시나 하는 마음으로 5월이 되면 다시 찾게 된다.

아름다운 에메랄드 빛 바다 위를 나는 매도 아름답지만 이렇게 초록빛 소나무 숲 위를 나는 매도 아름답다.

## 6월 새끼 없는 육추의 계절

새끼 매가 하늘을 날아다니며 부모 매에게 먹이를 달라고 떼쓰는 장면과 새끼들 간의 경쟁, 부모 매의 공중급식 훈련 등을 볼 수 있는 시기임에도 태종대는 이를 허락지 않았다. 매년 계속되는 육추 실패로 5월에 시즌이 끝나버리기 일쑤였기 때문에 6월은 그냥 7, 8월과 다름없는 비수기가 되어버렸다. 그렇긴 해도 매가 에메랄드 빛 바다 위를 날아가는 장면을 담을 수 있는 좋은 시기이기 때문에 참을 수 없는 유혹을 주는 시기이기도 하다.

그래서 6월 전망대를 찾았다. 다누비 열차도 올라오지 않는 시간에 잠깐 고사목에 모습을 보인 녀석은 하루 온종일 모습을 보이지 않다가 오후 5시가 되자 그제야 바다 위를 잠깐 날아다닌다. 6시 20분에도 다시 고사목에 모습을 나타내며 하루를 마무리한다. 장장 12시간이 넘는 시간 동안 모습을 3번 비쳤지만 그래도 빛의 아름다운 향연을 배경으로 매를 담을 수 있었다는 사실에 기뻐할 뿐이다.

전망대에는 오후 4시만 넘어도 그늘이 지기 시작한다. 얼마 남지 않은 빛이지만 매가 절벽 아래로 날 때는 너무나 고맙다.

고사목에 올라가거나 절벽 쉼터에 가기 위해서는 대부분 절벽 아래나 소나무 아래로 낮게 날지만 간혹 소나무 숲 위로 지나갈 때도 있다.

이튿날은 더욱 날씨가 좋다. 전망대에는 매의 매력에 빠져 주말마다 나오는 이들이 모두 모였다. 아침에 잠시 고사목에 모습을 보인 녀석은 세 시간 만에 나타나 파랗게 물든 바다 위를 멋지게 난다. 반짝이는 빛 방울을 배경으로 매가 날아간다. 너무 높이도, 너무 낮게도 아니다. 여기서 매를 담는 사람의 입장에서는 천천히 날아가는 속도라 할 수 있는 그런 속도로 날아간다. 햇빛이 바다를 비추자 바다가 빛을 낸다. 태종대 전망대 앞의 바다 빛은 시시각각 색이 변한다. 때로는 파란빛으로, 때로는 에메랄드빛으로, 때로는 검푸른 빛으로 바뀐다. 그 위를 매가 날아간다. 그러면 세계 어디에서도 볼 수 없는 환상적인 모습을 볼 수 있다. 그 동안 담았던 어떤 사진들보다 바다 배경이 멋진 사진을 담았다.

한 시간 후, 또 한 시간 후에 매는 다시 나타나 푸른 바다 위를 마음껏 날아다니며 우리를 즐겁게 한다. 다만 사냥을 하다 그런 것인지, 다른 녀석과 다투다 그런 것인지는 몰라도 날개가 부러져 있었다는 데 마음이 안쓰러웠다. 암컷 매의 왼쪽 날개 중간쯤에 있는 날갯깃이 부러져 뒤집혀 있었다.

햇빛이 바다에 비추면서 바다는 빛이 난다. 그 위를 매가 날아간다. 그러면 세계 어디에서도 볼 수 없는 환상적인 모습을 볼 수 있다.

태종대 전망대 앞의 바다 빛은 시시각각 색이 변한다. 때로는 파란빛으로, 때로는 에메랄드빛으로, 때로는 검푸른 빛으로 바뀐다. 바다 빛과 함께 매가 적당한 높이로 날아야만 이런 모습을 담을 수 있다.

옅은 구름이 지나가며 태양을 가린다. 그 사이를 뚫고 나온 빛이 바다 위에 퍼진다. 바닷물이 더욱 푸른빛으로 변해간다. 그리고 매가 그 위를 난다.

햇빛이 쨍쨍 나는 날도 좋지만 옅은 구름이 강렬한 햇빛을 막아주면서도 빛이 살아있는 그런 날이 좋다.

7, 8월의 뜨거운 날이 아니기에 매들의 움직임은 아직까진 활발하다. 어린 새들을 돌보면서 먹이를 공급하고 있어야 할 시기이기 때문에 비록 새끼는 없지만 매 나름대로 활동적이다. 6월에도 매와 어치의 불편한 동거는 계속된다. 육추에 실패한 매와, 새끼를 키우는 어치와의 만남이다. 매와 어치와의 침묵이 마주한다 ·······.

육추에 실패한 매와 새끼를 키우고 있는 어치가 만났다. 조용한 긴장이 흐른다.

매가 전망대 높이로 천천히 날면서 전망대에 있는 사람들을 바라본다. 눈앞에 보이는 매, 그러나 너무 가까이에 있어 카메라 파인더에는 넣지 못하니 셔터를 누를 수가 없다. 너무 가까이 있어 파인더에 매를 넣지 못하다니 ……. 렌즈를 내렸다가 녀석의 위치를 확인하고서야 다시 카메라를 들자 파인더 속에 들어가 있다. 녀석이 보인다. 이미 다른 이들의 카메라에서는 셔터 누르는 소리가 들린다. "칙 치르르르르" 연사 누르는 소리가 양옆에서 들려온다. 녀석이 우리에게 주는 멋진 선물이다. 이렇게 가까이 날면서 속도를 늦추고 우리와 눈을 맞추는 매를 보며 마치 사람들과는 오래전부터 친밀하게 지내왔다는 느낌이 든다.

전망대 앞, 눈높이로 매가 날아간다. 마치 "나를 담아 주세요."라고 말하는 듯 천천히, 눈까지 맞춰가며 날아간다.

이미 전망대 앞에 그림자가 드리워졌지만 아무도 "그만 철수해요."라는 말을 할 수 없다. 조금 전 감동에 어쩌면 다시 또 그렇게 해주지 않을까 하는 희망에 6시가 다 되어 날은 환하지만 카메라는 이제 그만 돌아갈 시간이라고 셔터 속도가 뚝뚝 떨어지는 것을 보면서도 아무도 먼저 내려가자고 이야기하지 않는다.

　일 년여 세월이 흐른 뒤 다시 찾은 전망대는 일 년 전과 다름없다. 매는 새끼를 낳고 키워냈지만 아직 이소할 때가 되지 않은 녀석이 둥지를 나와 절벽에 올라왔다가 다시 둥지로 돌아가지 못한다. 그러다 비바람이 몹시도 심한 날, 이틀 만에 새끼 매는 사라졌다. 때문에 전망대는 일 년 전의 그날과 다름없이 바다 위로 날아다니는 매만 만난다. 그때처럼 바다는 에메랄드빛을 만들어 냈지만 방울방울 맺히는 빛망울을 만들어내진 못한다. 옅은 구름이 끼어 있다. 새끼 잃은 매들은 바다 위를 열심히 날아다닌다. 잃어버린 새끼를 찾아 어딘가 있을지도 모른다는 한 줄기 희망을 갖고 날아다니는 것일까? 새끼는 없어 졌지만 새끼를 키우는 본능이 아직 남아있기 때문일까? 새끼 잃은 매도 슬프지만 이를 바라보는 우리도 슬프다. 어디선가 갑자기 새끼 매가 "나는 무사해요, 이렇게 멋지게 자라서 나타났잖아요."라며 모습을 보일 것 같아 새끼매가 앉아 있던 절벽 위 숲속을 내내 지켜보지만 끝내 희망은 절망으로 바뀐다.

검푸른 바다 위를 수컷 매가 날아간다. 이제 새끼도 없어 먹이를 자주 나를 필요도, 사냥을 자주 할 필요도 없지만 매는 바다 위를 맴돌고 맴돈다. 마치 무엇을 잊기 위한 행동인 것처럼 ……

날갯짓이 손상되면서까지 새끼를 열심히 키워낸 암컷 역시 바다 위를 떠돈다. 새끼를 지켜야 할 암컷도 아름다운 바다 위에서 새끼를 찾고 있는지도 모른다.

새끼를 찾는 매의 모습은 슬프지만 그래도 푸른빛의 바다가 아름답고 그 위를 날아다니는 매의 모습은 여전히 아름답다.

### 7월~8월 여름이지만 전망대는 한겨울

수많은 사람들이 전망대로 올라온다. 중국인 단체 관광객과 일본인 관광객, 연인, 가족, 초등학교 동창회원이 마치 사람을 구경하러 온 것 같다. 새벽부터 매를 기다렸지만 절벽 저 너머 바다 위로 살짝 모습을 보여준 녀석은 하루 종일 얼굴도 보이지 않는다.

끊임없이 몰려오는 사람들의 감탄사와 이야기를 듣고, 바다 위를 마주치며 지나가는 유람선과 그 위에서 손을 흔드는 사람들을 본다. 출렁거리는 유람선의 탑승객들은 손을 흔들며 시원한 바다에서 즐거움을 만끽한다. 전망대 아래 거북바위와 물개바위 위에서는 낚시꾼들이 낚싯대를 열심히 던진다. 어쩌다 한 번씩 날아가는 매는 절벽 저 멀리 아래로 지나갈 뿐이다.

여름이 찾아와 사람들은 시원한 여름옷을 입고 전망대에 올라온다. 하지만 하루 종일 전망대 바람을 맞으며 매를 기다리는 사람들은 점차 겨울옷으로 무장한다. 전망대에 이제 막 도착한 사람들에게는 군복과 겨울옷으로 무장한 사람들이 이상하게 보이지만 매를 기다리며 추위와 싸워야 하는 우리들은 다른 사람의 눈치를 볼 여유가 없다. 한 여름에도 이를진데 다른 계절은 더 이상 말할 필요가 없다.

매가 1차 육추 실패 후 2차 육추를 했다면 한창 어린 매가 날아다닐 시기이고, 1차 육추가 성공했다면 가끔은 어린 매가 모습을 보여주기도 했겠지만 매년 육추가 실패하는 탓에 7, 8월의 태종대는 잘 찾지 않게 된다.

## 9월~10월 가을날의 운치만큼이나 아름다운 비 오는 날의 운치

가끔씩 솔개가 바다 위를 유유히 날아 매의 영역을 지나간다. 하지만 매의 움직임은 보이지 않는다. 아마도 이곳 절벽에 있지 않고 다른 곳에 가 있나 보다. 빗방울이 간간히 내리는 가을날의 한적함을 느낀다. 그러다가 몇 시간째 모습을 보이지 않던 매가 지정석인 고사목에 사뿐히 내려앉는다.

그리고는 깃털을 다듬기 시작한다. 깃털을 다듬다가도 주변에 날아가는 녀석이 보이면 녀석을 따라 목도 눈도 따라간다. 하지만 추적할 생각은 않는다. 추적추적 가랑비가 내린다. 비는 전망대 안으로도 들이치지만 옷이 젖을 만큼 큰비는 아니다. 그래도 마음속에는 갈등이 인다. 비가 오면 날아가는 장면을 담아도 다 버려야 할 텐데……

비에 젖은 깃털을 털고 날개를 펴고 몸의 근육을 풀고 기지개를 펴고 다시 날개를 접고 깃털에 묻은 기생충을 잡고 가끔은 꾸벅꾸벅 졸기도 하고 그렇게 두시간 동안 매는 고사목 횟대에 앉아 있다. 처음에는 언제 날아갈지 모른다는 긴장감으로 무거운 카메라를 들고 녀석을 렌즈 속에 넣어 두려고 노력했지만 카메라 무게에 팔이 아파오고 자세는 점점 흐트러진다.

보슬보슬 내리는 빗방울을 표현해 보고 싶어진다. 셔터 속도를 늦추어 빗줄기가 되도록도 하고 방울방울 빗방울로 표현되게도 해본다.

비가 내린다. 하염없이 내리는 비를 맞으며 매는 고사목에 앉아 있다. 청승맞게 비 맞으며 녀석을 담고 있는 나를 노려본다.

셔터 속도를 빠르게 하면 떨어지는 빗방울이 방울방울 되어 표현된다. 비 오는 날은 셔터 속도를 조정하며 담으면 빗방울의 다양한 모습을 담을 수 있다.

잠시 렌즈를 내려두었다 들고를 수십 번 반복하다가 지쳐 더는 카메라를 들지 않고 눈으로만 관찰하면서 녀석이 날아가는 순간을 놓치지 않으련다. 날아갈 듯 날아갈 듯하던 녀석이 자리를 지킨 지 2시간이 흘렀다. 이젠 녀석의 움직임에도 무관심해지고 "이제 그만 좀 날아가지."라는 말이 나왔다. 그렇게 내내 깃털을 고르던 녀석의 움직임이 달라졌다. 고개를 까딱거렸다. 그러고는 나뭇가지에서 절벽을 향해 몸을 날려 절벽을 타고 시야에서 사라져갔다. 눈 앞 절벽에서 한두 번 정도 회전하면서 날기를 그렇게 바랐지만 그냥 휑하니 날아가 버린다. 아쉬운 이별의 감정도 보이지 않는다. 야속한 녀석 …….

잠시 비가 그친 사이 녀석은 절벽 아래로 뛰어내린다. 이럴 때는 나도 녀석과 같이 절벽 아래로 날아가고 싶어진다.

10월의 어느 날 아침녘, 소리소문 없이 날아 들어와 고사목에 앉아 있던 녀석이 잠시 한 눈 파는 사이 사라져 버렸다. 온 지 얼마 되지 않아 으레 오랫동안 앉아 있겠거니 싶었지만 녀석은 얼굴을 잠깐 보여준 후 언제 갔는지 알아채지도 못한 채 사라져 버렸다.

그렇게 시간이 또 흘렀다. 기다림에 무료한 시간, 밤새 잠을 설치며 새벽녘에 도착해 긴장감으로 내내 기다리던 아침녘의 시간이 지나고 매가 오지 않는 시간이 길어져 마음도 서산해지고 몸도 피곤해진다. 의자에 앉아 난간에 머리를 기댄 채 잠깐씩 밀려오는 졸음을 쫓고 있다. 매가 오지 않는 시간에 새매가 대신 바다 위를 날아간다. 언제 올지 모를 매를 대신해 주는 고마운 녀석이다.

새매가 10월의 바다 위를 지나간다.

태종대를 주 영역으로 하여 텃새로 살아가는 태종대의 매는 이곳을 떠나지 않는다는 것을 알기에 기다리다 보면 언젠가 한 번은 모습을 보여준다. 때로는 그 한 번의 만남을 위해 먼 길을 내려오기도 한다. 갑자기 매가 나타났다. 그러나 바람을 등지고 날아온 빠른 매를 렌즈 속에 넣지도 못한 사이 매는 예전 둥지로 들어간다. '제대로 담지도 못했는데' 하는 사이 또 한 마리의 매가 보인다. '예전 둥지로 들어갔던 녀석이 벌써 나왔나' 싶어 녀석을 눈으로 따라가는 사이 어느새 '테라스'라 부르는 옛 둥지 속으로 들어가 두 마리 매가 한 장소에 앉아 있다.

암수 부부매가 비를 피하여 옛 둥지인 테라스에 들어가 있다. 하지만 그것도 잠시 수컷은 빗속으로 뛰어내린다.

텃새로 살지만 짝짓기 철이나 새끼를 키울 때인 육추기가 아니면 두 마리를 같이 보기가 쉽지 않은데 이를 동시에 볼 수 있어 기분이 좋았다. 절벽 끝단에 앉아 바람을 맞으며 하얀 깃털을 흩날리고 앉아 있는 녀석을 보노라니 최상위 포식자에게서도 쓸쓸함이 묻어나는 것 같다. 바람은 불고 새는 날아다니지 않는 데다 가랑비까지 내렸다 그쳤다를 반복하고 있으니 사냥감을 찾기도 힘들고 비를 피해 숨어 있는 사냥감을 찾아서 봐야 에너지만 소모할 것이기에 녀석은 시린 배를 움켜지고 가을의 찬바람과 비를 맞고 있을지도 모른다.

하지만 그런 상황도 잠시 암컷 매가 수컷에게 소리를 지른다. '혹시나 10월에 짝짓기를 …….' 하던 마음은 순식간에 사라져 버리고 수컷은 암컷의 눈치를 보다가 절벽에서 뛰어내려 낮게 깔린 채 절벽을 따라 모습을 감춘다. 마누라의 잔소리에 눈치를 보는 것은 사람이나 매나 비슷한가 보다.

내내 구름이 끼고 어둡던 하늘에 가랑비가 다시 내린다. 예전 둥지에서 비를 피하며 있던 암컷이 하늘을 박차고 올라 고사목 가지 끝에 앉는다. 그러고는 내리는 가랑비에 몸을 맡긴다. 일부러 비를 맞으러 나온 녀석 같다.

옷을 적실만큼 내리는 비를 다 맞으면서도 비를 피할 생각을 하지 않는다. 비가 오는 날에는 매를 잘 담을 수 없지만 저 나름대로 운치 있는 모습을 볼 때가 있어 비 오는 날도 마다하지 않고 전망대에 오른다.

따로 목욕을 하지 않아도 되기 때문일까? 녀석은 비를 즐기고 있다. 나도 그런 녀석을 보며 다양한 실험을 즐길 수 있다.

매가 앉아 있는 고사목 아래로 무엇인가 움직임이 보인다. '어치가 날아왔나?'
보니 아니다. 분명히 무엇인가 움직이는 것을 보았는데 잘못 보았나 하는 순간,
청설모 한 마리가 매가 앉아 있는 고사목을 겁도 없이 오르고 있다. 잡식을 하며
무엇이든 먹는 청설모와 새를 먹이로 하는 매, 과연 어떤 일이 벌어질지 내가 더
긴장하며 둘을 지켜본다. 나무를 오르던 청설모가 멈춘다. 그리고 매도 청설모를
발견했다. 서로의 움직임이 없다. 과연 매가 청설모를 공격하고 청설모는 어떻게
그 공격을 피할까하는 궁금증에 나도 긴장한다. 한참을 마주보던 녀석들은 아무
일도 없었다는 듯이 청설모는 방향을 돌려 왔던 길로 돌아가고 매는 태연히 비를
맞으며 자리를 지킨다. 긴장하고 지켜본 나만 허탈하다.

비 오는 날 매가 앉아 있는 것을 모르고
청설모 한 마리가 고사목을 오르다가
매와 눈이 마주쳤다. 서로 한참을 노려
보고는 청설모는 왔던 길로 돌아간다.

어느새 떠나야할 시간이 되어가지만 녀석은 움직일 기척을 보이지 않는다. 다른 곳보다 일찍 해가 지는 동향의 전망대를 떠나야 할 시간이다. 이미 짙은 그늘이 드리워져 평소보다 더 어두워 셔터 속도를 올리고 iso를 올려도 날아가는 장면을 따라가기도 힘든 상황이라는 것을 알기에 녀석을 앞에 두고도 전망대를 떠나야 한다.

포항 형산강을 비롯하여 강릉 남대천에는 월동지를 향해 가는 물수리들이 잠시 쉬어가며 먼 길을 가기 위해 준비하는데 10월이 그 시기다. 물수리가 역동적으로 사냥하는 장면을 담기 위해 사람들도 태종대를 비워두고 포항으로 가는 한가한 시기가 된다. 사실 매들이 자주 보이는 시기가 아니기도 하고 달리 역동적인 장면을 보이는 활발한 때가 아니다 보니 대부분은 잘 찾지 않는다. 때문에 하루종일 전망대에 있으면서 잠깐 지나가는 매를 본다던가, 잠시 절벽에 내려 앉아 있다든가 고사목에서 잠시 쉬었다가는 장면을 담을 수밖에 없을 때가 많다. 찾은 시간에 비하여 너무나 적은 결과물을 얻을 수밖에 없기에 매를 버리고 형산강 물수리를 담으러 갈 때도 있다. 하지만 나에게 매는 여전히 매력적인 새라 이를 포기할 수 없어 보통 10월에 내려갈 때는 하루는 태종대에 하루는 형산강에서 시간을 보낸다.

형산강에서 숭어를 사냥한 물수리

## 11월 칡부엉이와 떠돌이 매

찬바람이 불어오면 몽골이나 러시아로부터 월동하러 내려오는 맹금류의 시기가 시작된다. 추운 지방에 사는 칡부엉이, 쇠부엉이 등이 보이기 시작한다. 칡부엉이나 쇠부엉이는 주로 중부지방에서 잘 보이는 녀석으로 남부지방에서는 보기가 쉽지 않다.

어둑어둑한 시간에 도착해 짐을 풀고 카메라를 꺼내들고 모노포드를 난간에 설치해 본다. 이렇게 하면 고사목에 오랫동안 앉아 있을 때도 카메라를 손으로 들고 부들부들 떨지 않고 안정된 채로 담을 수 있고 절벽 아래로 언제 뛰어내릴지 몰라 렌즈를 들었다 놨다 하지 않아도 좋아 사람이 많지 않을 때는 이렇게 해둔다. 모노포드에 렌즈를 올려두고 얼마 되지 않아 매가 나타났다. 그와 동시에 커다란 덩치의 새 한마리가 절벽에서 바다로 나가다가 깜짝 놀라 바위 절벽으로 다시 돌아오는 것이 보인다. '매다!' 깜짝 놀라며 모노포드에 장착된 렌즈로 매를 향한다.

들어오는 커다란 새의 정체에는 관심이 없다. 오로지 매에게로만 관심이 갔다. 바다 위에서 매의 첫 번째 공격이 시작되고 아래에 있던 새는 첫 공격을 잘 피했지만 깃털 몇 개가 바다 위로 흩어져 내린다. 그리고 곧장 다시 시작된 두 번째 공격에는 발톱을 위로 올리면서 뒤집어서 매의 공격을 막아 내었다. 아래에 있는 녀석도 맹금류라는 것을 알게 된다. 그때까지만 해도 같은 매의 영역다툼이라 믿었다.

월동지를 찾아 남하한 칡부엉이가 날이 완전히 밝지 않은 어스름한 아침 매의 영역에 들어왔다가 매에게 쫓겨 절벽으로 도망한다.

'어, 어 너무 빨라!' 절벽을 향해 오는 녀석을 향해 연신 셔터를 눌러보지만 이미 새를 공격한 매는 절벽 아래로 휘돌아 먼 바다로 나가 있다. 절벽으로 도망친 녀석은 매의 매서운 공격이 두려워 절벽에 붙어있는지 오랫동안 모습이 보이지 않는다. 어떤 모습의 사진이 담겼을지 궁금해 사진을 확인해 본다. '부엉이 종류인데 …….' 어떤 녀석인지 모르겠다. 처음 본 녀석이다. 모습은 올빼미류의 한 종류일 것으로 생각하면서 '뭐 여름에는 소쩍새도 먹잇감으로 물어오는데'라며 아무렇지도 않게 생각하고 넘어갔다.

남쪽 지방에 있을 만한 덩치 큰 새는 수리부엉이뿐인지라 수리부엉이라고 생각했지만 나중에야 칡부엉이라는 사실을 알게 되었다. '칡부엉이 ……' 갈대 속에 꼭꼭 숨어 찾기도 어렵고 낮에는 눈만 끔뻑거리며 갈대에 가려진 채 내내 잠만 자는 칡부엉이를 태종대 절벽 위에서 내려다보면서 바다를 배경으로 담았다.

이 해에도 매의 육추는 실패했다. 그런데 새끼 매 한 마리가 절벽에 붙어 있다. 날아 들어오는 모습은 보았으나 담지 못했다. 절벽에서 떨어진 먼 곳이라 담아야 할 이유가 없었다. 하지만 '못 보던 녀석인데' 하는 호기심에 렌즈로 녀석을 들여다본다. 아직도 새끼의 깃털을 벗지 못한 어린 티가 많이 남아있는 녀석이다. 녀석은 주위를 두리번거리며 불안한 모습을 보인다. 언제 나타났는지 이곳 절벽의 주인인 매가 나타나 절벽에 붙은 어린 녀석을 공격한다. 공격에 당황한 녀석은 절벽을 벗어나 바다로 달아나지만 자신의 영역을 지켜야 할 부부 매는 힘을 합쳐 어린 매를 바다 멀리까지 쫓아가 공격을 한다.

부모를 떠나 떠돌아다니는 어린 매가 매의 영역인 절벽에 붙는다. 올해 태어난 듯 어린 녀석은 주위를 둘러보며 불안해한다.

281

자기의 영역에 대한 집착이 강한 매는 어린 매를 자기 영역에서 쫓아내기 위해 공격한다.

## 12월 매는 여전히 자기 영역을 지킨다.

찬바람이 서산하게 불기 시작한다. 날씨는 연신 흐리다. 가끔씩 맑은 날이 될 때는 너무나 깨끗한 공기로 하늘은 높푸르다. 하지만 매를 만나러 가는 날은 맑은 날 보다는 흐린 날이 더 많다.

매를 만나지 못할 것을 각오하면서 전망대에 오른다. 한참 시간이 지나도 매는 보이지 않는다. 주전자섬의 등대에도 보이지 않는다. 여름철과 달리 전망대의 바람은 잔잔하다. 전망대에 올라오기 전까지는 이런 바람이면 전망대의 바람은 얼마나 세게 불까 걱정했지만 걱정과는 달리 마치 바람이 불지 않는 듯 산들바람이 분다. 항상 그런 것은 아니지만 전망대의 바람과 태종대 입구에서의 바람은 방향과 세기가 전혀 다르다. 그래서 예측 불가능이라는 말을 사용할 때가 많다.

수컷 매가 날아와 고사목에 앉는다. 수컷이라고 짐작만 할 뿐 수컷인지 암컷인지 정확하게 알 수는 없다. 갑자기 녀석의 움직임이 이상하다. 마치 짝짓기 할 때의 암컷 매처럼 머리를 낮추고 꼬리를 치켜세운다. '한겨울에 짝짓기를 보게 될까?' 가슴이 뛰기 시작한다. 어서 다른 녀석이 올라오기를 바란다. 다른 매 한 마리가 절벽 위를 솟아올라 고사목 근처로 오는 것이 보인다. 녀석을 따라 렌즈를 돌리지만 녀석을 렌즈 속에 넣지는 못한다.

먼저 고사목에 와 앉아 있던 매의 행동으로 또 다른 매가 오고 있다는 것을 알 수 있다. 곧이어 또 다른 녀석이 고사목을 향해 날아온다.

나중에 나타난 녀석은 처음에 있던 녀석의 등으로 가는 것이 아니라 처음 있던 녀석의 곁에 사뿐히 내려앉는다. 두 마리의 매는 서로 인사를 한다. 한 마리가 고개를 숙이면 다른 녀석이 고개를 숙이고 ……, 이런 행동은 한동안 서로를 보지 못했을 때나 사냥을 나갔다가 오랜만에 돌아 왔을 때 하는 행동으로 알고 있는데 녀석들의 행동을 매일 관찰하지 못해 나그네처럼 오랜만에 만나는 필자는 녀석들이 얼마 만에 만났는지, 어제도 함께 있었는지 알 길이 없다.

처음부터 안쪽에 있던 수컷 매와 나중에 온 암컷 매는 마치 오랜만에 만난 듯 서로 인사를 한다. 서서히 다음 시즌을 준비하는 행동일까?

잠시 인사를 나눈 뒤 먼저 온 수컷은 뒤에 나타난 암컷을 두고 절벽으로 뛰어 내려 낮게 선회하며 절벽을 두어 바퀴 돌고는 사라진다. 오랜만에 만났으되 함께 있는 것이 부담스러운 듯, 암컷의 등살에 혼날 것 같아서인지 자리를 떠나고 암컷 혼자 남는다.

잠시 인사를 나눈 수컷 매는 고사목을 떠나 절벽 아래로 몸을 던진다.

암컷 매는 아예 나뭇가지에 주저앉았다. 아예 떠날 생각이 없는 듯 날개 깃털 속에 발을 감추고 앉아 있을 때 우리는 '주저앉았다'라는 말을 사용한다. 깃털을 고르고 주위에 날아다니는 녀석들을 따라 고개를 움직이고 거리 측정을 위해 고개를 까닥이며 시간을 보낸다. 아예 보이지 않는 것도 아니고 그렇다고 앉아 있는 모습만 계속 담고 있는 것도 그렇고 매를 기다리면서 가장 재미없는 지겨운 시간이 계속된다.

수컷 매가 떠난 고사목에는 암컷 매가 홀로 주저앉아 오랜 시간 자리를 지킬 것처럼 보인다.

겨울이라고 전망대에 사람들이 오지 않는 것은 아니다. 여름철처럼 다누비 열차에 사람들이 가득차서 올라오는 것은 아니지만 몇 십 명의 사람들이 내리면 전망대 자리는 순식간에 만원이 된다. 때문에 바다를 바라보는 난간에는 자리가 없어진다. 금방 갈 사람들이지만 그 짧은 시간에 매가 날아온다면 사람들 틈에서 난간에 자리를 잡지 못하면 기회를 놓칠 수도 있다. 그렇게 두 시간이 다 되어갈 무렵 수컷이 다시 날아와 암컷 옆에 내려앉았다가 불편한지 암컷 옆을 피해 전망대 옆 절벽 바로 아래 소나무 가지에 앉는다. 새하얀 깃털이 수컷이다. 매 두 마리가 각자의 장소에 앉아 있지만 한 눈에 들어온다. 어디서 사냥을 해서 먹이를 먹고 온 듯 수컷의 부리에는 아직 깃털 한 조각이 붙어있다. 수컷은 암컷처럼 소나무 가지에 주저앉아 버렸다. 언제 날아갈지 모른다는 뜻이고 오랫동안 기다려야 함을 안다.

암컷이 앉아 있는 고사목을 떠난 수컷 매는 바다 위를 한 바퀴 돌아 고사목보다 더 가까운 전망대 앞 소나무 가지에 내려앉는다.

언제 날아갈지 모를 두 녀석을 노려보면서 기다리는 것도 점차 지겨워진다. '어서 뭐라도 좀 하지.' 마음속으로는 녀석들이 어떻게든 움직이기를 바라지만 두 녀석 다 움직일 생각이 전혀 없다. 그렇다면 내가 자리를 옮겨가서 녀석들의 뒷배경이 다르게 나오도록 해야 한다. 솔잎 사이로 살짝 보이게 녀석을 담기도 하고 녀석의 옆모습이 더 또렷이 나오도록 전망대 난간 사이로 녀석을 담기도 한다.

곧 전망대로 돌아가야 하는데 관광객 무리가 내 난간 자리에서 비켜주지 않는다. 하는 수 없이 그들이 비켜나기를 기다리는 동안 고사목에 앉아 있던 암컷의 행동이 곧 바다로 뛰어내릴 성싶다. 지금 내 자리에서는 녀석이 뛰어내리는 순간을 담을 수 없다. 아니나 다를까, 녀석은 순식간에 절벽 아래로 뛰어내린다. 사진 한 장 담지 못하고 그렇게 2시간을 기다린 보람도 없이 암컷은 절벽 아래로 사라졌다. 오늘 다시 보긴 틀렸다는 것을 대충 짐작한다. 남은 것은 수컷뿐인데 똑같은 상황이 다시 일어난다. 사람들이 내 옆에서 '셀카'를 담는 동안 수컷도 바다로 뛰어내린다. 옆 사람에 부딪칠까 싶어 카메라도 못 들어보고 수컷마저 놓쳤지만 다행히 절벽으로 뛰어내린 녀석은 절벽 앞에서 한 바퀴 선회하며 암컷이 사라진 절벽 아래로 들어간다.

멀리 떨어져 앉아 있는 두 마리의 매가 보인다. 배가 하얗다.

마지막 인사라도 하듯 절벽 앞 가까운 곳에서 한 바퀴 선회한다. 녀석의 오묘한 날개색이 아름답다.

1시가 다 되어 간다. 오전까지만 있다가 집으로 돌아가려고 했는데 녀석들의 마지막 비행이라도 보고 가야 할 텐데……. '혹시라도' 하는 마음은 있지만 절벽에서 한 마리씩 차례로 휙 날아올라 생도를 향해 날아가는 녀석들의 뒷모습만을 보고 전망대를 떠났다. 겨울이지만 생각보다 잔잔했던 전망대 앞의 바람과는 달리 태종대 입구의 바람은 추위를 느낄 만큼 바람이 강하다. 정말 좁은 지형에서도 바람의 방향과 세기를 짐작할 수 없는 곳이 태종대이다. 매가 떠난 절벽 앞 숲속에는 새매와 말똥가리가 자리를 차지했다.

태종대는 어떤 계절에 가든지 매가 앞 바다를 유유히 날아다닌다. 자신의 영역을 지키고 이 영역에서 자신의 둥지를 만들고 알을 낳고 새끼를 키우고자 노력한다. 그러나 매 시즌 중에라도 하루 한 번 제대로 모습을 보여주지 않는 날도 있고, 어떤 날은 마치 작심이라도 한 듯 가까이에서 날고 눈도 맞추며 천천히 날기도 한다. 비시즌이라 해서 매를 아예 볼 수 없는 것이 아니라 볼 확률이 떨어질 뿐이다. 매는 태종대를 떠나지 않는다.

다만 이 영역을 지키는 매의 세대교체가 일어나고, 매일 수백 명이 찾는 환경에 익숙하지 않은 매가 비교적 번잡하지 않은 다른 절벽을 찾는다면 우리로서는 매를 볼 수 있는 시간이나 횟수가 지금보다 줄어들지 않을까 살짝 걱정도 하게 된다.

매를 이렇게 가까이서 볼 수 있는 곳은 우리나라 어디에도 없을 것이다. 시시각각 아름답게 변하는 바다와 절벽을 편히 내려다볼 수 있는 곳도 그리 많지는 않을 것이다. 아름다운 자연환경뿐 아니라 여기에 깃들어 숨 쉬고 있는 '매'를 어떻게 보존할지, 차세대 매들이 이곳을 자신의 영역으로 삼고 여기서 계속 살아가게 할 방책을 생각해 볼 필요가 있다.

태종대의 매는 접근하기 쉽고 가까이에서도 볼 수 있기 때문에 전 세계에서 몇 안 되는 곳이다. 아름다운 바다 풍경도 만끽할 수 있다.

## 남해 바위투성이인 작은 섬의 매

태종대 매는 나이가 들면 계속 포란에 실패하는데 중요한 고사목마저 부러진 후로는 전망대에서 매를 볼 수 있는 횟수도 줄어들었다. 부러진 고사목에 앉아 있다 사라지면 다시 보는 것이 점점 어려워진다.

번식에 실패하면 기존 둥지는 버리고 다른 둥지를 찾는다. 매는 전망대 아래의 절벽 둥지에서 번식에 실패하자 이를 다시 사용하지 않고 주전자섬으로 들어가 버렸다. 어쩌면 고사목에서 멀리까지 내다보던 넓은 시야를 잃어버렸기 때문인지도 모른다. 먹잇감인 새의 움직임을 더 잘 보기 위해 주전자섬의 등대를 이용하는 편이 더 나은 걸까. 태종대를 주 무대로 삼던 매잡이들은 이제 새로운 매 포인터를 개발해야 하거나 오지 않는 매를 기다리면서 전망대를 지켜야 한다.

바다 위로 나는 모습을 한번 제대로 담는 것만으로도 만족할 수 있었는데 이제 그런 기회조차 없어졌다. 하루 종일 푸른 바다를 바라보다 오는 날이 많아졌다.

다들 새로운 장소나 다른 새를 담는 것으로 전업을 해야 할 판이다. 자주 가지 못했기에 아직도 못다 담은 장면들이 많이 남았고 새로 도전해야 할 모습도 많은데 이렇게 매를 볼 수 있는 장소를 잃어 슬플 따름이다.

그래서 다들 새로운 장소를 찾기 시작했고 그중 한 곳이 남해의 작은 무인도다. 작은 낚싯배를 타고 30여분을 파도에 흔들거리다 도착하면 바닷물에 흠뻑 젖어 미끄러운 갯바위를 타고 올라가는 곳이다.

매는 여러 개의 작은 바위섬 중에 가장 깎아지른 경사 상단에 둥지를 틀었다. 이 섬을 찾은 가을도반 임영업님은 매가 산다는 것을 알고, 길도 없이 울퉁불퉁한 데다 경사도 급한 곳을 카메라 가방을 메고 올랐단다. 저기는 암벽 등반가나 올라가야 할 것 같은 곳인데 목숨에 위험을 느끼면서도 위험한 도전을 하는 이유가 ……. 매에 미치지 않고서는 할 수 없는 일을 하고 있다.

그렇게 고생을 해서 찾았지만 막상 매를 찍는 포인터는 이제껏 가본 어떤 포인터보다 쉽다. 흔들리는 배에서 내려 갯바위에 미끄러지지 않도록 조심조심 울퉁불퉁한 바위를 잡고 10미터 정도 오르면 높이가 해수면에서 약 5~6미터 정도 되는 바위에 올라서는데 여기가 끝이다. 여기서는 매 둥지가 있는 높은 바위섬을 올려다볼 수 있다. 콜럼버스의 달걀처럼 처음 찾는 법이 어렵지 이미 찾아둔 방법이 있으면 너무나 쉽다. 그러니 새로운 포인터를 개척하는 이들에게 고마워해야 한다.

나무 한 그루가 없어 햇볕을 피할 수 없는 남해의 어느 무인도, 낚싯배를 타고 들어와야 하며 풍랑이 일면 파도가 바위 위까지 올라와 생명을 위협하는 곳이다. 그래도 매를 담기 위해 간다.

바위틈에 듬성듬성 자라는 몇 포기 풀이 전부인 이곳에는 매와 바다직박구리와 여름 철새인 칼새를 제외한 새는 살 수가 없다. 그럼 매는 무엇을 먹고 살까? 현지 매는 섬에 먹이가 없다는 것을 알기 때문에 바다를 지나가는 새를 노린다. 그래서 다른 곳의 매들처럼 더운 날에도 시원한 나무그늘에 앉아 쉴 틈이 없다. 날씨가 선선한 이른 아침에 일어난 새는 사냥을 할 수 없다. 사냥은 바다를 건너는 새들이 보일 때마다 해야 한다. 불과 몇 분 전에 사냥을 끝냈더라도 다시 먹잇감인 새가 지나가면 다시 사냥을 시도한다. 새들이 보일 때 많이 사냥해 저장해 두어야만 새들이 보이지 않는 날에도 살아남을 수 있기 때문이다.

햇빛을 피할 수 있는 그늘 한 줌 없는 바위에 앉아 매를 기다린다. 바람이 세다. 하지만 파도는 높지 않다. 바람이 셀수록 먼 곳을 날아가는 새들은 바람을 타고 갈 수 있어 체력을 비축할 수 있다. 그런 만큼 매들도 사냥감이 많다. 녀석들은 바위에 앉아 새들을 기다리지 않는다. 푸른 바다 너머 더 먼 곳을 바라보아야 하기에 바위섬 위에 떠올라 먹잇감이 보일 때까지 날갯짓 한번 하지 않으면서 바람을 탄다. 2년 전 굴업도에서 바람을 타는 매를 본 후 오랜만에 다시 보는 장면이다.

암컷과 수컷 매가 날갯짓 한번 하지 않고 바람을 타고 사냥감을 찾고 있다. 사냥감을 찾으면 이들 부부는 협동하여 사냥감을 쫓을 것이다.

바람을 타던 매가 쏜살같이 시야에서 사라져간다. 사냥을 떠났다. 둥지가 있는 섬 옆으로 또 하나의 섬이 있어 시야를 가린다. 잠시 섬에서 쉬어가려던 새들은 또 다시 혼비백산하여 섬을 떠나 지친 날개를 퍼덕이며 바다 위를 날아가겠지만 수컷 매에게 한 마리는 희생될 것이다. 의기양양하게 먹이를 가지고 수컷 매가 울며, 먹이를 가져왔다는 신호를 암컷에게 보낸다. 둥지가 바로 앞인데도 녀석들은 공중급식으로 사냥감을 전달한다. 수컷이 둥지로 곧장 내려도 될 터인데 수컷의 부리에서 암컷의 발로 먹이를 전달한다. 새끼들의 덩치는 이미 상당히 클 때이므로 사냥을 전담하는 수컷이 새끼들에게 다치면 안 되기 때문일 것이다.

태종대 매를 담은 지 7년, 굴업도 매를 담은 지 3년이 흘렀고 매의 공중급식을 보고 담은 지도 10여 차례가 넘었지만 한 번도 만족할 만한 장면을 담지 못했다. 그런데 이곳 남해 섬 녀석들은 그렇게 오랫동안 공중급식에 대해 목말라있던 나를 단번에 만족시켜 주었다.

수컷의 발에서 떨어져 나온 먹이를 암컷이 받아들었다. 섬을 지나는 모든 새들이 이들 부부에게는 소중한 먹잇감이다.

남해에 서식하는 매는 굴업도 매보다 약 일주일 앞서서 이소할 것 같다는 이야기를 들었다. 캄캄한 새벽에 배를 타고 섬에 들어갔다. 낚시꾼 몇 명과 같이 섬에 내려 어둠만 가득한 바위에 자리를 잡았다. 지난번 촬영하던 바위 꼭대기도 물기에 젖어 있다. 물기가 적은 곳에 자리 잡아 날이 밝아올 때까지 침낭 속에 들어가 잠을 청했다.

간간이 들려오는 매 울음소리와 철썩거리는 파돗소리에 잠이 들었다 깨었다를 반복했다. 새벽 박명의 어스름이 푸르스름 바위섬을 비추었다. 암컷이 바위 위에 올라섰다. 날이 밝기 시작했다. 매가 날기를 누운 채 기다렸다. 하얀 파도가 포말을 일으키며 으르렁거렸다. 새벽녘 배를 타고 올 때 느꼈던 울렁거림이 아직 남아 있었다. 너울성 파도가 바위에 부딪쳤다.

매와의 거리를 조금이라도 줄이기 위해 올라 설 수 있는 가장 높은 곳에 자리 잡았다. 매를 바라보았다. 렌즈를 들고 매를 파인더 속에 넣었다. 온 신경은 매에게만 쏠려있었다. 이때 갑자기 누군가가 물 한 대야를 나에게 퍼붓듯 하늘에서 물이 쏟아졌다. 몸은 간신히 균형을 잡았지만 머리끝에서 신발 속까지 바닷물에 흠뻑 젖었다. 바위를 넘지 못할 것 같던 파도가 바위에 부딪치며 올라와 나를 덮치고는 산산이 부서졌다. 나뿐 아니라 바위 아래쪽에서 낚시 하던 사람들까지 덮쳤다.

정신이 없었다. 균형을 잃지 않아 넘어지지 않았다는 사실에 안도했고 파도에 쓸려내려가지 않았다는 사실에 감사했다. 추웠다. 구명조끼를 입은 일부분만 젖지 않았을 뿐 상의와 바지까지 다 젖었고 신발 속까지 물이 들어와 철벅거렸다. 앉으면 물에 젖은 바지가 살갗에 닿아 몸의 체온이 내려갔다. 카메라와 렌즈에 묻은 바닷물을 닦아냈다. 핸드폰에까지 물이 들어갔다. 다행히 카메라와 렌즈가 제대로 작동하고 태양이 바위섬 사이로 떠올라 따뜻한 기운을 비추고 있었다. 그 덕분에 가만히 서있는 채로 옷을 말릴 수 있었다.

벗어서 말릴 수 있는 것들은 파도가 올라오지 않는 곳에 늘어 말리고 그 외는 그냥 입고서 말리기로 했다. 이른 아침인데도 매는 잘 날지 않았다. 새끼들은 어미에게 먹이를 갖고 오라며 조르지만 어미는 느긋하기만 했다. 바람은 고요한데 파도는 요란했다. 다시 파도가 올라오지 않을까 걱정이 되어 파돗소리만 나도 뒤를 보았다.

새끼는 먹이를 가져다 달라며 어미를 위협했다. 하지만 어미는 새끼들을 피해 다닐 뿐 사냥은커녕 내내 바다만 바라보았다.

　새끼들은 어미만큼은 아니지만 바다를 누비며 날아다닐 만큼의 비행실력은 갖추었다. 녀석들은 탁 트인 바다 위를 날았다가 맞은편 섬 위로 가서 앉기를 좋아했다. 햇빛이 나기 시작했다. 낮의 온도는 점점 올라갔고 햇볕은 따가웠다. 따가운 햇볕이 오히려 고맙기까지 했다. 젖은 신발과 양말과 옷을 햇빛이 나는 바위에 올려두어 속히 마르기를 기다렸다.

　오전 배로 들어온 사람들에 따르면, 어제도 너울성 파도로 30분 만에 철수를 했다고 한다. 여기는 오기는 쉽지만 굴업도 절벽 위에서 매를 담는 것보다 더 무서운 곳이라 생각했다. 새끼들에게 먹이를 갖다 주지 않고 내내 딴청만 부리는 어미와 아비, 바다 위를 날아다니며 갈매기를 상대로 사냥연습에 열중하는 새끼들……. 육지로 돌아가는 순간까지 한 번만 가까이 다가와 공중급식을 마음속으로 주문하며 기다려 보지만 녀석들은 끝내 멋진 장면을 선사하진 않았다.

어린 매는 눈에 보이는 것이라곤 갈매기들뿐이라 이를 상대로 추적과 사냥을 연습하곤 했다.

아름다운 빛의 와인을 높이 들어 보랏빛 식탁 위 와인잔에 따를 때 "초로로옹" 떨어지는 아름다운 소리를 자연에서 들을 수 있다. 새들의 노랫소리를 향기로 나타낼 수 있다면 이 소리는 아마 으깬 포도향과 같이 달콤할 것이다.

들렸다가 서서히 사라져가는 메아리와 같이 바람소리에 온갖 잡소리는 서서히 사라져간다. 깊은 침묵 속으로 숲속이 잠긴다. 붉은 보석처럼 빛나는 목성의 빛은 숲속의 나뭇그늘 사이로 찬란한 빛이 일렁거린다.

태양은 바다 위 안개 위로 그 빛을 점점 붉게 밝히며 커진다. 그리고 서서히 바다 속으로 잠겨들어 간다. 안개는 하루 종일 먼 바다위에 머물며 신비한 모습을 감추고 있는 섬을 만들어 낸다.

굴업도는 백패킹 장소로 더 잘 알려져 있다. 주말이면 개머리 능선에는 색색의 텐트가 세워진다.

섬으로 매를 보러 가기 전날은 마치 어린 시절 소풍가기 전 날의 설렘으로 잠을 제대로 잘 수 없던 어린 시절의 나로 돌아간 것 같은 느낌으로 밤잠을 제대로 자지 못한다. 12시를 넘겨 1시를 넘겨서야 겨우 눈을 붙이지만 꿈속에서 조차 매를 보러 간다는 즐거움에 잠을 설친다.

하지만 섬으로 들어가는 날에는 여러 가지 변수가 생기는데 이러한 장애물을 넘어야만 매를 만날 수 있다. 먼저 뱃편을 구해야 하는데 섬으로 들어가는 단체 여행객들이 많은 주말엔 뱃편이 확정되면 곧 바로 인터넷 예매를 해 두어야한다. 매의 짝짓기가 시작되고 포란을 하는 기간에는 뱃편을 예약하는데 다소 여유가 있지만 혹시라도 일찍 예약을 하지 않으면 표를 구하지 못해 들어가지 못할 경우 가 생겨 정말 난감해 지는 수가 있다.

어찌어찌해서 뱃편을 구했다 하더라도 두 번째 난관이 또 기다린다. 바로 바다 날씨이다. 4월부터 시작하여 오뉴월까지, 중국의 황사와 함께 심한 일교차로 생기는 해상의 안개와 궂은 날씨로 높은 파도가 이는 날은 배가 운항하지 못하기 때문이다. 주중 내내 맑았던 하늘이 섬으로 들어갈 뱃편을 예약한 주말부터 서서히 안개로 뒤 덮이고, 강풍으로 파도가 높으면 섬으로 들어가는 뱃편은 아침부터 취소되고 때로는 하루 종일 운행 중단될 정도이기 때문이다. 이렇게 예고도 없는 경우엔 항구까지 갔다가 다시 돌아와야 하고 때로는 항구로 가는 도중에 뱃편이 취소되었다는 문자가 오는 경우도 있다.

이러한 난관을 극복해 섬으로 들어갔다 하더라도 뿌연 하늘과 수시로 발생하는 해수면의 안개는 섬을 뒤덮어 내내 안개 속에 있어야 하는 경우도 있다. 일기 예보에는 맑음이라고 나오더라도 해상의 날씨는 변덕이 심하고 일기 예보가 맞지 않는 날도 있다. 진한 해무와 함께 강한 바람은 배의 운항을 막아서 하루 이틀 늦게 섬에서 나오는 이들을 보면서 '나는 아니겠지.' 하는 생각도 들지만 나 역시 이런 해무와 바람에 갇혀 섬에서 나오지 못할 때도 있다. 결국 이러한 여러 난관을 극복해야만 매를 만날 준비가 끝난 것이다.

굴업도에는 천연기념물 323-7호인 매만 사는 것은 아니다. 천연기념물 323-8호인 황조롱이도 살고 천연기념물 323-4호인 새매도 서식하고 있다. 또 천연기념물 326호인 검은머리물떼새가 산란을 하고 새끼를 키워내는 곳이기도 하다. 하지만 사람들의 무관심 속에 알을 주워가는 사람도 있고 사람들의 접근으로 알을 포기하는 사례도 생기고 있다.

큰말이 있는 본섬과 연평산과 덕물산이 있는 서섬을 연결해 주는 연육사빈의 목기미 해변을 따라서 한 쌍의 검은머리물떼새가 신혼을 준비한다. 밀려왔다 밀려가며 하얀 포말을 만들어 내는 파도와 부드러운 모래 위에서 선명하고 붉은 부리, 검은색 등과 하얀 배를 보이며 해변에서 먹이활동을 하는 녀석들을 보노라면 새로운 세계에 들어선 듯하다.

검은머리물떼새의 모습은 까만 턱시도와 하얀 와이셔츠를 받쳐 입고 빨간 넥타이를 맨 신사의 모습을 연상시킨다. 하얀 포말을 만들어내는 바닷가에 먹이활동을 하는 녀석들을 볼 때면 신비로운 느낌을 느낀다.

### 기다려도 기다려도 매는 보이지 않고 (2015년 5월 3일)

여름 단기 방학이라는 뜻밖의 행운은 작은 섬에 여러 쌍의 매들이 서식한다고 알려진 굴업도를 방문할 기회가 생겼다. 굴업도는 백패커들에게는 성지처럼 알려져 있는 곳이다. 야외생활을 좋아하는 내게는 매를 만난다는 것 이외에도 백패커가 되어 야외생활을 하게 된다는 설렘도 있었지만 그에 따른 만만치 않은 짐이 문제가 된다. 어떻게 무게를 최소화해야 하는가의 문제가 남았다.

카메라 두 대와 500밀리미터 망원렌즈, 그리고 현장사진을 담기 위한 보조렌즈 1개 그 외 충전기와 충전선들, 백패킹 장비인 1인용 텐트와 깔개와 침낭, 5월은 날씨가 따뜻해 얇은 옷만으로 될 것 같지만 그늘진 응달에서 몇 시간씩 기다리다 보면 점점 추워져 결국 겨울옷이 필요해진다는 것을 알기에 내피를 제거한 겨울용 옷과 가을용 점퍼 등 기본 옷가지 몇 개, 그리고 간식거리와 비상식량으로 사용할 미숫가루, 인터넷에서 구입한 건조식품 15개 정도, 그리고 안전장비로 하네스(산악등반 안전벨트), 확보줄, 로프 30미터와 슬링, 어센더(암벽 등산용), 하강기(암벽 등산용), 비너 등 총 2개의 백팩이 40킬로그램 가까이 된다. 1.5리터 보리차 한 병과 물 한 병이 추가되면 더 무거워진다.

새벽에 출발해도 인천 여객 터미널에는 배 출발 시간 내에 도착할 수 있다는 것이 수도권에 산다는 장점이다. 다소 일찍 도착했지만 예상대로 안개 주의보가 내려졌다. 형형색색의 옷으로 단풍보다 더 다양한 색으로 가득 찬 대합실은 이들의 이야기 소리로 마치 경기장 속에 들어간 것 같다. 빈틈없이 많은 사람들은 안개로 걱정 가득하다.

"안개가 너무 짙어 배가 출항하지 못한다는데"

"곧 안개가 걷힐 터이니 걱정 마세요"

"안개 때문에 출항하지 못하면 어디로 갈까?"


사람들은 다양한 계획을 세우고 있다. '어쩌면 섬에 들어가지 못하지 않을까?' 하는 불안감은 출항 시간인 8시가 되자 정상운영으로 바뀌면서 안도감으로 변한다. 곧 개찰구를 향한 줄이 길어지며 사람들은 하나 둘 배를 향해 간다. 드디어 가게 되었다는 사실 하나만으로도 마음이 기쁘다. 세월호 참사 이후 배를 타는 데 신원확인 절차가 강화되어 신분증과 승선표를 일일이 제시하고서야 배를 탈 수 있다.

1시간 10여분의 시간이 지난 후 덕적도에 도착한다. 대도시를 떠나 작은 섬마을의 항구가 보이고 바닷내음이 밀려온다. 덕적도가 목적지인 사람과 굴업도가 목적지인 사람들이 다시 갈라지며 굴업도행 나래호에 탄다. 바다를 가르며 달리는 나래호는 서해를 가르며 멀리 보이는 섬들을 향해 달린다. 얕은 바다, 많은 섬들의 바다, 하지만 바다의 깊이는 보이지 않고 가까이 있을 것 같은 섬들은 가까워지지 않는다. 찬바람을 맞으며 뱃전에 부딪히는 흰 파도를 보며 섬에서 할일을 생각해 본다. 단체로 배에 탄 중년의 아주머니 아저씨들의 흥에 겨운 목소리와 초등학생으로 돌아간 듯한 행동을 구경삼아 혼자 여행하는 외로움도 잠시 잊는다.

배에서 내리자마자 기다리고 있는 자동차와 경운기, 사람들은 트럭 짐칸에 배낭을 싣고 경운기에도 짐을 싣는다. 혼자 부두를 나와 산길을 걷는다. 금방 나를 추월해 가는 차들, 앞뒤로 멘 배낭의 무게 때문에 숨이 차오른다. 숲속 길을 걸으며 바스락거리는 숲의 소리와 새들의 소리를 들으며 싱그러운 첫 출발의 힘찬 걸음을 시작한다. 하지만 무거운 배낭에 발걸음은 점점 느려지고 숨은 가슴까지 차오른다. 마을까지 산길과 오르막길, 그리고 내리막길을 15분 정도 내려가니 차로 이동한 사람들은 어느새 짐을 풀고 있다.

선착장에는 자동차와 경운기가 손님을 기다리고 배에서 내린 사람들은 긴 줄을 만들며 섬 입성을 기뻐한다.

백패킹 장소 이면서도 내가 가고자 하는 개머리 능선의 매바위까지는 아직도 먼 길이 남았다. 마을을 벗어나 모래사장을 지나 능선을 향하는 초입부터 오르막이 시작되고 앞뒤로 나눠 멘 가방의 무게가 어깨를 짓눌러오고 숨은 가파르게 차온다. 같이 도착한 사람들은 마을에서 점심을 먹고 올라오려는 듯 내 앞뒤로는 아무도 없다. 산길을 따라 조금 오르다가 가방을 내려놓고 풀밭에 누워 숨을 고른다. 그나마 안개가 끼어 날씨가 덥지 않은 것이 천만다행이다.

가방 한 개는 두고 한참을 올라가서 다른 가방을 내려놓고 다시 가방을 가지고 오는 것이 더 쉬울 것 같아 숲을 벗어나 언덕 위에 올라설 때까진 왕복으로 가방을 옮기며 쉬었다가 다시 출발하기를 무려 일곱 번이나 반복을 한다. 내리막에서는 두개의 가방을 매고 오르막에서는 왕복하는 과정을 거쳐 1시간 20분이나 걸려 개머리 능선에 도착한다. 가능하면 촬영장소와 텐트는 최대한 가까운 거리에 두고 싶어 절벽으로 최대한 붙기로 하고 능선으로 내려선다.

능선을 올라오면서 햇볕이 쨍쨍 내리쬐는 날씨가 아닌 것을 얼마나 감사했는지 모른다. 이따금 지나가는 해무는 땀을 식혀 주어 고마웠지만 절벽 끝으로 갈 즈음엔 오히려 자욱하게 앞을 가리는 해무가 밉기만 하다. 절벽 끝에 다다를 무렵 해무로 어렴풋이 보이는 바로 앞 절벽위에 커다란 새 한마리가 앉아 있다. 카메라는 배낭 속에 있어 잠시 망설이며 가방을 내려놓는 사이 새는 나의 눈치를 보더니 슬금슬금 날아가 버린다.

매바위를 내려다보며 텐트를 설치한다. 텐트 주위 곳곳에는 하얀 휴지조각들이 날아다닌다. 능선 위쪽에 텐트를 친 사람들이 이쪽에서 볼일을 해결한 모양이다. 사실 깨끗하지 않다는 것을 알면서도 텐트 문을 열면 바로 앞으로 매바위를 내려다 볼 수 있어 다른 곳은 생각지도 하지 않고 1인용 텐트를 설치한다.

그러나 오후 내내 짙은 해무가 지나간다. 가끔씩 살짝 보여주는 매바위 근처에는 새 한 마리 보이지 않는다. 분명 매바위는 맞는데 매가 보이지 않아 마음이 조급해지기 시작한다. 내내 매를 기다렸지만 매는 보이지 않고 이상하게 생긴 비둘기 한 마리만 보인다. 처음엔 비둘기라 생각하고 무시했지만 발가락에 가락지를 두 개나 차고 있다. '신기한 녀석이네' 라고 생각하며 사진을 찍어 둔다. 녀석은 처음엔 거리를 두더니 어느 순간엔 나에게서 그리 멀지 않은 곳까지 다가온다. '비둘기의 습성을 버리지 않았구나!' 하는 생각이 든다.

시간은 흘러가 빛은 점점 세력을 잃어 약해져간다. 날은 어두워지지 않았지만 매가 나타나도 셔터 속도가 확보되지 않을 시간이다. 물을 끓여 가져온 건조식품에 넣어 저녁식사를 한다. 설거지할 것도 없이 가장 깨끗하게 처리할 수 있어 좋다. 점심때 먹은 것보다 맛이 없지만 하루 식사용으로는 괜찮은 것 같다. 텐트 위치는 평평하지 않은 곳에 자리를 잡았지만 크게 불편하지는 않다.

비둘기를 닮았지만 왠지 귀티가 나는 모습이고 매가 산다는 바닷가 절벽에 홀로 다니고 있어 새로운 종을 발견했나 싶었다.

발목에 식별띠를 두개나 달고 있다. 나중에 호주에서 길을 잃고 온 레이싱 비둘기인 줄 알고는 실망이 컸다.

좁은 텐트지만 바람을 막아주고 파도 소리와 함께 윙윙 거리며 바람이 지나가는 소리를 들을 수 있어 기분이 좋다. 마음이 편안해지고 행복하다. '그래 이게 내가 원하는 삶이야.' 라는 생각이 든다. 하루의 피곤함에 7시도 되지 않아 잠이 든다.

자다가 문득 일어나 보니 새벽 1시도 되지 않았다. 더 이상 잠도 오지 않는다. 밖엔 여전히 바람이 지나가고 파도가 바위에 부딪히는 소리가 요란하다. 랜턴을 켜고 일기를 쓰고 인터넷이 연결되는지 확인하니 인터넷이 된다. 오늘 본, 아니 어제 본 비둘기를 검색하기 시작한다. 지구상에 약 300종의 비둘기가 있다고 한다. 어마어마한 종류이다. 다른 종끼리 교배를 통하여 짧은 세대 안에 또 다른 종을 쉽게 만들 수 있는 종이라 그 종류가 많아졌단다. 어제 본 비둘기와 같은 모습의 비둘기가 있는지 이미지를 찾기 시작한다.

레이싱 비둘기, 낮에 본 비둘기는 호주에서 온 레이싱 비둘기라는 사실을 알아낸다. 후에 민박집 서인수님께 들은 이야기로는 이렇게 가끔 길 잃은 레이싱 비둘기가 섬에서 발견되어 호주의 주인에게 연락을 취하면 자기가 알아서 돌아올 테니 그냥 두어도 된다는 대답을 듣는다고 한다. 예전에 TV에서 영국의 비둘기 레이싱에 대한 다큐멘터리를 본 기억이 난다. 영국에서는 수십 마리의 비둘기를 키위 그 비둘기들이 집으로 돌아오는 시간과 확률로 대회를 한다는 것을 본 적이 있다. 아직도 영연방국가의 일원인 호주에서도 그 전통이 그대로 살아 있나 보다.

한참 떨어진 능선 위엔 아마도 많은 텐트가 세워졌을 거란 점은 알고 있지만 지금 내 주변엔 오직 나의 텐트 한 동뿐이다. 아무런 인간의 소리도 들리지 않고 오직 윙윙 거리는 바람 소리와 철썩 거리는 파도소리만이 들린다.


## 2015년 5월 4일 월요일

새벽 세시에 다시 잠들었다가 5시 30분에 일어나 텐트 문을 열고 밖을 내다본다. 새벽 달이 바다 위에서 환하게 빛난다. 굳이 밖으로 나가지 않고 문만 열었는데 달빛을 받은 푸른 바다와 황금빛으로 빛나는 둥근 달이 내 텐트 안으로 성큼 걸어 들어온다. 열어둔 텐트 문으로 새벽의 찬 기운이 들어오며 내 얼굴에 부딪혀 정신이 번쩍 들게 한다. 포근한 텐트안과는 달리 밖은 기온이 차다. 가져온 얇은 옷들을 전부 입고 겨울용 겉옷까지 입고서야, 나가서 견딜만하다. 보송보송한 텐트안과 달리 텐트는 젖어 있다.

어제 저녁과 마찬가지로 물을 끓이고 건조식으로 아침식사를 마친다. 언제든 매가 나타나면 담을 준비를 하고 또 다시 매가 오기를 기다린다. 내 텐트에서 50미터 위로도 두어 동의 텐트가 밤새 쳐졌다. 절벽 끝 쪽에 있는 내 텐트 근처까지 두 사람이 와서 산책을 즐긴다. 어제와 달리 해무도 없고 무척이나 날씨가 좋을 것 같다.

아침나절 나를 반겨주는 것은 바다직박구리 수컷이 절벽 끝 바위에 앉아 아침 첫 모델이 되어준다. 그나마 좋은 소식은 바다직박구리가 있는 곳엔 매도 있다는 사실이다. 두 녀석은 비슷한 환경에서 생활한다. 매가 있는 곳엔 언제나 바다직박구리도 이웃으로 살아간다.

사진을 담기 좋은 날씨지만 매는 세 시간째 얼굴도 보이지 않는다. 저 멀리 연평산으로 이어지는 절벽까지 총 네 개의 해안 절벽이 보인다. 세 번째 보이는 해안 절벽 앞에는 매바위처럼 매가 앉아 있기 좋아할 모양으로 바위가 쌓여있다. 그 작은 바위 사이에 어제 저녁에도 새 한 마리가 앉아 있는 것을 보았는데 오늘도 그곳에 새가 한 마리 앉아 있다. 분명 새끼가 나와서 매가 자주 날아 다녀야 하는 시기인데도 매가 보이지 않는다는 것은 자리를 잘못 잡았던가, 매가 없다든가 하는 이유가 있을 것이다.

이른 아침 바다직박구리 수컷이 바다를 배경으로 앉아 있다. 매와 비슷한 환경에서 사는 바다직박구리를 통해서 이곳에 매가 살고 있다는 것을 짐작할 수 있다.

　어차피 먹을 물도 부족해서 마을에 갔다 와야 하기에 점심과 로프와 옷을 넣은 가방 한 개를 매고 능선으로 오른다. 능선 위에는 알록달록한 텐트들이 아름답게 펼쳐져 있다. 마치 캠핑으로 유명한 나라에 온 듯한 느낌을 받는다. 날씨는 맑고 먼 바다 위로는 각각의 모습도 예쁘고 서로 조화를 이루는 모습도 예쁜 섬들이 바다 위에 점점이 떠 있다.

　오르막 내리막길을 걸어 통신탑 아래 절벽으로 향한다. 예전엔 밭으로 사용되었던 땅은 이젠 주인이 돌보지 않아 잡초들이 우거져 있다. 그래도 사람들이 살았던 흔적과 농사를 지었던 흔적은 남아 있다. 죽은 나무와 살아 있는 나무를 쉽게 구분할 수 없는 이팝나무 외엔 달리 로프를 걸만한 곳이 없다. 일일이 나무가 튼튼한지 확인한 후 로프를 걸고 바다가 환히 보이는 절벽 앞에 선다.

　기다리고 기다려도 매는 오지 않는다. 매가 있을만한 장소는 맞는데 매가 보이지 않는다. '매를 보지 못하고 돌아가는 것 아닐까?' 하는 걱정이 시작된다. 배를 타고 오면서 토끼섬에 들어갈 수 있는 물때 시간표를 미리 보아 두었었다. 어제는 11시 17분이 물이 가장 많이 빠진 시간 이었고 이 후로 하루가 지날수록 약 32분씩 늦어졌기에 그 시각에 맞추어 마지막 희망을 가지고 토끼섬에 가볼까 하는 생각을 하며 짐을 정리하려는 순간, 매 한 마리가 바다에서 절벽으로 날아와 나를 한 번 휙 쳐다보고서는 지나가 버린다. 카메라는 내게서 한참 떨어진 곳에 있고 너무나 순간적으로 일어난 일이라 '어,어' 하는 순간 매는 사라져 버린다.

짐을 챙겨 서둘러 토끼섬으로 향한다. 마을로 내려가기 전 능선에서 바라 본 토끼섬은 이미 사람들이 들고나고 있다. 서둘러 토끼섬 앞까지 내려가 가방은 섬 앞 바위에 두고 카메라만 든 채로 물 빠진 토끼섬을 돌아보지만 반밖에 돌아보지 못한다. 섬 반대편을 먼저 확인해야 하는 것을 처음부터 방향을 잘못 잡았나 보다. 썰물이 들어 올 때가 얼마 남지 않아 이제 어찌해야 하나를 생각하며 바위에 앉아 있다가 바위에 붙은 작은 굴을 보고 칼로 굴을 따먹기 시작한다. 5~6월의 굴은 독성이 있어 먹지 않는 것이 좋다는데, 조금 먹다 보니 맛있어서 아예 자리를 잡고 굴만 따먹기 시작한다. 이왕 찾지 못한 매, 대신 굴이라도 실컷 먹어 보자라는 마음으로 한참 동안 굴 따먹는다.

허기를 면하자 다시 매를 찾으러 가야겠다는 생각이 들어 가방을 찾으러 가는 순간 매가 토끼섬에서 나와 하늘로 떠오른다. 섬에 들어와서 처음으로 매를 본다. 그러나 하늘 높이 떠있어 사진으로 담아도 거의 소용없다는 것을 알면서도 처음이라는 상징성으로 몇 컷 담는다. 그리고 개머리 능선의 텐트를 철수하여 토끼섬에서 남은 시간을 보내기로 마음먹는다.

물도 구해야 하고 마을에 내려온 김에 점심도 먹고 가야 하기에 해변 가까운 식당을 두고 마을 안에 들어가서 식사를 한다. 그리고 물 두개를 사서 다시 통신탑 아래 절벽으로 향한다. 세 시간을 더 기다려도 이곳의 매는 보이지 않는다. 다시 개머리 능선으로 돌아가야 한다. 그런데 물 세 개의 무게가 너무나 무겁다.

매바위에서 해가 질 때까지 기다리지만 매는 오늘도 보이지 않는다. 그나마 아침나절 레이싱 비둘기가 아주 가까이 와주었을 때 선명하게 몇 장 담은 것이 위안이 될 뿐이다. 텐트 앞 서쪽으로 지는 해를 바라보는 것만으로도 너무나 아름다운 풍경이지만 마음은 허전하기만 하다. 섬에 들어온 지 이틀 만에 먼발치에서만 매를 보았기 때문일 것이다. 어둠이 내리는 8시 30분경 잠이 든다.

예전에 사둔 에어매트리스의 성능이 참 좋다. 바닥에서 올라오는 차가운 기운을 전혀 느낄 수 없다. 새벽 2시 반에 일어나 텐트 문을 열자 달과 토성이 밝게 빛난다.

아래로는 절벽에 부딪히는 파도소리가 들려오고, 텐트 문을 열면 지는 해를 하나 가득 담을 수 있는 1인용 텐트에서 또 하루를 마친다.

## 2015년 5월 5일 화요일

오늘은 썰물이 최대로 많이 빠지는 시간이 12시 15분경이다. 그 시간에 맞추어 토끼섬에 들어가기 위해 서둘러 텐트를 철수하고 짐을 전부 챙겨두고 혹시나 하는 마음으로 매를 기다려보지만 보이지 않는다. 레이싱 비둘기는 오늘도 절벽 사이를 날아다닌다. 이곳에 매가 있다면 이 녀석이 이렇게 돌아다닐 수 없을 텐데 이제는 이 녀석 때문에 이곳엔 매가 없다는 것을 거의 확신하게 된다.

휴일이기 때문인지 많은 텐트들이 능선 위로 화려하게 펼쳐져있다. 이른 시간이라 사람들은 아직 텐트 속에 머물고 있어 조용하다. 우리나라에서 이런 광경을 볼 수 있으리라곤 생각도 못했던 일을 보게 되었다는 사실과 나도 그 속에서 일원이 되어 하루를 머물렀다는 사실에 매를 보진 못했지만 기쁜 마음이 든다. 혹시나 내가 놓친 것이 있을까하는 마음으로 개머리 능선의 다른 절벽을 한 바퀴 돌아본다. 능선에 올라 돌아오는 길에 서서 완만한 능선 위의 초록색 풀밭을 바라보면서 참 아름다운 곳이란 생각을 다시 한 번 하게 된다.

개머리 능선에서 바라보는 안개 속에 살짝 모습을 드러내는 섬들은 한 폭의 수묵화를 보는 느낌이다.

아침 안개가 살짝 긴 바다 위의 섬들은 한 폭의 수묵화를 연상케 한다. 아무런 소득도 없이 이틀이 지나갔다. 오늘은 어제보다 더 나은 날이 되기를 희망하면서 마을로 내려서고 어제 점심 먹었던 집으로 다시 들어가 아침을 주문한다. 한 낮의 어제와는 달리 오늘은 손님들이 많지 않다. 마침 식사를 하던 서인수님은 나의 커다란 카메라를 보면서 새를 찍으러 왔다는 것을 금방 알아본다. 그리고 상세지도를 꺼내 예전 매의 둥지 위치를 가르쳐 준다. 그리고 매바위는 아니란다. 절벽 하나 더 안쪽이라고 한다. 아마도 이틀 내내 내가 바라보던 그 건너편 절벽이라는 것을 알게 된다.

3박 4일의 일정대로라면 내일은 섬에서 나가야한다. 혹시나 하루 연기한 사람이 있었는지 물어보지만 잘 모르는 듯하여 예약한 뱃편의 회사에 전화를 걸어 보지만, "덕적도에서 나오는 뱃편 자리는 많이 남아 있어요."라는 답변만 듣는다. 평일엔 예약이 가득 차지 않을 것이란 생각에 알았다고 하며 마음은 이미 하루를 더 있다가 가기로 결심한다. 3박 4일의 일정이 4박 5일의 일정으로 변한다.

텐트와 침낭 등 야영을 위한 가방은 민박집에 맡기고 꼭 필요한 것만 챙겨 다시 개머리 능선으로 향한다. 매바위 절벽 샛길은 이미 내려 가 보았지만 다시 확인차 내려갔다가 올라온다. 절벽 아래까지 숨 가쁘게 내려갔지만 길이 없다. 다시 올라와 나무가 없는 풀숲을 따라 절벽 옆을 살살 기어서 눈에 보이던 절벽을 향해 간다. 사슴들이 다니면서 만들어 놓은 길이 있어 그 길을 따라 가지만 사슴처럼 네발로 기어서 가고 있다. 경사가 상당히 가파르다. 배낭엔 렌즈까지 들어 있어 중심을 잡기도 힘들다. 아래로 내려다보이는 아득한 절벽을 보면서 '꼭 이 길로 가야하나'를 생각한다. 돌아 나올 때는 조금 더 안전한 관목 속으로 돌아오지만 낮은 나뭇가지에 옷이 걸려 힘들기는 매한가지이다.

트래킹 길로 돌아 나와 다시 다음 계곡으로 들어가 절벽으로 접근해 본다. 길도 없는 계곡을 따라 내려가지만 멀리서 보던 절벽은 볼 수도 없을 정도로 방향이 맞지 않고 중간쯤에서 만난 절벽은 더 이상 전진할 수도 없게 한다. 마음속에선 '이렇게 절벽을 헤매다가 오늘 하루를 다 보내는 것은 아닐까' 하는 생각에 가슴 졸인다.

'찾는데 어렵지 않다 했는데' 하며 다시 매바위 절벽의 계곡으로 돌아가 이번엔 관목 숲으로 들어가 절벽으로 접근해 본다. 사람이 다닌 길인지 사슴이 다닌 길인지 흐릿한 길이 나왔다. 조금 전에 갔던 절벽이지만 이번에는 전보다 더 가까이 접근할 수도 있고 매바위에서 멀리 보이던 절벽이 눈앞에 펼쳐진다.

'드디어 찾았다. 이젠 매만 오면 되는데' 하며 그동안 긴장한 마음이 풀어진다. 온몸에 흐르던 땀을 말리며 서 있을만한 장소를 찾아본다. 폭이 50~60센티미터 정도 되는 바위 절벽을 뒤로 하고 앞 절벽을 바라다 볼 수 있는 곳을 찾았다. 뒤 암벽에 붙어서 일어설 수는 있지만 아래로는 층층이 절벽이다. 개머리 능선에 온 후 2시간 동안 근처를 헤매고 다니며 경사 급한 계곡을 오르내리느라 힘은 이미 바닥이 났다.

매가 보이지 않는 절벽 앞에 서서 이제 제대로 찾았다는 마음의 위안을 느끼며 로프를 바위에 걸고 몸을 고정하고 나서야 안심이 된다. 절벽 맨 끝단, 배를 하얗게 드러낸 매가 드디어 눈에 들어온다. 녀석은 내가 나타난 순간부터 나를 지켜본 듯하다. 섬에 들어온 지 삼 일째 드디어 비교적 가까운 곳에서 매를 만났다. 하지만 거리는 태종대 전망대 건너편 물개 바위 위의 절벽에 앉아 있는 매를 보는 것이랑 같은 거리이다. 이제 태종대 마냥 매가 가까이 날아주기만을 기다려야 한다.

마주보는 정면의 절벽에서는 매 둥지로 보이는 장소가 보이지 않는다. 마주한 절벽의 옆쪽, 바다를 향한 절벽 쪽에서 희미하게 먹이를 재촉하는 새끼들의 소리가 들린다. 건너편 절벽에 앉은 매조차 아주 작게 보이는데 매바위에서 보았을 땐 이틀 동안 매를 볼 수 없었던 것은 너무나 당연한 일인 것이었다.

한참 동안 바위에 앉아 있던 녀석이 바다로 뛰어 내린다. 그리고 바다 위에서 사냥을 시도한다. 거리가 너무 멀다. 사진으로 담아도 아무런 소용이 없는 것 들뿐이다. 그리고 나를 알아챈 암컷이 나를 향해 날아온다. 까마득히 멀리 보이지도 않는 곳에 둥지가 있는데도 불구하고 나를 둥지 근처로 온 침입자로 여겨 내 주변 하늘을 맴돌며 캑캑거린다. 절벽을 뒤로 하고 서있는 나는 내 앞의 공간으로 올 때만 볼 수 있을 뿐이다. 비록 반쪽 공간 밖에 볼 수 없지만 뒤에 있는 암벽이 고맙기까지 하다. 태종대에선 이렇게 사람을 경계하는 모습을 본 적이 없다. 수많은 사람들이 지나다녀도, 전망대 아래에 둥지를 틀어, 사람들이 전망대에서 모여 있어도 전망대를 쳐다보면서 그냥 쓱 지나갈 뿐이었기 때문이다.

절벽을 뒤로하고 서 있는 나를 발견한 암컷 매는 자신의 영역에 들어왔다는 경고의 비행을 시작한다.

절벽 아래로 지나가며 자신의 영역에 들어온 이방인이 어떤 녀석인지 확인하며 지나간다.

나를 쳐다보면서 날개를 퍼덕이며 발톱을 내리는 녀석은 언제든 나를 공격하려는 자세로 위협한다. 가까이 다가 왔을 때는 멀리서 보던 모습보다, 녀석의 크기가 훨씬 더 크게 느껴져 위협감을 느끼게 된다. 날개를 활짝 편 녀석은 거의 1미터를 넘을 것 같았다. 렌즈가 무거워 팔을 내려야 할 정도로 한참동안 내 주변을 돌면서 '꽈악 꽈악' 거리던 녀석은 절벽을 돌아 나간다.

무시무시한 발톱과 날개를 펴면 1미터가 넘는 큰 녀석이 나를 향해 달려들 때면 생명의 위협을 느낄 정도로 무섭다. 태종대에서 이런 위협적인 장면을 한 번도 당해본 적이 없기에 녀석의 위협이 단순히 위협으로만 느껴지지 않는다.

파란하늘과 초록의 숲 위를 날아다니는 녀석은 무척이나 강인한 모습을 보여준다.

그리고 바다 위에서 새를 추적하며 급격한 방향전환을 한다. 몇 번을 시도하는 동안 사냥엔 성공하지 못한다. 잊을 만 할 때쯤이면 보이지 않던 곳에 있던 암컷이 나타나 머리 위에서 다시 '꽈악, 꽈악' 거리다가 사라진다. 바다를 향한 절벽면에 둥지가 있고 이미 새끼들이 나와 어미에게 먹이를 가져다 달라고 보채고 있다는 것을 확신하게 된다.

바다를 배경으로 절벽 가까운 곳까지 날아와 태종대 마냥 매의 등짝과 바다 위로 빛망울이 생기는 모습을 보여주지만, 단 한 번의 기회를 줄 뿐이다.

드디어 가까이에서 담을 수 있었다는 것만 해도 성공이라는 생각이 든다. 태종대에서도 단 한 순간을 위해서 하루 종일 기다리는데 이렇게 두 번이라도 가까이 다가와 준 것만으로 만족한다. 민박에서의 저녁시간에 맞추기 위해 6시경에 산을 내려온다. 서 진이장님과 같이 저녁을 하며 이런저런 이야기를 많이 했다. 한국의 갈라파고스, 한국 백패킹의 메카라고 이름 붙여진 곳이라 많은 유명 인사들이 찾아오고 그들과 많은 이야기를 나눠서 다양한 분야에 해박한 지식을 가지고 이야기를 한다. 몇 년 만에 먹어본 막걸리 서너 잔과 모처럼 취미에 관련에 이야기를 하다 보니 시간이 금방 흘러간다. 어느덧 시간은 11시가 넘어가 해변에 위치한 넓은 방에서 씻고 하루를 마감한다. 잠은 편안하지만 운치 넘치는 텐트에서의 밤이 그리워진다.

## 매 울음소리 요란하다 (2015년 5월 6일 수요일)

　새벽시간 5시 30분에 일어나 서둘러 아침을 먹고 6시에는 벌써 개머리 능선을 향하고 있다. 며칠 동안 개머리 능선을 몇 번이나 왔다 갔다 했고 빨리 가는 방법도 달리 없으니 묵묵히 걸어서 어제 찾은 절벽을 향한다. 배낭을 두개나 메고 걷던 것에 비하면 발걸음이 훨씬 편하다. 어제와 같은 자리에 앉아 로프로 몸을 고정하고 기다린 지 얼마 되지 않아 절벽 아래를 맴돌아 바위에 사뿐히 내려앉는 매를 만난다.

　비록 푸른 바다 빛을 배경으로 담지는 못했지만 태종대마냥 등짝을 담았다는 사실에 오늘도 기쁜 마음으로 하루를 시작하게 된다. 사실 이렇게 이른 시간부터 매를 만나게 되면 그날 하루에 해야 할 일을 아침나절에 다 한 것처럼 느껴져 마음이 한결 평화로워진다. 그리고 오래지 않아 새를 잡아와 절벽 아래쪽에 내려앉는다. 암컷은 보이지 않는 절벽너머에서 공중급식으로 먹이를 받아와 이쪽 절벽에서 먹이를 다듬을 모양이다. 그런데 거리가 한참이나 멀다. 조금 더 위쪽 절벽에 앉아 주면 좋으련만 …… 아쉽게도 오랫동안 앉아 있지도 않고 곧 먹이를 들고 절벽 저편으로 사라져 간다.

이른 아침부터 새를 사냥해 왔다. 아직 핏기가 보이지 않은 것으로 보아 막 잡아와서 머리도 자르지 않고 왔다.

어제 저녁 민박 들어가기 전, 토끼섬 앞에서 만난 사람들은 이야기했다.


"개머리 능선을 지나고 있는데 머리 위에서 매가 날아다니고 있더라고요."

"아주 가까운 곳에 머리 위에서 한참동안 날아다녀서 무슨 새인가 했는데 매인가 보네요."

"그, 한자리에서 계속 날갯짓 하면서 있던데."


사실 태종대에서는 호버링하는 매를 보지 못했다. 평소보다 천천히 속도를 줄여서 날아가는 매는 보았지만, 매가 호버링을 할까? 그래서 혹시나 매가 아니라 황조롱이를 보고 그렇게 말하는 것이 아닐까도 생각해 보았다. 나중에 알았지만, 황조롱이도 개머리 능선을 사냥터로 하여 먹이 사냥을 하고 있고, 매 역시 사람들 머리 위에서 바람을 타고 유유히 사냥감을 찾는 것으로 보아 두 마리 중 어느 녀석을 보았고 이 녀석을 매라고 생각했던 것 같다.

먹이를 들고 갔으니 한동안 이곳에선 매가 보이지 않을 것이란 생각을 하며 혹시나 하는 마음으로 능선 위로 올라가보기로 한다. 능선위에 올라서자 섬 남쪽 사면의 절벽 위 하늘 높은 곳에서 두 마리의 매가 선회하고 있는 것이 보인다. 녀석들을 따라 점점 남쪽 절벽으로 향하게 되고 이따금씩 남쪽 절벽 앞으로 내려오는 모습이 보인다.

이곳엔 매 한 쌍만이 있을 것이란 생각을 하고 있었는데 이 상황으로 볼 때 '이곳엔 북쪽과 남쪽 절벽에 각각 한 쌍씩 둥지를 틀었다는 것인가?' 하는 의문이 일기 시작한다. 서로 다른 절벽이긴 하지만, 이렇게 가까운 거리를 두고 두 쌍이 둥지를 틀었다는 사실에 놀라움을 금치 못한다. 녀석들이 움직이는 패턴을 알지 못하기에 절벽이 시작되는 능선 끝의 바위 위에 앉아 녀석들을 관찰한다.

수컷으로 보이는 녀석은 하늘 더 높은 곳에서 선회를 하고 있고, 암컷은 이따금 내가 앉아 있는 정면 멀리에 까지 내려오는 것을 알게 되어, 녀석을 목표로 하여 가까이 날아 올 때를 기다린다. 아주 먼 거리에서 먹잇감을 포착했다. 매가 사냥을 시작했다. 뒤에서 공격하는 것이 아니라 정면에서 먹잇감을 향해 날아간다. 그러나 홀로 날아오던 새 역시 만만한 비행실력이 아니다. 갑자기 아래로 떨어지며 방향전환을 몇 차례 하자 매와의 거리가 더 멀어진다. 마치 비행 훈련을 본 듯 화려한 비행 기술에 감탄만 한다. 생명이 달린 절체절명의 순간이었기에 더 화려한 비행 기술을 보여주지 않았을까? 그렇게 유유히 매의 사정권에서 벗어나 사라져 간다. 빠르기와 함께 유연한 비행능력도 새들의 삶에는 꼭 필요한 요소인가 보다.

다시 능선 위에서 선회 비행을 시작한다. 태종대에서 이렇게 오랫동안 하늘에서 선회하는 장면을 본 적이 없다. 두 마리는 1시간여 동안 바다와 절벽 그리고 능선의 하늘 위에서 계속 선회를 하고 있다. 분명 사냥감을 찾고 있다. 간혹 날개를 접고 빠른 속도로 하강하기도 하고 두 녀석이 협동하여 한 녀석은 사냥감을 몰고 다른 녀석이 공격하기도 하지만 사냥의 대상이 무엇인지는 거의 보이지 않고 쉽게 사냥에 성공하지도 않는다.

하늘에 높이 날며 사냥감을 찾고 있다. 암컷도 함께 협동하여 사냥감을 찾는 것으로 보아 새끼들은 스스로 체온을 조절할 수 있게 되었나 보다.

태종대보다 훨씬 높은 절벽 아래로 바다가 보인다. 절벽의 경사가 급하긴 하지만 전혀 서있지 못할 상황은 아니다. 하지만 매를 내려다보는 상황이 되는 것도 아니고 나의 눈높이로 날긴 하지만 거리가 멀기만 하고 하늘에서 나는 모습 역시 거리가 멀어 어떻게 자리를 잡아야 할지 방법이 전혀 없다. 그렇게 한 시간여를 맴돌던 녀석들 중 수컷은 방향을 틀어 저 멀리 절벽 너머로 사냥을 떠나고 잠시 모습을 놓쳤던 암컷은 절벽 끝 낮은 나뭇가지에 내려앉는다.

능선의 끝이기도 하고 절벽의 시작이라고도 할 수 있는 나무에 앉아 있는 암컷 매. 작은 나무이지만 매들의 휴식처이고 사냥을 위한 관찰지이기도 하다.

　나무가 서 있는 주변으로는 다른 나무 하나 없이 외로이 서있는 작은 나무이다. 한쪽 면에서 보면 절벽의 끝단에 서 있고 다른 쪽에서 보면 경사도가 완만한 구릉의 끝에 서 있다. 나무숲사이를 통하면 어느 정도까지 접근이 가능한 곳이기도 하다. 돌무더기를 지나고 급경사의 경사면을 따라 가장 짧은 거리를 택하여 낮은 관목 숲으로 들어간다. 이곳 섬의 모든 숲에는 사슴들이 다니며 만든 길들이 얼기설기 엮여있기 때문에 그 길을 이용하면 덩굴로 가득 찬 빽빽한 숲을 지나는 것보다는 쉽게 이동할 수 있다. 문제는 숲을 빠져나갔을 때 어떻게 매에게 들키지 않느냐 하는 것이다.

　나무 사이로 언뜻언뜻 바다가 보이기 시작하며 더욱 조심스러워진다. 작은 소리도 나지 않게 걷지만, 사방에 널려 죽어 말라비틀어진 나뭇가지가 부러지는 소리, 작은 돌을 밟을 때마다 나는 바스락거리는 소리까지 숨길 순 없다.

　몸을 최대한 낮추고 나무숲에서 몸을 살짝 드러내는 순간 녀석이 고개를 돌려 나를 쳐다본다. 그러고는 '꽈악 꽈악' 소리 지르며 날아오른다. 암컷과 수컷의 소리는 다르다. 암컷의 소리는 '꽈악 꽈악' 거리는 소리에 가깝고 수컷은 '캐엑 캐엑' 거리는 소리에 가깝게 들린다. 녀석은 내 머리 위를 맴돌며 계속 소리를 지른다. 짐작으로 녀석의 둥지가 멀지 않은 곳에 있다는 것을 느낀다. 숲으로 들어가 녀석이 안정되기를 기다릴 겸 녀석의 움직임을 살펴보기로 한다.

나를 발견한 녀석은 내 머리 위를 맴돌며 경고음을 내며 소리 지른다.

나를 경계하던 암컷 내가 있던 곳으로 나는 매가 있던 곳으로 서로 자리를 바꾸었다.

이제는 녀석과 나의 위치가 바뀌었다. 녀석은 내가 있던 곳으로 나는 녀석이 있던 곳으로 ……. 다시 급경사의 산을 오르기는 싫다. 여기까지 내려오기 위해 언덕을 오르고 다시 급한 능선을 타고 내려왔는데 다시 그 능선을 오른다는 것은 너무 힘들기 때문이다. 마침 썰물시간이라 물이 빠졌다. 매 둥지 예상 지역은 절벽이지만 물이 빠진 지금은 멀리 돌아서 절벽 아래 해안가로 접근 할 수 있다. 물 빠진 바위 위를 지나 절벽을 올려다보며 녀석의 둥지가 있을 만한 곳을 찾아보지만, 파도소리만 들려올 뿐이다. 그리고 분명 나를 지켜보고 있을 녀석의 움직임도 전혀 없다. 둥지가 근처에 있다면 소리 지르며 나를 경계할 텐데 아무런 움직임도 보이지 않는다. '그럼 여기엔 둥지가 없고 마주 보는 절벽 어디에 있다는 것인가?' 하는 생각이 들며 굳이 바닷물이 고여 작은 웅덩이를 만들어 길을 막고 있는 미끄러운 바위 곁을 지날 필요가 없다 생각하고 다시 절벽으로 돌아온다.

따가운 햇볕과 해를 정면으로 마주보는 불편한 자리를 피하기 위해 이른 점심을 먹고 다시 산 위로 올라간다. 암컷은 바위 위에 앉아 나를 지켜보다가 더욱 먼 바위 정상에 내려앉는다. 그리고 가끔씩 서쪽 절벽을 돌아 나오는 수컷을 지켜본다. 건너 편 경사진 언덕 어느 곳에 자리를 잡아야 할 것 같지만, 새가 날아다니는 전체 경로를 선택하기엔 너무 넓고 바다를 배경으로 매를 담기엔 너무 높다.

푸른 숲을 머리에 인 절벽 맞은편에 앉으면 숲을 배경으로 날아가는 매를 담을 수 있지만 좀처럼 가까이 다가오지 않는다.

멀리 숲사이의 바위에 앉아 있을 때조차 절벽 너머의 매를 바라보아야만 한다.

경사가 급한 바위투성이 산 경사면 바위 그늘아래에서 녀석들의 움직임을 살펴보면서 길목에 자리 잡아야겠다는 생각을 한다. 나무숲을 안전망으로 생각하며 최대한 많이 내려갈 수 있는 곳을 찾아 절벽을 향해 내려간다. 경사가 급하긴하지만 나무들이 손잡을 것을 마련해주고 사슴들이 길을 만들어 준 곳이라 아주어렵진 않지만, 나중에 이 경사진 산을 헉헉 거리며 올라갈 것을 생각하면 가슴이아득해진다.

작은 숲이 끝나고 더 이상 안전을 책임질 나무들이 없어 바위투성이 경사면에자리 잡아야 한다. 가져온 30미터 로프를 제일 가까운 나무에 묶고 등산용 비너에 연결하여 내 몸에 고정시킨 후 로프를 잡고 절벽 끝으로 보이는 바위 끝에 선다. 그러나 절벽 끝에선 바다가 가까워질 것이란 생각은 여지없이 무너져버린다. 절벽 아래에 또 하나의 절벽이 이어지고 그 아래에 바다가 펼쳐져있다. 아래 절벽까지 내려가기엔 너무 위험하다는 생각과 다시 올라올 때의 걱정 때문에 더 이상내려가는 것은 포기한다. 대신 새들과의 거리도 멀다. 기껏 내려왔는데도 거리가멀긴 마찬가지이다.

따가운 햇볕이 내리쬐고 숨을 그늘도 없다. 절벽 끝 바위에서 한걸음 앞으로 나갈 수 없을 정도로 로프의 길이를 맞추고 로프를 고정한다. 카메라를 들고 자리에서 일어서면 앞으로는 더 이상 나아갈 수 없을 만큼 팽팽한 로프가 절벽 끝에 선 나를 지탱해 준다.

육추기의 새끼들은 많은 먹이를 필요로 하기 때문에 부모 매는 부지런히 사냥해서 새끼들에게 먹이를 나르는 시기이다. 전혀 심심할 겨를이 없다. 1시 20분에 자리를 잡은 이후 빛이 떨어진 5시 30분경까지 내가 지겨울 만하면 어김없이 두 마리 중 한마리가 나타나 절벽 위를 날아다닌다. 다만 거리가 멀다는 것이 아쉬울 따름이다.

멀리 섬을 배경으로 날아가는 매를 담고 싶어 절벽을 따라 내려왔다.

서해는 흙탕물이 바다 속에서 몽글몽글 올라올 때가 있어 동해바다와 같이 파란 바다를 보기 어렵다. 그래도 바다 위를 나는 매는 예쁘다.

낮게 날아가는 매를 섬 배경으로 담고, 푸른색 바다를 배경으로 담으려하면 어김없이 초점을 잃는다. 파도에 비치는 빛이 너무 강하다. 절벽을 휘 돌아 온 수컷 매가 먹이를 잡아왔나 보다. 어디선가 숨어 있던 암컷 매가 쏜살같이 수컷 매를 향해 날아간다. 저 먼 바다 위에서 공중급식이 이루어진다. 너무 멀고, 초점은 바다에 맞아, 한 장의 사진도 얻지 못했다.

먼 바다에서 일어난 두 번의 공중급식은 그래도 희망을 준다. 내일 남은 반나절 동안, 한 번의 기회는 더 있을 것이라 생각하며 아쉬움을 뒤로 하고 산을 내려온다.


### 2015년 5월 7일 목요일

오늘은 섬에서 나가야 한다. 12시 20분에 나가는 배를 타야하기 때문에 새벽부터 일찍 서둘러야만 한다. 해변에 있는 숙소에 들어가면 텐트에서 보다 몸이 편하기 때문인지 행동이 굼뜨게 된다. 아침에 일어나 상쾌한 공기를 마시면서 해변을 걷는 것도 좋고, 춥지도 덥지도 않은 맑고 청량한 공기를 마시며 산을 오르는 것도 좋다. 어느새 다섯 번을 왕복한 개머리 능선으로 향하는 산길도 익숙해져있다.

새들의 아침시간은 해가 뜨기 전 여명이 밝아오면서부터 시작한다. 마치 예전 부지런한 시골농부가 새벽박명을 보면서 일을 시작하는 것과 같다. 지저귀는 새들의 부산한 소리를 들으며 새벽에 도착했지만 이미 매들은 왕성한 활동을 시작했다. 절벽에 자리 잡은 지 얼마 되지도 않은 시간에 수컷이 새 한 마리를 사냥해왔다.

카메라 세팅도 제대로 못한 시간, 새를 잡아서 날아오며 암컷을 부른다. 공중에서 선회하며 잡은 새를 발에서 부리로 옮긴다. 공중급식을 할 모양이다. 그러나 암컷이 날아오지 않는다. 그러자 부리로 옮긴 새를 다시 다리로 옮긴다. 가슴이 조마조마해 진다. 암컷이 오지 않으면 나무나, 바위 위로 가 버릴 텐데 ……. 지금 눈 앞 가까운 거리에서 공중급식을 해야 할 텐데, 수컷은 다시 하늘 위에서 방향을 틀며 발에서 부리로 새를 옮긴다. '다시 기회가 왔는데 빨리 나타나지 않고 뭘하고 있는 거지' 점점 마음은 급해진다.

부리로 새를 옮긴 수컷이 또다시 꼬리를 보이며 멀어져 가다가 숲을 배경으로 아래로 방향을 바꾼다. 그때서야 어디선가 나타난 암컷이 뒤를 따르는 것이 보인다. 어두운 숲을 배경으로 그것도 뒷모습을 보인채로 먼 거리에서 공중급식을 시작했다. 새벽빛은 아직도 충분한 셔터 속도가 나오지 않기에 흔들림이 생길 것을 예상하면서도 어쩔 수 없이 그냥 담아야 한다. 공중급식이 시작된 상태에서는 단 1-2초 안에 암컷의 발로 먹이가 옮겨져 있을 텐데 그 짧은 시간 안에 카메라 조작버튼을 조작할 틈이 없다. 그냥 카메라에 모든 것을 맡기고 뒷모습이긴 하지만 제대로 담기길 바랄 뿐이다.

수컷 매가 새벽부터 지빠귀 한 마리를 잡아와 암컷 매를 부른다. 하지만 절벽 아래에 있는 암컷 매는 나오지 않고 수컷 매는 절벽 앞에서 암컷에게 먹이를 줄 준비를 한다.

이른 새벽 수컷이 새 한 마리를 잡아 와 암컷에게 먹이를 전달한다. 새벽빛을 받은 매의 등짝은 푸른빛을 띤다.

뜨리고 암컷은 떨어지는 먹이를 발톱으로 움켜진다. 수컷은 먹이를 놓은 후 홀가분한 선회 비행을 하고 암컷은 먹이를 움켜지고 바위로 향한다.

이미 한 번의 공중급식으로 먹이를 새끼에게 전달 한 암컷은 느긋하게 바위에 앉아 휴식을 취하고 있다. 2시간 가까이 나에게서 멀리 떨어지지 않은 바위 위를 오가면서 바위에 앉아 나를 감시 하는가 혹은 먼 바다를 바라보던가, 주변에서 움직이는 물체를 따라 고개를 움직인다. 저 멀리에서 또 다시 수컷이 '캭 캭' 소리 지르며 날아온다.

이번에는 새벽과는 달리 절벽에 붙어서 날아오고 있다. 수컷은 이미 나의 존재를 알고 내게서 멀리 떨어진 곳으로 오는 것이 아닐까하는 생각을 하게 한다. 암컷이 앉은 바위 앞에서 방향을 돌려 공중급식 자세를 다시 잡는다. 날아오던 수컷을 향해 카메라를 들지만 절벽의 뒷배경색과 매의 색이 혼합되면서 카메라 파인더 속에서 녀석의 움직임을 제대로 따라가는지 확인 할 수 없다. 조금 전 매가 날아가던 속력에 맞추어 카메라를 따라가면서 셔터를 누른다.

수컷이 소리 지르면서 나타나고서 4초 후 암컷이 모습을 보이면서 수컷에게로 다가간다. 그리고 2초의 짧은 시간동안에 먹이는 수컷의 부리에서 떨어져 자유낙하하며 먹이를 향해 발톱을 올리며 달려든 암컷에게로 넘어가고 수컷과 암컷은 각자의 비행속도로 수컷은 다시 사냥하러, 암컷은 먹이를 다듬으러 날아간다.

비록 거리가 멀었고 배경이 마음에 들진 않지만, 옆모습으로 공중급식 하는 전 과정이 상세히 담겼다. 녀석들의 움직임으로 볼 때 새끼가 어려 아직 둥지 밖으로 모습을 보이지 않는 것임을 짐작할 수 있다. 암컷이 들고나는 것을 관찰해 본 결과 둥지는 내가 서 있는 절벽 아래쪽에 있는 것이 거의 확실해졌다.

마침 썰물로 빠져나간 낮은 곳을 따라 전체 절벽모습을 볼 수가 있게 되었다. 숲에서 빠져나와 능선 길을 따라 내려가면 바다와 만나는 바위들이 몇 개 나오고 그 바위들만 넘어가면 절벽 아래쪽으로 활짝 펼쳐진 평평한 지대에 들어갈 수 있다. 밀물 때에는 바닷물이 들어와 있지만 썰물로 바닷물이 빠졌을 때는 걸어 들어갈 수 있는 곳이다.

어제도 잠시 내려왔지만, 매의 움직임이 보이지 않아 건너편 절벽에 둥지가 있는 것으로 생각했었는데 건너편 절벽은 더운 날씨를 피해 그늘을 찾을 때 그쪽 절벽에 가 앉아 있는 장소이고, 둥지는 이쪽 절벽 바위 갈라진 틈 속에 있는 듯했다. 하지만 절벽 위에서도 맞은 편 절벽 위에서도 둥지의 상황을 전혀 확인할 수 없는 곳이고, 아래쪽에서도 둥지 내부를 확인할 수 없는 곳인 줄 알면서도, 조금 더 가까이에서 확보고 싶어 아래로 내려간다.

그런데 어제와는 달리 암컷 매는 예민한 반응을 보이며 능선을 내려서는 순간부터 머리 위를 날아다니기 시작하더니 절벽 아래쪽 바위에 발을 내딛자마자부터는 더욱 격렬하게 반응을 보이기 시작한다. 나를 내려다 볼 수 있는 바위 절벽에 앉아 있다가 위협비행을 하는 등, 어제와는 분명 다른 반응이다.

격렬하게 반응을 보이며 나를 공격할 듯 위협하는 암컷 매, 녀석의 위협에 조심조심 뒷걸음질로 왔던 길 되돌아 나온다.

녀석의 신경질적인 반응과 격렬하고 공격적인 거부로 뒷걸음쳐 다시 절벽 위로 돌아오자 녀석은 건너편 숲속 바위 끝으로 이동하여 그곳에서 나를 감시한다. 마음은 다시 확볼까 하는 욕심이 나지만, 내가 포기하면 녀석이 그렇게 '캐캑' 소리를 지르면서 나의 마음속에서 갈등을 불러일으키는 일은 없을 것이기에 먼 거리의 바위에서 녀석의 둥지를 보는 것으로 만족하기로 하고 숲속을 지나 능선으로 가쁜 숨을 내쉬며 올라온다.

능선 꼭대기를 지나 먼 거리에서 500밀리미터 렌즈 화면으로는 다 담지 못할 정도로 큰 녀석의 예상둥지를 아무리 살펴보아도 둥지 내부를 확인할 위치는 되지 못한다. 이 번 기회를 놓치면 다시 언제 볼 수 있을지 알 수 없긴 하지만 녀석의 둥지 근처에 가는 것은 깨끗이 포기하는 것이 나을 것 같다. 따뜻한 날씨, 두 마리의 매는 마치 나를 배웅하듯 먼 바위 끝에 함께 앉아있다.

새끼들에게 먹이를 가져다 준 후 모처럼 암수 매가 함께 휴식을 취하고 있다.

### 새끼 매는 이미 둥지를 떠났다 (2015년 6월 27일)

날씨가 무척이나 덥다. 어디로 가야 하나 망설일 이유가 없다. 산에서 녀석들의 모습을 확인하고 나서야 촬영할 자리를 잡기로 생각했다. 매들이 보이지 않는다. 능선의 북쪽에도 남쪽에도 매는 전혀 모습을 보이지 않는다. 어떻게 해야 하나 하는 생각으로 개머리능선 절벽 끝단 위에 앉아 있다.

11시 30분쯤에 섬에 들어와서 개머리 능선에 오는 시간까지 하고도, 세 시간이 더 지나서야 처음으로 어린 매 한마리가 절벽 끝에 날아와 앉는다. 배낭은 바위틈에 두고 카메라와 렌즈만 챙겨서 조심스럽게 녀석에게로 접근해 간다. 날아가지 않을까 걱정되긴 했지만 먼저 인증샷을 담고 나서는 더 이상 절벽으로 접근할 수 없는 곳까지 접근해 간다. 녀석은 별다른 경계를 하지 않고 고개를 까닥이며 호기심을 표시한다.

절벽 끝에 내려앉은 녀석은 절벽 때문에 더 이상 접근할 수 없는 곳까지 갈 동안 별다른 반응을 보이지 않는다. 한참을 그렇게 있다가 절벽을 박차고 날아간다.

잠시 호기심을 표시하던 녀석은 그 후 절벽 앞에서 한 시간 동안이나 날아다니며 다양한 모습을 보여준다. 절벽 아래 바다 위를 날면서 등을 보여주기도 하고 절벽 끝단의 바위 위에 내려앉으며 파란 바다를 배경으로 잠시 멋진 모습을 보여주기도 한다.

태어난 지 이제 겨우 2달이 지난 어린 송골매이지만 비행 실력은 이미 어미와 같이 날렵하게 난다. 사람이 두렵긴 하지만 왕성한 호기심으로 눈높이로 날아와 관심을 표한다.

아직 어린 매들에게는 날아다니는 것보다 착륙하는 법이 더 어렵다. 그래서 많은 착륙연습이 필요하다.

내내 한 마리만 보이기에 한 마리만 육추에 성공했나 하는 생각을 할 즈음에 덩치가 작은 녀석 위로 또 한 마리의 어린 매가 날아와 절벽에 앉은 녀석 머리 위를 지나간다. 녀석들은 앞으로의 삶을 연습하듯이 위협적인 비행을 선보이며 다른 녀석의 머리 위를 날아다닌다. 바위에 앉은 녀석은 다른 새끼가 가까운 곳으로 지나갈 때마다 몸을 움츠리며 날아오는 녀석에게 대항한다.

한마리가 절벽에 앉아 있자, 또 다른 한마리가 날아와 머리 위로 날아가며 비행연습을 한다.

어린 새들은 자신들의 비행실력을 나에게 자랑하는 것 같다. 눈앞에서 펼쳐지는 비행은 어미 새들과의 만남을 대신 할 만큼 충분하다. 잠시 절벽에 앉아 있던 녀석도, 바다 위를 자유자재로 비행을 하던 녀석도 다시 절벽 너머로 사라져간다. 그리고 다시 모습을 보이지 않는다. 점점 빛은 떨어지고 어둠이 살짝 내리기 시작한다.

백아도, 울도가 선명하게 보인다. 늘 안개가 덮여있어 희미한 수묵화의 모습을 보여주던 섬들이 이렇게 선명하게 보이는 것은 오랜만이다. 머리를 풀어헤친 하얀 억새가 바람에 휘날리는 시원한 들판을 걷는다. 한낮의 그 찌는 듯한 더위를 다 잊는다. 뉘엿뉘엿 바다로 넘어가는 해를 보면서 하루를 마감한다.

안개에 둘러싸이지 않고 저녁 어스름 속으로 섬들이 선명하게 보인다.

다음날 마을이 내려다보이는 산에 올라섰는데도 아직 아침해는 떠오르지 않았다. 찬란한 아침을 바라보면서 하루를 시작하는 것도 좋지만, 마음은 이미 매의 세계에 들어가 있다. 해는 그 붉은빛을 널리 퍼뜨리며 비추기 시작했지만 아직 절벽으로는 어둠이 깔려있다. 혹시나 하는 마음에 살며시 내려간 숲속 절벽 끝 바위에 어린 매가 앉아 있다. 저녁 늦게까지 어미들이 먹이를 가져오지 않았을까? 굶주림에 아침 일찍부터 일어나 먹이를 재촉하러 나왔을까?

나는 녀석이 있는 곳을 알면서 내려가지만, 녀석은 어둠속에 드리운 숲속의 나를 볼 순 없다. 다만 내가 지나갈 때 마다 나뭇가지 부서지는 소리와 사그락 사그락 낙엽 밟는 소리 때문에 녀석이 나의 존재를 알아차릴 때까지는 내가 유리한 입장이라는 것은 안다. 숲에서 빠져나가면 녀석과 곧바로 마주하게 되는 것을 알기에 몸을 최대한 낮추고 자리에 쪼그려 앉아 녀석에게 '너에게는 해가 되지 않아' 라는 무언의 말을 하면서 조금씩 다가간다.

어스름한 새벽, 어린 새끼 한 마리가 절벽 위 바위에 앉아 아침빛을 맞으며 밤새 웅크렸던 몸을 풀고 있다.

하지만 새벽부터 나를 마주한 녀석은 나를 한번 힐끗 쳐다 본 후 날개를 펴고 바위를 벗어나 부모들이 사냥하러 가는 길목의 절벽으로 날아가 앉는다. 조그마하게 보이는 멀리 떨어진 절벽에 앉았다. 언제 올지 모르지만 다시 그때를 기다려야한다. 캠핑용 즉석 밥에 물을 붓고 바위에 기대어 앉아 먹는 초라한 식사이지만, 거대한 자연속의 아름다운 식탁에서 아침 식사를 한다. 이렇게 바다를 바라보면서 아침의 차고 시원한 바람을 맞으며 하는 식사가 좋다.

시간이 지나도 매들의 움직임이 보이지 않는다. 능선 위에서는 어미가 먹이를 찾아 하늘을 휘돌고 있다. 가끔씩 밀려오는 해무는 절벽을 하얗게 만들며 능선으로 올라간다. 작은 물방울을 머금은 해무가 지나갈 때면 온몸이 시원해진다. 아무래도 능선 위로 올라가 어미들이 있는 곳으로 가는 것이 좋지 않을까 하는 생각이 들며 숲속 언덕을 헉헉 거리며 올라간다.

지나가는 해무와 이른 아침의 무성한 풀 위에는 아직도 이슬이 초롱초롱 매달려 있다. 풀숲의 이슬이 바짓가랑이를 적시고 신발도 적신다. 해무가 다시 올라오며 안개 속에 나를 고립시킨다. 안개 속을 걸으며 은연중에 나는 매를 위해 새를 날려주는 몰이꾼 역할을 한다. 내 뒤에서 갑자기 푸드덕거리는 큰 새의 움직임이 느껴지고 곧이어 어린 매의 컄컄 거리는 소리가 들린다. 등 뒤에서 난 소리와 커다란 그림자는 내 머리 위를 지나간다. 어미가 새 한 마리를 잡아 내 머리 위를 지나간다. 카메라를 들었지만 안개 속에서 빠르게 사라지는 매에게 초점을 맞추지 못하고 렌즈는 '징징' 거리기만 한다.

해무가 올라오는 능선에서 어미가 사냥한 먹이를 아기 매가 자욱한 해무 속에서 받았다. 해무가 걷혀가는 하늘에 들어서는 순간, 아기 매의 발에는 방금 잡은 먹이가 들려있다.

어미의 반대쪽에서 어린 매가 날아와 어미의 발에서 먹이를 채어 갔다. 안개 속 희미한 모습으로 녀석들을 보았다. 짙은 안개가 밀려와 가장 희미한 순간이었다. 어린 매는 먹이를 움켜지고 안개가 걷혀가는 사선 방향으로 날아가며 그 나마 내게서 멀지 않은 곳으로 날아간 것에 감사해 한다. 새끼는 어디에 있다가 날아 온 것인가? 능선 위의 들판은 남쪽에 둥지를 튼 매 부부의 영역이라고 한다고 하더라도 새끼가 앉아 있다가 날아올 곳이 없다는 것이다. 새끼가 하늘 더 높이 날고 있다가 어미가 사냥한 것을 보고 앞에서 날아왔다고 해야만 할까 ······

이렇게 가까운 곳에 두 개의 둥지가 있다는 것이 이상하기도 하지만, 새끼의 '캬캭' 거리는 소리가 온 섬에 울려 퍼질 만큼 요란한 상태였는데도 건너편의 매 가족은 아무런 반응이 보이지도 않고 고요한 것이 가능한 일일까? 혼란이 오기 시작한다.

어미가 새끼에게 먹이를 전달하는 장면을 단지 눈으로만 보았다는 사실에 마음이 허탈해진다. 사실 이런 장면을 보러 왔고 이 시간에 먹이 전달하는 장면을 담지 못했다면 이젠 가능성은 거의 없다고 보아야 하는데 말이다. 이제 막 먹이를 물고 갔다면 남쪽 절벽에서는 매를 한동안 보지 못할 것이라 생각하고 북쪽 절벽을 확보기로 한다. 능선을 사이에 두고 약 400미터 정도의 거리를 두고 이렇게 가까이 두개의 둥지가 있기에 한 쪽이 먹이 공급을 끝내면 다른 쪽을 찾아갈 수 있어 좋다.

북쪽 절벽, 내가 선 바위 맞은편의 절벽 끄트머리에 더위를 식히려고 매 한마리가 날개를 부풀려 몸의 온도를 낮추고 있다.

북쪽 절벽의 암컷이 날개를 부풀려 더위를 피하고 있다.

이제부턴 녀석이 언제 절벽 아래로 뛰어내릴지 기다려야 한다. 녀석의 모습을 주의 깊게 살피며 고개를 앞뒤로 끄덕이며 거리를 재고 있지 않은지 날아가는 다른 녀석에게 고개를 돌리며 관심을 갖지 않는지 살피며 카메라를 들었다가 놓았다가를 반복한다. 이럴 땐 삼각대를 챙겨왔으면 얼마나 좋을까 하는 생각을 하게 된다.

그나마 다행인 것이 녀석을 만난 지 10분이 채 되지 않아 절벽에서 뛰어내려 내 발밑의 바다 위를 날아 시야에서 사라졌다. 절벽에 몸을 기대고 있어 시야가 제한되는 곳이기에 짧은 거리 안에서 녀석을 담아내어야 하는 어려움이 있다. 바다와의 거리는 괜찮은 반면 새는 나와의 거리보다 바다에 더 가깝게 붙어 날아가기 때문에 바다배경이 더 선명하게 잡혀 태종대마냥 분위기 있는 장면이 잘 나오지 않는 단점도 있다.

이젠 언제 돌아올까 또 얼마나 기다려야 하는지를 고민할 순간도 없이 보이지 않던 사각의 절벽에서 한 녀석이 조금 전 뛰어내린 절벽위로 사뿐히 내려앉는다. 절벽에 내려앉는 순간을 담았는데 또 한 마리의 매가 바다에서 절벽으로 솟아오르는 모습이 보이며 …… '어 뭐지 금방 다시 뛰어 내렸나' 하는데 매는 오히려 절벽 끝에 내려온다. 암수 두 마리 부부매가 절벽 아래 위로 나란히 앉았다. 10여 분을 절벽 아랫부분에 앉아 암컷의 눈치를 살피던 수컷 매가 다시 하늘로 박차오른다. 그리고 다시 절벽 너머로 사라진다.

암수 두 마리의 부부매가 나란히 앉아 있다. 위의 녀석이 암컷 매, 아래 부분에 있는 녀석이 수컷 매이다. 이 녀석들이 북쪽 절벽의 부부매이고 둥지는 이들이 앉아 있는 절벽 뒤쪽 보이지 않는 곳에 둥지가 있다.

그리고 이제껏 관심도 없었던 절벽 아래로 빠끔히 머리를 내밀고 있는 어린 매한 마리를 발견한다. 왜 이제껏 보지 못했을까? '언제 와서 앉아 있었지'라고 생각할 때 녀석은 어미들이 가끔 먹이를 가져오면 앉던 바위 끝으로 날아와 앉았다가 금방 바다 위를 낮게 날아 아비가 사라진 쪽으로 날아간다. 그리고 한 시간이 지날 동안 암컷 매는 그 바위 끝에 앉아 몸단장을 하고 주위를 두리번거릴 뿐 움직임이 없다.

낚시 배들이 한 척 두 척 늘어난다. 배에는 낚시꾼들이 가득 가득타고 있다. 내 발밑 아래 절벽에 멈추어 서서 물결에 떠밀려 다니다 멀어지면 다시 돌아오기를 반복하며 절벽 앞 바다를 떠나지 않는다. 낚시 배에서 웅웅거리는 엔진 소리와 사람들의 움직임이 매보다 더 가까이에서 보인다.

비록 그늘 속에 몸을 숨기고 있어 더위를 피할 수 있겠지만 매가 날아다니기엔 더운 시간대이기에 이곳에서 더 기다릴 이유가 없을 것 같아 숲에서 나와 돌아갈 거리도 줄일 겸해서 남쪽 녀석들에게로 다시 가 보기로 한다.

바다가 가까운 개머리 능선의 끝 야영지에는 대부분의 사람들은 철수하고 새로 온 사람들도 없는 텅 빈 곳이 되었다. 능선 길을 따라 몇 남지 않은 텐트도 철수하는 것을 보면서 능선 길을 올라 남쪽 절벽을 내려다보면서 바위 위에 올라서자 어린 어린 매가 아스라한 바다를 배경으로 날아다니고 있다. 녀석을 더 가까이에서 보기 위해 절벽 아래로 더 내려가야 하는지 아니면 그냥 이곳에서 녀석을 담고 있는 것이 좋은지를 생각해 보지만, 이 뜨거운 햇볕아래, 절벽을 내려갔다가 다시 올라올 시간과, 지칠 몸과 마음을 생각하면 그냥 녀석을 내려다보면서 있는 것이 나을 것 같아 녀석을 지켜보기로 한다. 머리 위까지 날아와 선회를 하던 녀석은 재빠르게, 멀고 먼 절벽 너머로 사라진다. 날아간 녀석의 자취를 찾아 절벽이 보이는 곳까지 가서 망원경으로 녀석들을 본다. 절벽 끝 바위 위에 두 녀석이 앉아 있다. 한 마리는 위에 또 다른 한 마리는 아래쪽에 앉아 있다. 어제에 이어 오늘도 두 마리의 새끼만이 보인다.


## 북쪽 절벽의 매는 보기 어렵네 (2016년 3월)

일 년이 지났다. 날씨를 보고 배표를 사려고 출발일자 즈음하여 인터넷에 들어가니 어느새 인터넷 예약 뱃편은 전부 동이나 버렸다. 하지만 현장 발매 분을 사기 위해 이른 시간에 도착하니 주차공간이 아직 많이 남아있다. 당일 판매분 뱃편 역시 남아 있어 다행이다. 최악의 경우 전혀 생소한 곳에서 절벽을 찾아 다녀야 할 것을 각오하고 출발한 것이라 다소 안도감도 돌았고 새로운 모험을 할 수 있는 기회를 놓친 것을 아쉬워도 한다.

3월의 중순의 기온이 많이 올라, 걸어 다니면 더운 느낌이 든다고 하나 배위에서 만나는 바람은 아직도 겨울의 차가운 느낌이 들 만큼 매섭다. 배를 타고 온 몇 번의 익숙함과 차가운 바람은 나를 배안에서만 머물게 한다.

이제는 익숙한 상황을 즐기며 마을 해변의 소나무 숲에 텐트를 설치하고 필요한 물건만 챙겨 산행을 시작한다. 서둘렀기 때문인지 로프를 챙기지 못했다. 그러나 이젠 지형에 익숙해졌기 때문에 걱정이 되지 않는다. 햇볕이 내리쬐는 날씨임에도 아주 따갑거나 더위를 느낄 수 없다. 아직은 차가움을 머금은 바람에 땀은 금방 식는다. 무거운 배낭을 멘 백패커들을 뒤로 하며 겨울 색을 벗어던지지 못한 구릉을 지나면서 어느새 1년 가까운 시간이 흘렀음에도 변치 않고 똑 같은 모습으로 나를 맞이하는 절벽들 모습에 어느새 나의 가슴은 두근거린다. '저 절벽 어느 곳에서 금방이라도 매가 날아오를 것 같은 느낌인데' 라는 생각을 하면 어느새 기분까지 좋아진다.

작년, 그렇게 많은 시간을 보낸 절벽을 보기 위해 길을 벗어나 절벽을 천천히 관찰해 보지만 녀석들의 움직임을 읽을 수 없다. 이렇게 짧은 일정으로 올 때는 목적이 분명해야만 한다. 오늘 내가 있어야 할 곳과 내가 목적하는 바는 이곳 지형과는 맞지 않다. 그리고 오후 시간 빛의 방향도 내게 불리하게 작용하기 때문에 거리는 조금 더 걷고, 기다리는 것 이외에는 달리 방법이 없는 좁은 곳으로 발걸음을 옮긴다.

'딱히 못 담아도 좋아' 라는 생각을 하고 왔지만, 막상 매를 보지 못하는 시간이 길어지면서 마음이 답답해지기 시작한다. '다른 곳으로 장소를 옮길까' '괜히 여기서 시간낭비 하는 것이 아닐까' '다른 곳에선 멋진 장면이 일어나지 않을까' 하는 갈등에 사로잡히게 된다. 내가 선택하지 못한 길에 막연한 기대감, 혹은 내가 선택한 길에 대한 불안함이 겹치는 것은 살아가면서 느끼는 감정과 비슷하다.

사슴과 염소들이 다니면서 만들어 놓은 길들이 내가 가야할 길과 겹친다. 처음에 왔을 때 길게 자란 풀을 잡고 금방이라도 굴러 떨어질 것 같은 급경사지를 지나면서 절벽을 찾아다닐 때의 기분이 떠오른다.

깎아지른 절벽을 온전히 다 내려다 볼 수 있고, 파란 하늘까지 활짝 열린 절벽 가장 높은 곳에 자리 잡는다. 매가 날아올랐을 때 사방으로 시야가 터이기 때문에 절벽 위쪽으로 날아오는 매를 담기엔 참 좋은 장소이다. 그러나 매가 절벽 아래로 날아다니거나 바다 위에 있을 땐 너무 거리가 먼 단점이 있다.

채 30분이 지나지 않았는데도 차가운 바람으로 여분의 옷을 입고도 옷깃을 단단히 부여 매게 된다. 지금쯤이 매 짝짓기 시기의 막바지 일 테고 암컷 매는 보일 텐데, 보이지 않는 다는 것은 이미 포란에 들어갔을 확률이 높다는 생각을 하며, 그렇다면 수컷 매만 기다려야 하기에 더욱 힘든 하루가 될 것이라는 생각을 가질 즈음 머리 위로 시커먼 그림자가 지나간다.

눈앞에 보이는 산등성이에서 방향을 튼 녀석은 나를 바라보면서 '이 녀석은 뭐야' 하는 것처럼 내 앞으로 지나쳐가며 다시 곁눈질로 쳐다본다. 그러고는 능선을 가뿐히 넘어 가 버린다. '매는 여전히 잘 살아있고 잘 날아다니는 구나' 녀석의 존재를 확인하고 나서야 다소 마음의 여유가 생긴다.

그렇게 한 번 지나간 녀석은 한참동안 다시 모습을 보이지 않는다. 가만히 앉아 있기엔 추워, 몸을 움직여 추위를 이겨야겠다는 생각과 조금 전망이 좋은 장소를 찾아보자는 생각으로 근처를 서성여 본다.

작년에 가장 많이 있었던 곳은 조금 더 아래쪽이다. 여기보다 더 자리가 좁아 바위에 붙어 있어야 하는 곳인데 그곳에 내려가니, 조금 전의 자리보다 훨씬 더 반대편 절벽과 가까워진 느낌이 든다. 마주한 절벽의 금이 간 바위 들은 내가 보려는 모습으로 다양한 변화를 부린다. 작년에는 하늘에 떠 있는 신부상의 모습으로 보였던 바위들에게서 올해는 아무리 그 모습을 떠올려 보아도 그런 모습이 보이지 않는다. 다만 선명하게 보이는 바위틈으로 흘러내린 하얀 배설물을 보면서 작년보다 올해는 유독 더 하얗게 보인다는 생각이 든다. 내 삶도 이렇게 내가 보려고 하는 모습만 보고 있는 것이 아닌가 하는 생각으로 잠시 고민에 빠진다.

절벽과 바다는 작년과 달라진 것 하나 없이 그대로 있다는 사실이 놀랍다. 마치 어제 이곳에 들렀다가 다시 돌아온 것 같은 느낌이다. 아마도 10년이 흐르고 난 다음에 이곳에 와도 이곳은 변함없는 모습 그대로를 가지고 있을 듯하다. 매들 역시 지금의 매가 아닌 세대교체가 일어났을지라도 나는 그 사실을 알지 못한 채 예전 보았던 그때의 매로 생각하며 반가워하지 않을까?

절벽 앞에는 촛대 바위가 자리하고 있다. 문득 그 바위 위에 새하얀 물체가 반짝이는 것을 느낀다. 어느새 매가 날아와 앉아 있다. 그것도 작은 새 한 마리를 잡아와 발로 잡고 깃털을 뜯어내고 있다. 그러고는 "키이익, 키이익"하고 암컷을 불러내고 있지만 아무런 응답이 없다. '아, 어디에 가 있니?' 나도 녀석과 마찬가지로 안타깝다. 두 마리를 동시에 볼 수 있는 기회인데 말이다.

예전엔 절벽에서 보이는 곳에 둥지를 틀었지만 작년부터 절벽 너머에 둥지를 틀어 둥지를 볼 수 없다.

이미 바리도 때지 않은 쥐어진을 잡아와서 맛깃을 뜯르지만 임것의 대답이 없다.

한참을 불러도 대답 없자 하얀 배설물로 얼룩진 바위틈으로 들어갔다가 다시 촛대 바위로 내려선다. '저곳이 둥지 예정지인가' 하는 생각이 들지만 바위틈에선 아무런 반응도 없다. 한참을 촛대 바위에 앉아 있던 녀석은 '나도 우리 아내가 어디 간지 몰라서 당황스럽네요.' 하는 듯 나를 쳐다본다. 그리곤 먹이를 달고 날아가 버린다. 녀석이 날아간 방향으로 자리를 옮겨 찾아보지만 녀석의 모습은 보이지 않는다.

　작년과 달리 마음의 여유가 있으니 더 나은 자리가 있는지, 더 잘 볼 수 있는 곳이 있는지 주변을 자꾸 둘러보게 된다. 하지만 각각의 자리는 전부 장단점이 너무나 뚜렷하다. 멀리까지 볼 수 있는 곳은 곳곳에 가리는 나뭇가지 때문에 초점 잡기가 힘들고 시야가 트이면 위치가 너무 높고 높이가 적당하면 한쪽 면이 막혀버리고 …… 그나마 지금 있는 곳이 가장 접근이 쉽고 장소가 좁지만, 많이 옮겨 다니지 않아도 되는 곳이라 좋다.

　절벽 너머에서 짧은 날갯짓을 하는 새 한마리가 날아 나온다. 날갯짓은 매와 비슷하지만 렌즈 속에서 바라 본 녀석은 앞가슴이 하얀 매와는 다르다. 바다 위로 나온 녀석은 파도가 너울대는 바다위로 솟구쳤다 다시 내려왔다를 반복하며 무엇인가를 사냥하고 있다. 하지만, 녀석만 보일뿐이다. 그러다, 다시 바위 절벽 뒤로 사라져간다. '무엇이었지?' 하며 뷰파인더로 확보니 새매이다. 작년에도 섬을 가로 질러 날아가는 녀석을 보고 맹금류인 것은 분명한데 매는 아닌 것 같다라는 생각을 했는데. 나중에 서인수 전이장님께 물어 본 결과는 새매도 섬에 많이 살고 있다는 것을 알게 된다. 이곳에서도 새매가 매의 영역에서 함께 생활하는 것은 태종대와 동일하다.

　먼 거리에서 매와 같은 행동을 하는 것으로 보아 작은 새들을 바다로 몰거나 바다에서부터 날아오는 새들을 공격하며 도망치는 새들을 따라서 바다 위에서 곡예 쇼를 부린다는 것을 알게 된다. 비록 내 눈에는 앞서 도망가는 새들이 너무 작아 눈에 보이진 않지만, 새매가 공연히 그렇게 빨리 날아다니며 방향전환을 하지 않는다는 것을 알기에 사냥 순간이라는 것을 알 수 있다.

　조용한 곳에서 파도가 절벽에 부딪히며 내는 소리와 바람소리, 그리고 절벽에 부딪히는 파도의 하얀 거품을 바라보면 마음이 가라앉는다. 앞으로의 삶은 어떤 삶이 될까? 어떻게 살아야 하나 하는 근심과 무엇을 할 것인가를 생각해 보려하지만 금방 다시 모든 것을 내려놓아 버리게 된다. 지금 이 순간만은 아무런 근심도 걱정도 없는 무념무상의 시간이 된다.

새매 한 마리가 매의 영역에 들어와 사냥을 하고 있다.

　시간은 점점 흘러가고 오지 않는 매를 기다리며, 남쪽 절벽으로 가서 기다려 볼까 하는 생각도 하지만 그러면 새로운 목적 한 가지를 놓치게 된다. 그동안 여러 번 섬에 들어왔지만 이곳의 아름다운 모습을 사진으로 많이 담지 않았다는 것이다. 바다를 배경으로 지는 해를 바라보며 다양한 모양과 색으로 장식된 백패커들의 텐트를 담아 보는 것이 오늘의 두 번째 목적이기도 하다.

　반대편 남쪽 절벽으로 가는 순간 다시 이곳 북쪽 절벽에 오는 것은 어려워지고 그냥 마을로 돌아 갈 것 같은 생각에 이곳을 떠날 수 없다. 짐을 쌀까 말까를 고민하며 자리를 옮겨 앉은 지 얼마 되지 않아 머리 위로 시커먼 그림자가 지나간다. 렌즈를 드는 순간 매는 이미 반대편 산 능선 부근까지 날아가고 능선을 따라 바다로 나갔다가 다시 내가 있는 절벽 앞으로 날아오며 나를 한번 획 쳐다보고는 다시 능선을 넘어 가버린다. 암컷 매다 아랫배가 볼록하니 이미 알이 들어 있나 보다. 둥지 지을 곳을 찾아다니는가 보다. 올해도 보이지 않는 곳에 둥지를 틀 것인지 걱정이 된다.

멀리서만 휙 하고는 나타나 사라지던 아랫배가 볼록한 암컷 매가 오늘 마지막 인사라도 하듯이 머리 위로 지나며 나를 쳐다보고는 사라져간다.

아직 해가 지기에는 시간이 다소 남았지만 빛은 급격하게 떨어진다. 아쉽긴 하지만 절벽을 벗어나 조밀한 이팝나무 사이를 지나 초지로 올라선다. 바람이 차다. 지는 석양을 기다리며 사람들이 카메라를 세팅하고 있다. 해가 지기에는 40분이나 시간이 남았다. 무거운 가방을 내려놓고 풍경이 잘 나오는 장소를 찾아 점점 아래로 내려간다.

수평선 아래로 해가 떨어지려면 아직 멀었구나 생각하는 찰나 이미 해는 수평선 아래로 모습을 조금씩 감추어 간다. 찰나의 순간에 해는 바다 속으로 사라졌다. 아직 남은 붉은 빛을 등불삼아 바람에 일렁이는 초원을 되짚어 나온다. 멀리 마을의 오렌지색 불빛이 켜지고 희미하게 나의 오렌지색 텐트가 모래사장 끝으로 보인다.

### 임신했네 (2016년 3월 20일)

이제껏 한 번도 가보지 않은 장소를 찾아서 간다. 처음 굴업도에 왔을 때의 막막함 보다는 그래도 더 많은 정보를 가지고 왔지만 또 어떤 상황을 마주할지 알지 못한다. 막막하지만 새로운 녀석을 만나고 또 어떤 새로운 환경을 접하게 될지 호기심과 걱정이 앞선다.

멀리 보이는 연평산 정상의 가파른 바위산을 보면서 가방과 카메라를 들고 어떻게 저기를 올라갈지 걱정 한다. 연평산 가는 길엔 하얗게 펼쳐진 모래사장이 바다를 두개로 나눈다. 문득 파타고니아 그레이빙하 가는 길이 생각난다. 그곳은 모래와 자갈 언덕이 두개의 바다로 나누고 있었다. 그런 면에서 여기는 한국의 파타고니아, 갈라파고스라 불릴만하다. 어제의 채 지워지지도 않은 발자국 위를 밟으며 새 아침의 첫발자국을 남긴다. 모래언덕을 지나고 작은 구릉에 올라서서도 정상은 또 능선을 하나 더 지나서야 있다. 마치 끊어질 듯 이어진 모래사장은 두 개, 아니 세 개의 산봉우리를 연결하는 듯하고 눈앞에 보이는 가파른 절벽 곳곳에는 금방이라도 매가 날아올 것 같은 느낌이 든다.

아침 햇살을 머금은 목기미 해변과 굴업도 모습, 3월의 굴업도는 아직 초록의 옷을 입지 않았다.

아침 햇살을 머금은 목기미 해변과 굴업도 모습, 3월의 굴업도는 아직 초록의 옷을 입지 않았다. 아름다운 풍경에 잠시 머물다가 다시 정상을 향해, 마지막 남은 바위 경사로를 오른다. 멀리서 보였던 깎아지른 듯한 경사로에는 많은 사람들이 다니는 곳이라 로프가 설치되어 있어 오르는 데는 문제가 없다. 두개의 능선과 하나의 골짜기에서 어디를 갈까를 망설인다.

"캑, 캑~, 캐엑, 캐엑" 매의 울음소리가 아래쪽 골짜기 어디에서 울려 퍼져 메아리가 된다. 그러나 정확한 방향을 잡을 수 없다. 사슴과 염소들이 다닌 흔적이 남은 절벽 길에 내려선다.

절반도 내려오지 않은 곳에서 만난 골짜기의 끝은 바다가 보이지 않는 너무 높은 절벽이고 시야도 다 막힌 제한 된 곳이다. 간신히 그 틈으로 매의 울음소리가 오른쪽 능선의 끝, 몇 그루 소나무가 서 있는 절벽에서 난다는 것을 알아낸다. 그리고 매가 날아가는 것이 보인다.

내려온 길을 되짚어 올라 절벽과 연결된 능선 길을 따라 내려간다. 밑동까지 다 썩어 버렸지만 아직도 살아있는 듯 서 있는 나뭇가지를 잡는 순간 푸석거리며 떨어져 내린다. 이팝나무들이 무성하게 자라고 있지만 내려가는 길은 경사가 심하고 조금만 발을 잘못 내디디면 몇 미터아래의 급경사지로 떨어질 것 같아 조심에 조심을 더하며 천천히 내려간다.

염소와 사슴들도 내려간 길을 사람이 내려가지 못할 소냐 하는 생각에 가파른 길도 개의치 않고 능선의 끝을 향해간다. 거의 절벽의 끝에는 소나무 몇 그루가 수십 년의 세월을 견뎌내고 이젠 당당한 나무가 되어 절벽을 내려다보며 매들의 쉼터가 되어주고 있다.

아침 햇살을 머금은 목기미 해변과 굴업도 모습, 3월의 굴업도는 아직 초록의 옷을 입지않았다.

이 곳 지형을 온전히 내려다볼 수 있는 곳에 섰다. 두 개의 골짜기에 세 개의 능선이 절벽을 만들어 낸다. 그리고 그 앞의 바다 위에 우뚝 솟아 오른 또 하나의 바위 절벽, 매들에게는 어디에 앉아서든 정찰을 할 수 있는 곳이지만 매를 담아야 하는 내 입장에서는 세 개의 절벽으로 옮겨가는 방법이 산 정상을 통하지 않고는 달리 방법이 없는 곳이다. 산 정상에서 내려올 때 세 개의 절벽 중 한 곳을 선택해야 하고 나중에 달리 자리를 옮겨야 하는 상황에서는 많은 시간 손해를 감수하면서 산을 올랐다가 다시 내려와야 다른 자리로 옮길 수 있다.

가장 높은 절벽에 선 장점은 매가 앉는 모든 장소를 내려다 볼 수 있어 절벽에 앉은 매를 바다를 배경으로 담을 수 있다.

넓게 펼쳐져 시야의 답답함은 없지만 절벽의 위치가 너무나 높고 앞에 있는 절벽들과의 거리도 너무 멀다. 매들이 주로 앉는 자리를 이곳에서 내려다 볼 수 있지만 너무 먼 거리여서 내내 눈싸움만 하다 말 것 같다. 그리고 바다 위 절벽을 타고 넘나드는 매를 담기엔 시야의 제한이 너무 큰 단점이다. 하지만 장점도 있으니 매가 앉는 모든 장소를 내려다 볼 수 있어 절벽에 앉은 매를 바다를 배경으로 담을 수 있다.

사냥감을 물고 소리 지르며 오는 녀석을 볼 수 없다. 녀석이 보인다 싶으면 어느새 다음 절벽에 가려져 매를 볼 수 없게 된다. 가운데 절벽은 위에 올라가기가 너무 급한 경사라 내려갈 때부터 조심해야 한다는 단점이 있고 마지막 절벽은 경사지가 넓게 펼쳐져 시야도 확 트일 것 같으나 다른 절벽에 앉아 있을 땐 하늘을 배경으로 올려다보아야 하는 단점이 있다. 둥지의 위치가 정해지면 그때 상황에 따라 어떤 절벽을 이용해야 할 지 결정해야 할 그런 장소이다.

먹이를 암컷에게 가져다주고 수컷은 다시 사냥에 나선다. 하지만 절벽에 가려 간신히 바다 위를 지나가는 매를 담을 수 있다.

먹이사슬의 최상위에 있는 매에게는 두려울 존재가 없다. 자기보다 큰 수리를 만나더라도 민첩함으로 대형 맹금류를 자신의 영역에서 몰아낸다. 비록 야간 시력이 약하여 야간에 나뭇가지에 앉아 있다가 야간맹금류에게 당할 수도 있지만, 스스로 몸을 숨길 이유가 없는 최상위 포식자이다.

나뭇가지에 앉을 때도 사냥감을 물색하기 위해 앞이 확 트인 나뭇가지에 앉아 있는 경우가 대부분이다. 다만 기온이 많이 올라갈 때 올라간 체온을 식히기 위해 나무 그늘에 앉아 몸의 온도를 낮추는 경우 정도가 나뭇가지 그늘에 앉을 정도이다.

새끼들이야 제대로 된 착지를 할 수 없기에 여기저기 쳐 박고 나뭇가지에 떨어지고 하는 것이야 당연한 이야기이고, 어미가 새끼들의 비행 훈련을 시키고자 이나무, 저 나무로 옮겨 다니는 것을 보았지만 ……성조가 나뭇가지 사이로 들어갔다면 무엇인가 이유가 있을 것이다.

산 정상에서 매의 울음소리가 들려온다. 두 마리의 매가 하늘을 날아다니며 소리를 지른다. 상황을 알지 못한 채 협동하여 사냥을 하려는가? 하는 생각도 해보고 작년의 새끼가 어미를 따라다니나? 하는 생각도 해본다. 하지만, 발톱을 내리고 위협을 가하는 성조 매에 대항하여 어린 매도 발톱을 내린 채 저항을 한다. 수컷은 빠른 비행 실력을 선보이며 발톱을 세우고 어린 매를 향하면 어린 매는 몸을 뒤집으며 방어 자세를 취한다. 그렇게 10여분 동안 하늘 위에서의 공중전이 벌어진다. 서로에게 상처를 주지는 않지만 상당히 공격적인 행동과 방어적인 행동을 취하며 두 마리의 매는 하늘을 맴돈다.

수컷 성조와 어린 매와의 공중전이 벌어진다. 수컷 성조의 위협에 어린 매는 발톱을 내밀며 방어를 한다. 수컷은 빠른 비행 실력을 선보이며 발톱을 세우고 어린 매를 향하면 어린 매는 몸을 뒤집으며 방어 자세를 취한다. 그렇게 10여분 동안 하늘 위에서의 공중전이 벌어지지만, 서로에게 상처를 입히는 공격은 없을 만큼 서로 방어를 잘해내고 있다.

승패가 갈리지 않는 싸움, 서로 위협 비행을 하며 스스로 물러나기를 바라지만, 누구도 물러날 생각이 없는 싸움이 치러진다. 10여분의 비행 후 수컷 성조는 가쁜 숨을 몰아쉬며 침입자를 쫓아내지 못한 채 잠시 휴식을 취하기 위해 잔가지가 많은 나뭇가지 사이로 들어가고, 어린 매 역시 하늘을 한 바퀴 휙 돌고서는 나뭇가지에 내려앉는다. 잠깐의 휴전이 성립된다.

절벽으로 돌아오는 암컷 매의 아랫배가 볼록하다. 곧 알을 낳을 것 같다.

먼저 휴식을 끝낸 것은 어린 매이다. 더 이상 환영 받지 못할 것을 알기에 숲을 나와 바다로 향해 날아가며 다시 떠돌이가 되어 자기 영역과, 짝을 찾아 길을 떠난다. 그러나 이곳의 주인은 마지막까지 따라가며 공격을 가한다.

수컷 매가 돌아온다. 암컷 매는 자기 영역을 지킨 수컷 매를 환영이나 하려는 듯 절벽을 박차고 나와 낮은 선회 비행을 한 후 다시 절벽으로 돌아온다. 암컷 매의 볼록한 아랫배가 보인다. 곧 이곳 어딘가에 둥지를 틀고 알을 낳겠다.

## 둥지 속의 조용한 암컷 (2016년 4월 23 맑은 후 차츰 흐려짐)

중국에서 불어오는 황사가 오늘이 최대치라 한다. 어제부터 하늘을 온통 뿌옇다. 지난번의 경험상 오늘도 배가 뜰 수 있을지 의심이 간다. 아예 뱃편을 취소하려다가, 그래도 작은 일말의 기대감을 안은 채 터미널로 출발한다. 거의 포기하는 심정이라 평소에 하던 짐에 대한 점검도 대충하여 필요한 물건들이 제대로 가방에 들어있는지 조차 확인하지 않고 출발한다.

돈도 한 푼도 찾지 않아 터미널에서 돈도 찾아야 하는데, 항구에 가까울수록 조바심이 나기 시작한다. 주차장엔 차들이 가득하고 시야는 지난번보다 더 멀리까지 볼 수 있어 배가 출항 할 것 같다는 생각이 든다.

시간은 다 되었는데 차를 세울 곳이 없다. 갓길에 주차를 하고 허겁지겁 들어가 예매한 표를 찾고 가방을 챙겨 다시 터미널로 들어온다. 덕적도 들어가시는 분은 빨리 들어오라는 재촉 소리를 들으며 ATM기에서 돈을 찾고 이미 문 닫은 출입구로 허겁지겁 달려가 겨우 겨우 통과한다.

스마트호에 승선하고 나서도 한참동안이나 가쁜 호흡을 진정시키느라 숨을 깊게 들이마셨다 내쉬었다를 반복한다. 차를 타고 오는 내내 배를 타지 못하면 무엇을 할까를 생각했는데 막상 배를 타고 나니 허탈하기도 하고 기쁘기도 하다.

이번엔 무엇을 목적으로 할 것인가는 분명하다. 알을 품고 있는 장면만 있으면 좋고, 만약 그렇지 못하면 다음번에 올 때를 대비해 둥지의 위치만 파악해 두어도 만족하기로 마음을 정한다. 덕적도에서의 두 시간여의 기다림은 지루하기만 하다. 이맘때쯤엔 볼 수 있는 검은머리물떼새의 모습을 멀리에서 지켜보고 몇 컷의 사진을 담지만, 얼른 매를 보고 싶다는 생각이 앞선다.

이미 너무도 익숙한 굴업도 선착장 모습들. 배가 굴업도에 가까워지면 방송이 나오고 사람들은 저마다의 짐을 메고 출입구로 모인다. 나래호를 탄 대부분의 사람들은 굴업도를 찾은 등산객들이다. 밝은 표정의 다양한 사람들과 그들이 들고 온 형형색색의 배낭과 옷차림을 통해 그들의 기분을 알 수 있다. 배가 굴업도 선착장에 얼른 도착하기를 기다리며 앞으로 만날 굴업도의 다양한 모습을 기대하는 사람들의 표정을 볼 수 있어 좋다. 기대감과 궁금함으로 가득 찬 호기심어린 사람들의 모습을 보는 것도 재미있다.

검은머리물떼새는 천연기념물 326호로 일부 개체는 서해안 섬의 모래밭에 알을 낳는다. 이 녀석들도 덕적도나 소야도의 모래밭에 알을 낳고 새끼를 키울 것이다.

들어오는 배를 기다리는 선착장에선 다소 지친 듯한 사람들의 모습이 보인다. "여기 있는 사람들은 하루 더 있다가 나가는 사람들 이예요" 나가야 하는 사람들 이 이야기한다. 안개로 어제는 배가 뜨지 못하고 그래서 하루를 더 있다가 나가는 사람들이다.

두개의 배낭 중 비박을 할 준비로 가득 찬 배낭은 차에 싣고, 렌즈와 카메라 등 각종 등산장비가 든 더 무거운 가방을 메고 먼저 출발한다. 가방은 무겁지만 무게 중심이 잘 잡혀있어 무겁다는 생각이 들지 않는다. 차에 싣고 간 가방은 서인수님 민박에 내리고 나서 민박 한쪽 켠에 고이 모셔두고 개머리 능선으로 곧장 갈 생 각을 하며 산길을 걸어 삼거리를 지나자 가방과 사람을 잔뜩 싣고서 차들이 나를 지나친다. 차에서 짐을 늦게 내리는 사람들 틈에 내 가방도 내려놓고 서인수님을 만난다.

"둥지 하나 찾아 놓았고 이쪽도 찾으면 금방 찾을 수 있을 텐데. 전화번호를 몰라 연락을 할 수 있어야지."

"개머리능선에 가려고 했는데 멀리 갈 필요가 없겠습니다. "

"잠시만 기다려, 내 어딘가 가르쳐줄 테니까"


금방 들어온 손님들로 바쁜데 빨리 가르쳐 달라고 할 수 없어 점심을 먹으며 기다리기로 한다. 언제나 그렇듯 혼자 다니는 나는 다른 두 명의 손님과 겸상을 하게 된다. 식당의 음식이 참 맛있다. 그래서 반찬을 남기는 것 없이 다 먹는다. 개머리능선에서 야영을 한다는 아버지를 꼭 닮은 아들과 아버지, 부자지간의 여행을 하는 손님이다. 아버지와 아들, 가까우면서도 가까울 수없는 사이. 나와 아버지와의 관계가 그렇고 나와 아이들과의 관계도 그렇다. 잘해 주고 싶으면서도 어떻게 해야 할지를 몰라 가까이 다가갈 수 없었고, 지금은 그게 참 안타깝게 내 마음을 울린다. 내 아이들에게 잘해주었다 생각하지만 왠지 멀어져가는 아이들을 보면서 언젠가는 내 마음을 알아 줄 것이라 생각해 본다. 내 아버지도 그랬을 것이란 것을 생각하면 참 가슴이 아프다. 좋은 여행이 되었으면 한다.

손님들의 식사준비가 끝나자 좀 한산해 진 듯, 지도를 가지고 와 둥지가 있는 위치를 알려준다. 지도를 보면 금방 어딘지 알 수 있을 것 같은 위치이다. 밥도 다 먹었고 해가 지면 저녁 먹으러 오겠다는 말을 남기고 무거운 카메라 가방을 들고 걸어온 길을 되돌아올라 산을 오른다. 개머리능선 가는 길의 반도 되지 않는 거리에 매 둥지가 있으니 금방 찾기만 하면 시간도 많이 절약되고 모든 것이 잘 풀릴 듯하다.

산이라야 작은 능선 같은 봉우리를 두개 지나 바닷가로 난 절벽을 보며 살짝 파진 계곡 옆을 지나자 매가 살 것 같은 높은 절벽이 보인다. 빨간 바위 옆을 따라서 보면 된다고 했는데 곳곳에 빨간 바위들 투성이다. 새똥이 덕지덕지 칠해진 바위 주변을 망원경으로 훑어보아도 움직이는 물체가 보이지 않는다. 바다직박구리 녀석들이 절벽 끝에 앉아 아름다운 목소리로 울어댄다.

'매가 있으면 이렇게 바다직박구리가 대담하게 앉아있지 않을 꺼야!' 계속 산을 타면서 절벽 위를 찾으면서 다닐까? 아니면 썰물로 바닷물이 빠진 모래사장과 바위를 밟으며 아래쪽에서 쉽게 찾아볼까?' 하는 망설임을 잠시 한다.

모래사장으로 내려가면 10분에서 20분이면 절벽에 가려 보이지 않는 곳까지 다 보고 올 수 있고, 계곡과 능선을 올라갔다 내려갔다 하면서 다니면 족히 한 두 시간은 더 걸릴 것 같아 제일 완만하고 쉬운 절벽을 내려가기로 한다.

절벽위로 다니는 것보다 절벽 아래 모래사장을 걸으면서 매가 둥지를 지었다는 곳을 찾는 것이 쉬워 보인다.

튼튼한 나무에 로프를 걸고 8자 하강기에 자일을 넣어 절벽에 첫발을 내딛는다. 흙에서 바위로 발을 내딛는 순간 부드러운 흙속에 묻혀있던 작은 돌덩어리 하나가 아래로 굴러 떨어져 내린다. 그리고 배낭을 맨 몸이 균형을 잃으면서 바위에 손이 살짝 슬려나간다. 첫 등반에서부터 작은 상처가 나면서 아프다. 귀찮아서 장갑을 끼지 않았는데 …… 휴, 등반용 장갑도 필요한가 보다.

경사가 그리 급하지 않고 중간 중간 쉬었다 갈 수 있는 곳도 많아 자일의 탄력을 느끼며 해변까지 쉽게 내려온다. 자일의 길이가 약 30미터 정도이니 딱 그 길이만큼 내려왔다. 썰물시간이라 괜찮지만 혹시라도 모르니 뾰쪽 뾰족한 바위와 군데군데 남은 물웅덩이를 지나 해변을 따라 걸으며 매가 있을 만한 절벽들을 확인하러 다녀 보지만 멀리서 수컷 매 한마리만 하늘을 휘휘 돌고 있을 뿐 매가 있을 만한 절벽은 처음 본 절벽 아니고는 그렇게 높은 곳이 보이지 않는다.

다시 자일을 타고 올라간다. 등반기(어센더)라는 등반용 기구를 사용하니 올라가는 것도 수월하게 올라갈 수 있어 좋다. 바위 절벽 위에서 서서 확보 절벽은 너무나 조용하다. '이곳이 맞을 텐데' 하는 생각이 들지만 다른 곳도 확보하는 수밖에 없다. 다시 무거운 배낭을 메고 토끼섬을 마주보는 절벽 끝 쪽으로 향한다. 그곳에선 먼 곳까지 보이는 좋은 점이 있어 앉아서 천천히 기다려 보려는 것이다.

절벽 끝에 앉아 있으면 늘 우중충한 바다 맑아질 때가 있다. 그때 매가 난다.

절벽 끝에 앉아서 바다를 바라보며 눈앞에 펼쳐진 섬들의 아름다운 풍경을 바라본다. 이곳에서 바라본 남쪽의 풍경은 수묵화를 연상시킨다. 작은 바위섬들이 곳곳에 신기한 모습으로 늘어서 있어 가만히 그 모습을 바라보는 것도 좋다.

"캣캣캣캣," "킷킷-킷-킷"거리는 소리와 함께 절벽에서 두 마리의 매가 날개를 퍼덕이며 움직이는 모습이 보인다. 맨 처음 본 절벽이다. 그렇게 살펴보았는데도 보이지 않던 녀석들이 …… 미리 찾았으면 먹이물고 들어오는 장면이나 먹이를 전달하는 장면을 담을 수 있었을 텐데 …… 산에 들어 온지 한 시간이 지나서야 겨우 녀석들을 찾을 수 있었다.

암컷 매가 있는 절벽으로 되돌아가 조용한 절벽을 다시 본다. 언뜻 녀석의 모습을 보고 자리를 옮겨 좀 더 담기 편한 자리로 옮기는 순간 녀석의 모습이 보이지 않는다. 달리 위장을 하지 않아도 가만히 움직이지 않고 있으면 어느새 녀석의 존재를 쉽게 확인할 수 없다. 내가 절벽 밑으로 해서 찾으러 다닐 때도 저렇게 가만히 엎드려 나의 모습을 보고 있었기 때문에 녀석을 확인할 수 없었다는 것을 알게 된다. 위장이 잘 되어 있어 대충 보고서는 그냥 아무것도 없다고 생각하게 넘어가기 딱 좋다.

앞면이 절개되어 평편하고 약간 경사지게 세워져 비나 바람을 직접 맞지 않을 정도의 낮은 경사각으로 서 있는 바위안쪽, 햇살이 따뜻하게 비치는 남녘 방향의 바위 끝에 웅크리고 있는 녀석의 모습이 보인다. 항상 저 멀리 조그맣게 보이는 녀석만 보아 왔던 터라 비교적 가까운 거리인 약30미터 거리에 앉아 있는 모습을 보니 참 마음이 기쁘다. 이것으로 이번 여행은 그 목적을 다 이루었다고 볼 수 있다.

야방인의 등장에도 힐끗 한번 쳐다보고 나서는 아무런 반응을 보이지 않고 알을 품고 있다.

이제 기다림만이 남았다. 나의 존재를 알면서도 녀석은 나를 쳐다보기만 할 뿐 더 이상 아무런 반응도 없다. 어쩌면 알을 지켜야하기 때문에 나의 존재가 불편하지만 어쩔 수 없이 둥지를 지키고 있는지도 모른다. 한동안 알의 모습도 보이지 않고 처음 모습 그대로 포란을 하고 있다.

거의 한 시간이 지나서야 자세를 바꾸며 알을 돌리기 시작한다. 알을 품고 있지만 눈을 뜨고 나를 수시로 바라보던 모습은 어느새 고개를 숙이고 잠깐씩 잠을 자기도 한다. 그러고는 같은 자세로 앉아 있는 시간이 처음보다는 짧아진다.

알을 품고 있다가 잠깐씩 잠을 잔다. 녀석의 하얀 눈꺼풀은 처음 본다.

오랫동안 알을 품던 자세가 바뀌고, 다시 깃털을 부풀리면서 몸을 돌린 후 알을 부리로 돌린다. 그리고 가만히 알을 품는다. 한 번쯤 날아주었으면 하는 마음이 들지만 녀석은 둥지를 벗어나지 않는다.

바다직박구리 암수 한 마리가 매 둥지 근처를 날아다니면서 바위에 앉아 "삐요로옹" 거리며 예쁜 목소리로 노래를 한다. 이쪽 바위 위로 쪼르르 날아가 노래를 부르다가 훌쩍 뛰어내려 절벽 끝 아래까지 뚝 떨어져 내린다. 가끔씩 이렇게 자유

낙하 하듯이 뛰어 내리는 장면을 보노라면 나도 이렇게 뛰어 내리고 싶은 마음이 든다. 계곡 속에서 살며시 모습을 드러내어 열매를 따 먹고 있는 녀석도 보인다. 온통 바다직박구리들의 세상이 된 것 같다.

깃털을 부풀리면서 품속의 알을 부리로 굴려 알이 골고루 따뜻한 열을 받도록 한다.

암컷 매는 알을 품고 있으면서도 가끔씩 수컷의 움직임이 보이는지 하늘을 한 번씩 올려다보며 수컷의 움직임을 따라간다. 절벽 옆 먼 바다에서 날랜 수컷 매의 사냥장면이 순간적으로 보인다. 바다 수면 위로 낮게 작은 새 한 마리를 추격하고 있다. 앞에 날아가는 작은 새는 필사의 각오로 날아가며 수면 위로 뚝 떨어져 내리며 매의 추격을 피한다. 매도 같은 패턴을 그리며 수면 쪽으로 내리꽂았지만 작은 새를 발톱으로 치는 데는 실패한 모양이다. 매의 공격으로부터 벗어난 새의 힘겨운 날갯짓이 절벽 뒤쪽으로 사라진다. 내심 긴장한 채 수컷 매가 사냥감을 들고 암컷에게로 오기를 바라지만 수컷은 나타나지 않는다.

포란한 상태로 몸만 이리저리 돌리고 몸을 돌릴 때마다 알을 굴리며 알에서 벗어나지 않던 암컷이 슬금슬금 움직이기 시작하며 바닥에서 무엇을 쪼고 있다. 조금씩 알에서 멀어지며 둥지 곁, 작은 풀 속에서 무엇을 계속 쪼아대는 모습을 보인다. 풀을 뜯어 먹고 있는 것일까? 아니면 바닥에 기어 다니는 벌레를 잡아먹고 있는 것일까? 알에서 완전히 벗어난 암컷은 같은 행동을 반복하고 있다. 둥지에서 벗어난 곳에서 돌멩이를 부리로 주워 올리는 것은 작은 곤충과 함께 돌멩이가 딸려 올라 온 것이 아닐까 한다. 그리고 다시 부리로 알을 굴리면서 하얀 가슴 깃털을 부풀리며 세 개의 알을 고이 품는다.

작은 돌멩이 하나를 물었다.

매의 펠릿 속에서는 작은 돌멩이가 나온다는데 녀석이 지금 부리로 문 것이 녀석이 먹은 먹이를 잘게 가는 역할을 하는 용도로 쓰일 것이다.

먼 바다에서 수컷의 조용한 울음소리가 들린다. 사냥을 해왔다. 그리고 암컷을 부르고 있다. 이것은 분명히 공중급식을 하겠다는 신호이다. 암컷이 둥지를 벗어나는 것을 담을 것이냐 수컷의 움직임을 계속 따라갈 것인가를 선택해야 하는 시점이다. 그리 오래 생각할 필요가 없이, 먹이를 들고 있는 수컷을 따라 내 눈은 바다 위에 쏠려있다.

수컷이 먹이를 가져 온 것을 눈치 챈 암컷은 알을 두고 날아오를 준비를 한다.

암컷이 둥지에서 뛰어 내려 수컷에게로 날아간다. 수컷 역시 암컷에게로 오면서 둥지가 있는 절벽 쪽으로 올 것 같다가 방향을 바꾸어 암컷이 뒤에서 따라 오도록 한다. 내게서 멀어지면서 뒤통수만 보이며 암컷에게 먹이를 전달한다. 알을 품는 시기에도 하는 공중급식을 내심 기대하고 있었는데, 뒷모습만 보이며 공중급식을 실시하다니, 야속한 녀석들이다.

암컷이 떠난 빈 둥지에는 세 개의 알만이 덩그러니 남아있다. 먹이를 받아 든 암컷은 내가 있는 곳에서는 보이지 않는 절벽으로 날아 들어가고 금방 둥지로 돌아오겠지 하며 기다리지만 한참 동안이나 모습을 보이지 않는다. 카메라의 무게가 손목을 타고 팔로 느껴져 긴장한 채 들고 있던 카메라를 내려놓을 때쯤에야 절벽라인을 타고 둥지로 들어간다. 내 앞 절벽을 통과할 때는 보이지도 않다가 갑자기 둥지로 솟구쳐 올라선다.

'역시나, 빠른 속도구나' 겨우 둥지에 앉을 때쯤에나 렌즈로 담아낼 수 있다. 둥지로 돌아온 녀석은 다시 알을 품고, 또 시간이 지나자 알에서 조금씩 벗어나면서 바닥을 쪼기 시작한다. 이번에도 무엇을 쪼고 있는지 보이지 않는다.

수컷의 모습도 보이지 않고 암컷도 포란만 하고 있을 뿐 더 이상 움직이지 않는다. 겨우 5시 밖에 되지 않았는데 구름이 끼어 어둑어둑 해지며 셔터 속도가 나오지 않고 둥지에도 그늘이 진다. 6시가 넘어도 햇볕이 남아 있을 시간인데도 구름은 해를 가릴 뿐만 아니라 이른 저녁이 찾아온다. 아쉽지만 짐을 챙겨서 저녁 먹으러 산을 내려간다.


## 4월 24일 일 맑음

이른 새벽에 산에 올라가기 위해 산 아래에서 잠을 청하지만 내일 어떤 장면을 담아야 하는지 어떤 장면을 볼 수 있을지 하는 기대감으로 좀처럼 잠이 오지 않는다. 달이 늦게 떠는 날이라 밤하늘의 별이 초롱초롱하다. 별 사진을 담으러 와도 좋은 곳이겠다는 생각을 해 본다.

잠깐씩 잠이 들었다 깨기를 반복하며 짧은 밤을 길게 보낸다. 이렇게 내가 하고 싶은 일을 하고 있을 때 행복한데 …… 일상생활이 이렇게 된다면, 경제적 문제만 해결할 수 있다면 어떨까? 하는 생각을 해 보지만 달리 뾰족한 도리가 없다는 것을 안다.

새벽 5시, 오래전에 잠에서 깨어나, 철썩 거리는 파도소리와 가끔씩 들려오는 새소리, 가녀린 바람 소리를 들으며 일어날 준비를 한다. 짐을 싸고 텐트를 걷으며 물을 끓이려고 보니 옷 속에 넣어둔 라이터가 보이지 않는다. 찬물을 건조식에 붓고 더 오랜 시간을 기다릴 수밖에 없다.

새벽 해를 맞으러 해변으로 향하는 사람들이 벌써 올라온다. 사람들이 올라오기 전에 텐트를 걷고 산으로 들어가려고 했는데 …… 텐트를 정리한 가방은 산속 나무 아래에 두고 촬영에 필요한 장비들만 챙긴 채 절벽을 향한다. 새벽에 어떤 일이 일어날지 잔뜩 기대를 하면서 숨을 헉헉 거리면서도 쉬지도 않고 발걸음을 재촉한다. 어제의 그 모습 그대로를 간직한 채 어슴푸레 한 절벽을 마주한다.

어제와 같은 자세로 알을 품고 앉아서 나의 기척을 들었는지 암컷 매는 나를 살핀다. 그러고는 이내 고개를 숙이고 잔다. 밤에는 충분한 잠을 잘까? 아니면 내 내 긴장을 하면서 잠깐씩 수면을 취하는 것일까? 수컷은 이른 새벽부터 하늘 높이 날며 사냥터로 떠난다. 암컷은 수컷이 사냥해 오는 시간을 기다려야 하고 나도 역시 수컷이 사냥해 오는 시간을 기다려야 하는 것은 마찬가지이다.

둥지가 보이는 이 곳 절벽에서는 매를 기다리는 일 이외는 달리 할 일이 없다. 이곳을 가끔 지나가는 녀석은 가마우지뿐이다. 흔하디흔한 갈매기조차 모습을 보기가 힘들다. 아주 가끔씩 한 마리 정도 날아다니긴 하지만 그 모습을 보기는 쉽지 않다. 그나마 절벽 이곳저곳을 다니며 놀아주던 바다직박구리도 새벽 시간엔 보이지 않는다. 안개가 살짝 긴 바다 위에 점점이 서 있는 아무런 변화 없는 섬들만이 친구가 될 뿐이다. 이곳에서 바라보는 선단여, 세 남매바위와 섬들이 참 아름답게 펼쳐져있어 그것만 바라보는 것도 좋다.

멀리 선단여가 보이고 고깃배 한척이 지나간다.

서해는 물빛이 동해바다와 같지 않다. 가끔은 푸른 바다처럼 보이지만 가만히 바라보고 있으면 그 속에는 갯벌의 흙을 잔뜩 머금은 흙탕물인 것을 알게 된다. 하지만 밀려왔다 밀려가는 바닷물이 만들어 내는 파도와 모래위에 남기고 간 자국들은 신비한 모습을 만들어 내곤 한다.

바다 위를 떠돌아다니다 섬으로 밀려오는 부표, 가끔씩 사람들이 버리고 간 빈 패트병이 바닷물에 휩쓸려 해변 모래사장에 올라왔다 멀어졌다 하는 풍경이 내 눈앞에서 움직이는 물체 전부일 때도 있다. 지금이 바로 그런 시기이다.

수컷은 나타나지 않고 어느새 세 시간이 흘렸지만 암컷은 포란하는 자세만 가끔 바꾸어가며 눈을 붙였다가, 일어났다를 반복하고 있다. 먼 바다를 보며 생각에 잠긴다. 다음에도 또 여기에 올 것이고 몇 번을 이곳에 더 와야 할 것인가?

암컷은 잠시 눈을 붙였다가 다시 뜨고를 반복한다.

갑자기 눈앞으로 매가 날아간다. 그와 동시에 매 둥지를 확 본다. 둥지에 암컷이 보이지 않는다. 암컷이 날았다는 것은 수컷이 어딘가에 있다는 것일 텐데 하면서 주변을 찾아보아도 소리에 귀 기울여도 수컷의 모습은 보이지 않고 암컷은 내 눈앞에서 한 번 선회를 하고는 토끼섬으로 가버린다. 녀석의 뒷모습 속에서 울려

오는 매 울음소리가 작게 들린다. 녀석도 수컷을 찾는 모양이다. 녀석이 사라진 토끼섬을 바라보고 있는 사이 한참이나 시간이 지났는데도 돌아오는 녀석을 보지 못했는데 어느새 녀석은 둥지에서 알을 품고 있다.

세 개의 알이 덩그렇게 남았고 암컷은 먹이를 가지고 오지 않는 수컷을 찾아 섬을 한바퀴 돈다.

오랫동안 포란으로 굳은 몸을 풀기 위해서 인지 먹이를 가져오지 않는 수컷을 찾아서인지 암컷은 바다 위를 날아 잠시 사라졌다 어느새 둥지로 돌아온다.

11시가 넘어 암컷의 울음소리가 잠깐 울리고 녀석의 눈길을 따라 본 하늘에는 수컷이 섬에서 바다로 날아가는 모습이 보인다. 그리고 한참 후 다시 수컷이 하늘 높이 날고 있다. 발에는 아무것도 없다. 그럼 사냥을 하지 못했다는 것인가? 그렇게 날아간 수컷은 다시 보이지 않는다. 날은 점점 더워지고 나가는 배를 탈시간은 점점 다가온다. 혹시라도 녀석이 언제 올지 모르기에 카메라는 가장 나중에 정리하기로 하고 짐을 하나하나씩 챙겨 언제라도 떠날 준비를 한다.

어제처럼 오후 시간에 먹이를 물고 올 것인가? 어제와 같이 암컷은 알을 굴리고 방향을 바꾸고 날개를 부풀려 알을 가슴속에 따뜻하게 감싸 앉는 일을 되풀이하고, 틈틈이 알에서 멀어지면서 부리로 바닥의 무엇을 열심히 쪼아 먹는다. 장차 새끼들이 태어났을 때 병균을 옮길 수 있는 여러 곤충들을 먹어 조금이라도 청결을 유지하려는 행동으로 보는 것이 맞을 것 같다. 그래도 떠나는 시간이 다가올수록 아쉬움이 더해진다.

세 개의 알이 골고루 적당한 온도를 유지하기 위해 알을 굴린다. 그리고 가슴에 고이 품는다.

부화가 일어나고 있다. 세 개의 알 중에서 하나가 조금 깨어지고 있다. 다음 번 올 때는 새끼들을 볼 수 있겠다.

### 착한 암컷 까칠하지만 사냥 잘하는 수컷 (2016년 5월 5일 맑음)

악화된 기상 상태는 인천 연안 터미널 앞까지 갔다가 다시 집으로 돌아오게 했다. 계속 되는 기상악화로 사람들이 예매 취소를 했고 그 덕분에 겨우 겨우 표를 구할 수 있었다. 아침 상황은 맑은 날씨이다. 바람이 다소 거셀 것이란 일기예보를 연신 확인하면서 반쯤 포기한 심정으로 다시 인천 여객터미널을 향한다.

엷은 안개가 섬 위로 살포시 내려앉아 있다. 저 멀리 덕적도 너머로 송진가루 마냥 노란 안개가 남아 있다. 덕적도를 좌우로 감싸며 펼쳐진 섬을 바라보면서 나래호는 하얀 포말을 내뿜으며 달려가고 있다. 문갑도를 휘돌아 가며 절벽을 바라다본다. 저 섬 절벽 어디에도 분명코 매들이 살고 있을 것 같다. 하지만 산봉우리를 내려와 절벽 하나하나를 찾아다니기엔 너무나 힘겨운 여정임이 틀림없을 것이란 생각이 여지없이 든다.

삼일동안 문을 열어주지 않고 고립되었던 굴업도의 모습이 보인다. 안개와 강풍이 발을 붙잡고 삼일동안 문을 열어주지 않았다. 서인수님도 덕적도에서 삼 일간 발이 묶여 있다가 다시 집으로 돌아간다.

멀리 보이는 토끼섬을 바라본다. 매가 저기 어디쯤에 있을 텐데 하는 마음에 벌써 가슴이 뛰기 시작한다. 오늘 하루 날이 맑다. 그리고 내일은 내내 흐리거나 비가 온단다. 무거운 배낭의 무게도 느끼지 못한 채 산길을 걷는다. 어느새 2주일이 지났건만, 마치 어제 온 듯한 느낌이 들며 새롭다.

산 정상에 올라서자 매의 울음소리가 들린다. '아! 지금 먹이를 들고 왔구나' 하는 생각이 들며 오히려 마음은 더욱 느긋해진다. 이제 한동안은 아무런 움직임도 없이 조용하겠다는 생각이 들었기 때문이다. 옷을 한 겹씩 더 입는다. 산에 올라오느라 몸을 타고 흐르는 혈액은 뜨거워져 있고 온몸엔 땀이 쏭쏭하고 나고 있지만, 매를 마주하고선 다시 옷을 갈아입을 틈이 없기에 미리 모든 준비를 마친 후 절벽에 설 예정이다. 하네스(등반용 안전장치)를 매고 카메라 세팅도 마친 후 천천히 절벽으로 향한다.

가파른 산길엔 드문드문 이팝나무들이 자라 이들에 의지해 내려가면 그나마 조금 편하다. 둥지를 마주보는 경사지의 끝단, 뿌리가 튼튼한 나무에 5미터 슬링 줄을 감고 퀵도르로 확보줄과 연결한다. 혹시나 실수로 미끄러졌을 때나 사진을 담기 위해 일어났을 때 뒤에서 나를 당겨주어 자세를 유지해 준다. 때로는 조금 더 아래로 내려갔다가 위로 올라올 때 줄을 잡고 올라오면 더 쉽기 때문이다.

이미 예상하고 있었던 것처럼 어미는 둥지에서 새끼에게 먹이를 먹이고 난 후 둥지를 내려다보는 나뭇가지에 앉아있다. 나를 힐끔 한 번 쳐다보고는 그냥 부리를 닦고 나서 둥지를 내려다본다. 이미 사람들에게 익숙한 탓일까? 아니면 성격 탓일까? 나에게 전혀 반응을 하지 않는 녀석을 보면서 '이젠 나에게 적응을 했나' 하는 괜한 상상도 하지만 이것은 녀석의 성격 때문일 것이라는 것이 나의 생각이다.

지난번 알을 품을 때와는 달리 암컷은 둥지에서 나와 있는 시간이 훨씬 길고 횟수도 잦다. 작년 개머리능선의 부부 매처럼 암컷이 둥지에서 멀어져 하늘을 유유히 나는 모습은 보이지 않아 작년과 비교하여 아직 애기들이 너무 어려서 그런 것인가 보다 한다.

내가 내려오기 전에 새끼들에게 먹이를 먹이고 난 후 둥지를 내려다보는 나뭇가지에 앉아 있다.

둥지에서 나온 지 10분도 채 지나지 않은 시간, 잠시의 휴식을 취한 후 둥지를 향해 들어간다.

무게와 부피 때문에 최소한으로만 가져온 위장 천을 나무 사이에 묶어 나와 녀석과의 직접적인 눈싸움을 잠시 가리긴 했지만, 둥지에 있을 때나 위장 천 사이로 녀석을 담을 수 있을 뿐 날아가려고 둥지를 걸어 나오면 나 역시 위장 천에서 벗어나야 한다.

한낮의 따뜻한 햇볕에 새끼들은 어미 날개를 헤집고 나와 자꾸만 밖으로 고개를 내민다. 어미는 그런 새끼들을 따뜻한 햇볕에 노출시키지 않으려고 날개를 부풀려 새끼들을 가린다. 그렇게 한 시간여 동안 새끼를 품에 안고 이리저리 움직이던 어미가 둥지 밖으로 몇 걸음 걸어 나와 둥지에서 뛰어 내려 절벽 저만치 아래로 뒷모습을 남기며 가려진 절벽으로 사라져간다. 내가 듣지 못하는 사이 수컷이 먹이를 물고 왔을까? 아니면 수컷에게 먹이를 가져오라고 재촉하러 간 것일까? 흰 깃털마저 다 나지 않은 어린 새끼들은 둥지에 남겨졌고 어미는 15분이 넘어서야 둥지 위 나무에 사뿐히 내려앉지만, 발에는 아무것도 없다.

따뜻한 햇볕이 둥지에 들어오는 시간, 어미도 더운지 입을 벌리고 헐떡이지만 새끼들을 햇볕으로부터 보호하려고 날개를 펼쳐 새끼들을 가슴으로 품고, 새끼는 자꾸 어미의 품에서 나오려한다.

어미가 떠난 둥지엔 흰 깃털마저 다 나오지 않은 이제 일주일 된 새끼들이 쏟아지는 햇볕을 맞으며 꼬물거린다.

　두 시간 동안 새끼들을 품고 있던 어미가 고개를 까딱거린다. 거리를 재고 있는 모습이다. '녀석 곧 날아갈 것 같네, 수컷이 먹이를 가지고 왔나' 하는 생각과 동시에 암컷은 곧 둥지에서 성큼성큼 걸어 나와 절벽 아래로 뛰어내린다. 잠시 후 아무소득도 없이 둥지로 돌아온다.

　나무에 한참을 앉아 있던 어미는 둥지로 사뿐히 내려앉았다가 금방 둥지를 박차고 사라져간다. 둥지에서 뛰어내려 절벽 아래로 사라져가는 모습은 렌즈로는 도저히 따라갈 수 없다. 그냥 눈으로만 보고 만다. 절벽 뒤로 사라진 어미는 금방 발에 새를 한 마리 들고 바다위로 날아온다. 그리고 곧장 둥지로 들어가지 않고 바다 위에서 방향을 틀어 한 바퀴 선회를 한 후 저 멀리 시야에 가리는 절벽 위에서 속력을 내며 바다 위로 날아와 내가 서 있는 절벽 아래로 떨어져 내렸다가 둥지 쪽 앞쪽에서 다시 솟아오르면서 둥지로 사뿐히 내려선다.

사냥을 하러 나갔다가 돌아오는 어미가 바다 위로 날고 있다. 서해의 바다는 동해의 바다와 같이 맑고 깨끗한 바다는 아니다.

둥지를 향해 날아 들어올 때는 빠른 속도로 절벽 아래로 날아와서 위로 솟구쳐 오르기 때문에 담기가 힘들다.

암컷은 새끼에게 주려고 새를 들고 왔다. 둥지로 들어가기 전 바다를 배경으로 날아오는 모습은 몇 번의 실패 끝에 담을 수 있었다.

둥지로 들어가기 전, 둥지가 있는 절벽을 배경으로 담겠다. 풀 한포기 나지 않은 절벽은 붉은 바위투성이다.

세 마리의 새끼는 먹이를 서로 먼저 달라고 어미를 향해 입을 활짝 연다. 어미
는 먹이를 작게 찢어내 세 마리에게 골고루 먹이고 있다. 어느 한 녀석이 한두 번
더 많이 받아먹기도 하지만 어미는 세 녀석 모두에게 먹이려고 한다. 새끼들의 먹
이 주머니가 불러오기 시작한다. 찢어낸 먹이가 너무 큰 크기로 잘려 나오면 어미
는 다시 잘게 찢어 새끼에게 먹인다. 얼마 남지 않은 먹이 중에서 새끼들이 먹기
엔 불편한 새의 발이 딸려오자 어미는 자신이 직접 삼켜버린다.

새끼들 보다 작은 크기의 새를 한 마리 가지고 왔다. 수컷에게서 받은 것인지 암컷이 직접 잡은 것인지는 알 수 없다. 주로 수컷이 사냥을 하
지만 둥지 근처에서는 암컷도 가끔 사냥을 시도한다.

새끼들은 어미가 먹이를 찢으면 어미를 향해 부리를 벌리고 서로 달라고 작은 소리를 낸다. 서로 먼저 먹겠다고 입을 벌리지만 형제들 간의
싸움은 없다.

어느새 새끼들의 모이주머니가 불러온다. 아직은 새끼들이 작기 때문인지 작은 새 한 마리로도 충분히 배를 불릴 수 있다. 마지막 남은 새의
발까지 남김없이 어미가 처리한다.

먹이를 다 주고 난 어미는 햇볕이 직접 내리쬐는 둥지 앞을 걸어 나와 절벽 아래로 다시 몸을 던져 보이지 않는 절벽 너머로 사라져간다. 덩그렇게 남은 새끼들은 하얀 깃털 사이로 분홍색의 살점이 보인다. 둥지 안에서 꼬물꼬물 움직이지만 둥지 밖으로 나가진 않는다.

둥지 밖으로 몸을 내밀 때는 질산인 성분이 잔뜩 포함된 변을 누기 위해서 엉덩이를 밖으로 쳐들고 멀리 보낼 때뿐이다. 하지만 절벽아래쪽과 바위로 막힌 쪽을 구분하지는 않는다. 아직 어린 새들이 깨어나지 않았을 때는 둥지를 감싸고 있던 바위가 깨끗했지만, 어느새 둥지 옆의 바위들엔 배설물로 하얗게 덧칠되어 있다. 그래서 둥지엔 날파리들이 많이 날아다닌다.

먹이를 준 어미는 잠시 나뭇가지에서 휴식을 취하고 새끼는 둥지 안에서 조금씩 움직이다가 엎드려 자다가를 반복한다. 새끼들은 형제들을 향하지 않고 둥지 밖이나 둥지를 감싸고 있는 절벽을 향하여 배설을 한다. 그래서 점점 배설물로 절벽은 하얗게 변해간다.

둥지를 나간 어미는 한참 후 둥지를 내려다 볼 수 있는 나뭇가지에서 20여분을 앉아 쉬다가 다시 둥지로 내려앉는다. 둥지 속에는 어느새 지쳐 잠든 아기 새들 세 마리가 똘똘 뭉쳐 낮잠을 자고 있다.

새끼들에게 먹이를 먹인 후, 따뜻한 햇볕이 둥지에 들어오자 더 이상 새끼들의 체온을 걱정하지 않아도 되는지 둥지근처에 나와 있는 시간이 많다. 둥지와 가장 가까운 나뭇가지에 앉아 주변을 살핀다.

가끔씩 새끼들을 품느라 움츠린 몸을 풀기 위해 둥지를 멀리 떠나지 않고 하늘로 날았다가는 다시 둥지 근처로 돌아와 바위에 앉는다.

둥지를 아래로 내려다 볼 수 있는 절벽 위에 앉아 수컷의 움직임과 주변에 날아다니는 새들의 움직임을 좇는다.

새끼들 가까이 있지만 한 장소에 오랫동안 앉아 있지는 않고 수시로 둥지에 들어가 새끼들의 상태를 확인하기도 하고 간혹 먹잇감을 쫓기도 하고 몸을 풀기 위해 하늘을 선호하기도 한다.

바다를 선회하고 돌아오며 나를 바라보며 정면으로 날아온다. 멀리 아스라이 섬이 보인다.

가장 뜨거운 시간이 지나자 서서히 그늘이 지기 시작한다. 태종대와 같이 아침 햇살이 정면으로 비추고 오후에 일찍 그늘이 드리우기 시작하는 곳이다. 아직 그늘은 둥지까지 들어오진 않았지만 훨씬 시원한 온도가 되어, 내내 둥지에서 새끼에게 그늘을 만들어 주려고 노력하던 어미도 한결 마음이 가벼워졌는지 둥지를 벗어나 있는 시간이 많아진다. 수컷도 사냥을 해와 암컷을 부른다.

먹이를 가지고 들어 왔다. 머리는 깨끗이 정리되어 어떤 새인지 알 수 없고 깃털도 정리한 흔적이 보인다. 먹이를 먹은 지 두 시간이 흘렀지만 새끼들은 아직 먹이에 대한 욕구가 강하지 않다. 세 마리의 새끼모두 두 시간 전의 식사를 다 소화하지 못한 듯 조금 받아먹다가 더 이상 먹이에 관심을 보이지 않는다. 어미는 남은 먹이를 들고 둥지를 벗어나 사라졌다가 다시 둥지 옆 나뭇가지로 돌아와 부리청소를 한다. 아마도 다른 장소에서 자신이 먹었나 보다.

먹이를 들고 올 때 이미 머리는 정리 되어 있고 일부 깃털도 정리한 흔적이 보인다. 새끼는 어미를 반긴다. 새끼의 발톱은 어느새 강력한 맹금의 발톱을 가졌다.

새끼들끼리 싸움은 없지만 더 간절히 원하는 녀석에게 먹이를 준다. 하지만 새끼들은 아직 소화를 다 시키지 못했는지 적극적으로 먹이를 받아먹지 않는다.

새끼들이 적극적으로 받아먹지 않자 찢어낸 먹이는 어미가 먹는다.

반쯤 남은 먹이를 들고 어미는 둥지를 떠날 준비를 한다. 남은 먹이는 주변 절벽의 저장고에 숨겨두려는 모양이다.

하루 종일 맑던 하늘에 조금씩 구름이 끼기 시작하며 아직 어두워지긴 이른 시간이지만 그늘이 져 훨씬 더 어둡게 느껴지기 시작한다. 짐을 챙긴다. 그리고 조용히 자리를 벗어나려는 순간 암컷 매는 먹이를 발에 달고 나에게 자랑하듯이 천천히 정면 얼굴을 보이며 날아온다. 오늘 하루 중 가장 느린 속도로 날아오는 당당한 암컷 매와 눈이 마주친다. 카메라는 이미 가방 속에 들어가 있는데 …….

### 5월 6일 비, 안개, 구름, 맑음, 안개

일기예보는 오늘 하루 종일 흐림, 혹은 비가 오고 오후에는 개는 것으로 나온다. 많은 비가 오지는 않았지만 밤새 비가 내려 텐트 작은 빗방울이 방울방울 맺혀 젖어있다. 어제 배를 타고 들어오면서 바닷물이 들이쳐 배낭 아래쪽에 넣어둔 옷가지와 수건들이 바닷물에 흠뻑 젖어 있는 것들을 말릴 새도 없이 오늘도 텐트에 두고 나가야 한다.

날씨가 맑으면 새벽 6시에 나가도 이미 환해, 새들이 날아다니는 것을 담을 수 있지만 오늘 아침은 날씨가 흐리고 어둡다. 굳이 일찍 서둘 필요도 없지만, 오히려 이럴 때 오전엔 그늘이 져 어두운 둥지 쪽 보다는 개머리 능선에 가는 것이 좋을 것 같아, 계획을 바꾸어 아침도 먹지 않은 채, 아직도 바닷물이 채 빠지지 않은 고운 모래밭을 지나 개머리 능선을 헉헉거리며 오른다.

언제나 뿌연 안개 속에 가려있는 섬들을 보면서 이른 새벽 개머리 능선에서 바람의 물결을 맞으며 외로운 발걸음을 한다. 세차게 부는 바람에 가을의 해묵은 억새들이 머리를 풀어 헤치고 바람을 맞고 있다.

예전에 둥지가 있던 북쪽 계곡에 자리 잡고 앉아 기다려 보지만 매의 그림자도 보이지 않는다. 올해도 둥지자리를 바꾸었나 보다. 남쪽 절벽 길로 향하며 개머리 능선 끝 텐트 몇 동을 바라본다. 언제나 그렇듯 색색의 텐트들이 개머리 능선에 세워져 있어 이국적인 풍경을 보여준다. 완만한 오르막길을 걸어 남쪽 작년 둥지로 능선을 따라 조심히 내려간다.

이번에도 영락없이 내 몸을 드러내야 하는 커다란 바위를 지나자 절벽을 박차고 오르면서 매 두 마리가 순차적으로 날아간다. 그대로 날아간 수컷과 달리 암컷은 특유의 소리로 "꽉아악 꽈아악"거리면서 자기 영역에 들어왔음을 경고한다. 일 년 만에 만나는 녀석들이라 반가움이 앞선다. 하지만 녀석들의 입장에선 나는 여전히 침입자에 불과하다. 수컷은 몇 번 공중을 선회하더니 내 시야에서 사라져

간다. 암컷만이 남아서 내 주위를 돌며 소리 지르다가 내가 빤히 보이는 자리에 앉아 나를 감시하기 시작한다.

암컷은 소리 지르며 자기 영역에 들어 왔음을 경고한다.

내 주위를 돌며 경고를 하던 녀석은 내가 빤히 보이는 자리에 앉아 나를 감시한다.

녀석들이 이곳에 둥지를 지었고 이곳에 있다는 것만 알고 싶어 찾아 온 길이라 오래 있지 않고 능선을 내려와 아침을 먹고, 한참동안 마을에서 시간을 보낸 후 천천히 둥지가 있는 토끼섬이 보이는 산에 올라선다. 아직도 날씨는 흐리고 안개가 끼어있다. 오히려 이렇게 약간의 비도 오고 안개도 끼는 날이 그 동안과는 다른 분위기의 사진이나 녀석들의 다른 행동을 볼 수 있지 않을까 하는 기대감도 크다.

녀석은 아침의 선선한 기운에 새끼들의 체온을 높이려 날개를 한껏 부풀려 새끼 세 마리 모두를 품고 있다. 한 시간이 지나도 녀석은 새끼들을 품안에 안고 눈을 감고 잠깐 동안의 잠을 자다가 깨어나 나를 확인하고 다시 눈을 감고 잠을 청하기를 반복한다.

이른 시간 아직 기온이 낮아 어미를 새끼를 품속에 품고 있다. 새끼들도 어미의 따뜻한 품속에서 꼼짝도 하지 않는다.

　품속의 새끼들도 어미의 따뜻한 품속에서 오롯이 잠들어 있다. 어제처럼 꼬물거리며 어미의 품속을 벗어나려는 시도는 보이지 않고 아주 평안하게 잠들어 있다. 새끼를 품고 있던 녀석이 조금씩 움직이기 시작한다. 바닥에 있는 벌레들을 처리한다. 가끔 돌도 부리에 달려올라 오기도 하고, 녀석은 새끼들을 품에 안은 채 빙글빙글 돌다가 급기야 품에 앉은 새끼들을 버려두고 나와 둥지 주변에서 벌레들을 열심히 주워 먹고 있다. 덩달아 새끼들도 잠에서 깨어 하얀 솜뭉치의 새끼들이 선명하게 보인다. 하지만 어미는 둥지를 떠나지 않는다.

　해무 사이로 수컷이 부른다. 빈손으로 지나가면서 왜 부르는 것일까? 그 소리에 맞추어 암컷이 둥지를 박차고 나간다. 10분이 지나도 녀석은 모습을 보이지 않는다. 15분이 지나고 나서야 먹이 하나를 들고 둥지로 돌아온다.

　마치 식탁이라도 되는 듯이 둥지 안에 박혀있는 작은 돌 위에 앉아 발톱으로 먹잇감을 누르고 부리로 먹이를 찢어낸다. 붉은 피 빛의 살점이 떨어져 나오고 새끼들은 입을 벌려 그 먹이를 받아먹는다. 먹이를 찢어 올릴 때 마다 세 마리의 새끼는 서로 먼저 달라고 입을 어미 쪽으로 벌린다. 마지막 남은 새의 발은 어미가 꿀꺽 삼키고는 둥지를 벗어나 날아간다. 채 7분도 되지 않아 새 한 마리를 몽땅 새끼에게 나눠주고 절벽을 박차고 나간다. 새끼들의 모이주머니는 이미 볼록해졌다.

어미는 형체를 알 수 없고 깃털마저 어느 정도 정리된 새 한 마리를 들고 왔다.

이미 부리 속에는 먹이는 있는데도 불구하고 새끼는 다시 입을 벌리며 먹이를 자기 입에 넣어달라고 성화를 부린다.

10여분을 둥지에서 벗어나 보이지 않은 곳에 있던 녀석이 다시 돌아와 한 시간 동안 새끼들을 다시 품에 안고 있다가 해무 긴 절벽 위에서 잠시 휴식을 취한 다음 다시 절벽 틈에 자란 나뭇가지에 앉는다. 잠시 나뭇가지에 앉아 있던 녀석은 다시 해무 속으로 날아간다.

　해무는 점점 더 짙어지고 둥지에까지 해무가 올라온다. 금방 나타난 녀석은 깃털을 여기저기 뽑아낸 흔적이 남은 새 한 마리를 물고 들어왔다. 아직 깃털도 다 자라지 않은 새끼들은 어미가 찢어주는 먹이를 향해 입을 벌리고 있다. 새끼들은 두 시간이 채 되기 전에 먹었기 때문인지 금방 한 마리를 해치우던 녀석들이 10분이 지날 동안 한 마리를 다 먹지 못하고 새끼들도 먹이에 적극적이지 않자 어미는 남은 먹이를 들고 숲속으로 사라져간다. 보이지 않는 절벽에 숨겨둘 것인가, 아니면 자신이 먹을 것인가?

해무는 둥지까지 올라왔다. 깃털이 정리 된 먹이를 들고 온 어미는 채 두 시간이 되지 않은 시간 만에 먹이를 가져와서 인지 새끼들은 먹이에 적극적이지 않다.

반도 먹지않은 먹이를 들고 어미는 둥지를 나선다.

금방 다시 돌아 온 것으로 보아 먹이는 비밀 저장소에 숨겨두고 온 모양이다. 배부른 새끼들을 품에 안고 다소 서늘한 기온을 견딜 수 있도록 품어 준다. 어미는 둥지에서 방향을 바꾸어가며 새끼들을 품어 준다. 가끔씩 벌레들을 잡고, 살짝 눈을 감고 자다가 일어나기도 한다. 깊은 잠을 자지 않고 잠깐 동안의 쪽잠을 자는 듯하다. 애처롭기까지 하다. 한 시간 반가량 둥지에 있어서인지 녀석은 둥지를 벗어나 잠시 나뭇가지에 앉아 있다가 바다 위를 날아다닌다. 마치 무엇을 사냥할 것처럼 토끼섬 해식 동굴 앞에까지 날아가서 하늘로 솟구쳐 오르며 작은 새를 추격한다. 약 20분간 바다 위로 날기도 하고 하늘을 배경으로 날기도 한다. 마치 그동안 새끼들로 날개를 마음대로 펴고 날지 못한 것을 보충이라도 하는 것 같다.

나뭇가지에 앉아 새끼를 품느라 경직된 날개를 스트레칭으로 풀고 있다.

멀리 토끼섬의 검은 현무암 바위와 그 위의 초목들을 배경으로 날기도 한다.

먹이를 다 먹지 않아 반 이상을 남겨놓아, 나머지를 들고 둥지 밖을 나간 후 2시간 만에 다시 깃털도 뽑지 않은 작은 새 한 마리를 물고 둥지로 들어간다. 채 3분도 되지 않은 시간에 새는 흔적도 없이 사라진다. 어미는 먹이를 먹인 후 곧장 하늘로 날아가 다시 사냥을 시도한다. 10여 분 후 털도 뽑지 않은 오목눈이 한 마리를 잡아 온 후 역시 3분 만에 다 먹이고 나서는 횃대에 앉아 양치질 하고 깃털 다듬기를 한다. 그러고는 다시 횃대를 떠난 후 곧장 작은 새 한 마리를 또 잡아 왔다. 30분 사이에 새를 세 마리나 가지고와 새끼에게 먹인다. 역시 크기가 작아서인지 2분도 걸리지 않고 먹잇감은 사라진다.

잠시 횃대에 앉아 있던 매는 다시 절벽과 바다 사이를 오가며 비행을 시작한다. 40분 동안 절벽과 하늘 그리고 내 머리 위를 맴돌며 나를 쳐다보며 지나가기도 한다. 나를 빤히 보면서도 한 번 경고음 내지 않고 날아다니는 녀석을 보면서 마치 이젠 나의 존재를 당연시 하는 것같이 느껴져 기분이 좋다.

그렇게 내 앞의 바다와 절벽, 토끼섬을 오가면서 날아다니던 녀석이 6번째 먹이를 달고 온다. 지난 식사 이후 거의 한 시간 만에 먹이를 가져왔다. 이번에도 오목눈이로 보이는 작은 새를 물고 왔고 4분도 채 걸리지 않고 먹이를 깨끗이 해치운다. 그리고 암컷은 다시 둥지를 벗어났다가 4분 후에 7번째 먹이를 물고 온다. 역시 3분 만에 먹이는 형체도 없이 사라진다.

잠시 잠깐씩 녀석이 보이지 않고, 숲 너머로 사라질 때마다 수컷이 먹이를 잡아와 암컷에게 넘기는지 이렇게 빨리 먹잇감을 잡아오는 것이 맞는지 의심스럽기까지 하다. 수컷이 먹이를 잡아오면서 내는 소리도 수컷의 모습도 보이지 않고 그렇다고 암컷이 사냥 성공하는 모습도 보이지 않는다. 먹이를 가지고 오는 수컷에게 소리 지르면서 날아가지도 않는 등 너무나 조용하게 먹이를 가지고 오고 있기 때문에 혼란스럽기까지 하다. 그렇다고 어디 창고에 둔 먹이를 가지고 오는 것 같지 않고 금방 잡은 듯이 전혀 손질이 안 된 새를 계속 잡아오기 때문에 더욱 혼란스럽다. 해무가 끼어있어 새들이 매의 존재를 알아채기도 전에 잡히기 때문일까? 먹이 공급이 무척이나 빠르게 진행된다.

다시 해무가 끼기 시작한다. 마지막 먹이를 가지고 온 후 어미는 둥지를 벗어나 있다가 15분쯤 후에 둥지에 들어온 후에는, 그늘에다 해무까지 끼어 어둑어둑해지는 둥지의 새끼들을 꼭 품고 둥지를 벗어나지 않고 있다. 숲은 어둑어둑하다. 이 숲을 벗어나면 아직 환한 것을 알면서도 조용히 숲에서 나온다.

이른 시간인데도 그늘이 지고 약간의 해무도 남아 있어 둥지는 이미 어둡다. 어미는 둥지에 앉아 새끼들과 함께 있지만 새끼들은 어미의 품 속엔 들어가지 않고 있다.

## 2016년 5월 7일 맑음

아침나절 서향인 둥지는 그늘로 어둡다. 발에 밟히는 지난 계절의 나뭇잎들로 바스락 거리는 소리와 나뭇가지를 밟아 부스러지는 소리를 들었는지 눈에 보이지도 않는데도 녀석은 경고음을 낸다. 그리고 어떤 위험인지 알아보려는지 하늘을 맴돈다. 둥지가 보이는 곳, 어제와 같은 곳에 조용히 앉아서 둥지를 바라본다. 둥지 안에 하얀 깃털의 아기들이 꼭 붙어 한 덩어리가 되어 있다. 어제 오후 6시 경 철수 할 때까지만 해도 보이지 않던 노란색 깃털들이 둥지 주변에 널려있다.

어미 새는 금방 둥지 위 나뭇가지에 내려앉았지만 둥지로 돌아가지 않는다. 낮은 소리로 수컷 매를 찾지만 아무런 대답도 없다. 어제처럼 먹잇감을 가져 온다면 오늘 아침에도 벌써 여러 번 먹이를 전달했을 터인데 암컷은 수컷을 찾아 연신 둥지를 벗어나 있다. 아침녘의 차가운 공기에 새끼들이 괜찮은지 모르겠다. 경험 많은 어미는 나보다 더 많은 것을 알고 있으리라 생각해 본다.

둥지엔 빛이 들어오지 않아 서늘할 텐데 어미는 둥지에 들어가지 않고 둥지 근처에 앉아 주변을 살핀다.

한참을 그러고 있던 녀석이 다시 절벽 너머로 사라져간다. 금방 돌아오던 것과는 달리 이번엔 한참동안 모습을 보이지 않는다. 이른 아침엔 모습을 보이지 않던 바다직박구리 수컷이 드디어 모습을 드러내며 절벽 끝단에 앉아 노래를 한다. 한참을 노래하던 녀석이 내가 앉은 절벽 앞을 지나 반대편 바위 끝단 앞에 잠시 내려앉았나 싶더니 이내 바위 위에서 벌새가 꽃 앞에서 호버링 하듯 바위 끝단에서 호버링을 한다.

'무슨 일이지. 왜 저기서 저럴까?'

무슨 일인지 모르지만 신기한 장면이다 생각하며 셔터를 누르고 나서 화면을 확보니 바위 위에는 암컷 바다직박구리가 앉아 있고, 수컷이 그 위에서 짝짓기를 한 것이다. 수컷과 달리 암컷 바다직박구리의 색이 바위와 비슷한 위장색이라 아무것도 보이지 않은 것이다.

매 둥지 근처에서 한 쌍의 바다직박구리가 짝짓기한다.

멀리 날갯짓 하며 날아오는 암컷 매가 보인다. 먹이를 들고 내게선 보이지 않는
능선 위 나무로 가서 잠깐 동안의 먹이 손질을 하고선 절벽 아래로 뛰어 내린다.
그리고선 나무들로 가려진 절벽위로 순식간에 모습을 보이고선 곧바로 둥지를
향해 날아간다. 내게는 이 순간이 찰나의 시간이다. 금방 모습을 보이는가 싶으면
어느새 둥지 앞으로 날아 들어간다. 간신히 뒷모습이라도 담으면 그나마 성공한
것이다.

암컷 매가 형체를 알 수 없는 노란 덩어리의 먹이를 들고 둥지로 들어가고 있다.

둥지바닥에는 어제는 보이지 않던 노란색 깃털들이 이미 사방으로 어지럽혀져 있는데 또 다시 노란색 깃털을 가진 새를 잡아 왔다. 이미 목 위 부분은 없어졌고 깃털도 일부 정리되어 있다. 새끼들은 어미가 먹이를 부리로 자를 때마다 머리를 꼿꼿이 세우고 부리를 벌려 먹이를 달라고 조르고 있다. 마지막 남은 발가락이 남은 큰 조각은 어미가 먹어 치우고는 둥지 밖으로 뛰어내려 절벽 앞을 한 바퀴 돌고나서 다시 둥지 위 나뭇가지에 앉아 잠시 부리와 깃털을 정리한 후 둥지로 들어간다.

새끼들의 모이주머니는 통통하고 부풀어 올랐고 더 이상 먹이에 대한 관심을 보이지 않는다.

둥지에는 채 15분도 있지 않다가 다시 둥지를 나선다. 그리고 다시 금방 둥지로 돌아왔다가 다시 둥지를 나선다. 날씨가 좋아서 인지 어미가 둥지에 오래 있지 않고 잠깐 들어와서 확인하고 다시 나가기를 반복하고 있다.

해양경찰 헬기 한 대가 섬 주위를 한 바퀴 돌며 순찰을 하고 돌아간다. 암컷 매는 여전히 둥지에 있는 시간 보다 둥지에서 나와 이쪽 절벽에서 저쪽 토끼섬까지 또는 바다 위를 날아다니는 시간이 더 많다. 둥지에 들어가더라도 2-3분 만에 다시 둥지를 나와 나뭇가지에서 시간을 보내거나 절벽 위에 있거나 하늘을 날아다니거나 하고 있다. 하지만 둥지에서 벗어나더라도 오래지 않아 둥지가 보이는 근처를 날아다니거나, 둥지에서 가까운 나뭇가지나, 절벽에서 둥지를 지키는 일을 게을리 하지 않는다.

매가 눈앞에 지나간다. 녀석은 나를 전혀 의식하지 않고 내 앞을 지나간다. 나를 의식하지 않는 녀석이 고맙다.

둥지에서 멀리 떨어진 곳에서 매를 기다린다. 둥지에서 절벽 아래로 뛰어 내린 후 다시 솟구쳐 올라오는 매를 기다린다. 어디에 있던 매는 나를 의식하지 않는다.

먹이를 먹고 난 후 3시간이 지난 후 수컷 매가 다른 때 보다 조금 큰 노란색 새를 잡아서 암컷에게 먹이를 잡아 왔다는 신호를 보내며 절벽 뒤로부터 나타나 내가 앉은 절벽 가까이까지 날아오지만, 절벽 아래에 앉아있는 암컷 매는 자세를 바꾸지 않고 듣지 못한 듯 가만히 있기만 한다. 마치 너무 오랫동안 먹이를 잡아오지 않은 수컷을 탓하며 모른 채 하고 있는 것만 같다.

암컷이 없는 것도 아닌데 먹이를 받으러 오지 않자 수컷은 멀리 바다까지 나갔다가 다시 돌아오면서 먹이를 받아 가라는 소리를 계속 내면서 다가오지만 암컷은 역시나 아무런 반응을 보이지 않는다. '왜, 이유가 무엇일까, 저렇게 암컷이 자리에 앉아서 꼼짝도 하지 않지' 마음속으로는 수컷이 그냥 날아가 버리지 않을지, 나는 둥지랑 먼 거리에 있는데 둥지에 먹이인 새를 던져 넣고 가버리지 않을지 걱정이다.

노란 깃털을 가진 새를 잡아온 수컷이 암컷을 애타게 부르고 있지만, 바위 절벽에 앉은 암컷은 아무런 반응을 보이지 않는다.

수컷은 다시 먹이를 들고 바다로 나가고 있다. 그 순간 암컷이 날아올라 바다로 나가는 수컷을 따라간다. 점점 멀어져가는 수컷과 암컷은 나를 등지고 바다멀리에서 공중급식을 실시한다. '얄미운 녀석들, 아까 수컷이 절벽 앞에 올 때 그때 공중급식 실시하지' 허탈하다 하지만 어쩔 수 없는 일이기도 하다.

먹이를 받아온 암컷은 수컷이 그랬던 것처럼 먹이를 들고 내가 앉아 있는 절벽 앞을 두 번이나 선회하면서 '우리 남편이 잡아온 먹이가 크지요' 하고 자랑 하듯이 날아다닌다. '그래 얄밉긴 하지만 또 이렇게 두 번이나 날아주어서 고맙다.' 그러고는 먹이를 들고 절벽 아래 보이지 않는 곳으로 내려가 버린다.

공중에서 먹이를 받아 든 암컷은 먹이를 들고 두 번이나 선회를 하며 나에게 정면으로 날아온다.

둥지엔 아기 새들만 앉아 있다. 암컷 매는 절벽 아래로 사라지고 나서 금방 빈손으로 나타나 내 앞을 지나쳐 다시 둥지 위 절벽에 가서 앉는다. 새끼들에게 먹이를 갖다 줄 마음이 없는 것처럼 보인다. 절벽에 오랫동안 앉아 있던 녀석은 잠시 둥지에 들어가 새끼들과 약 6분정도 있다가 다시 둥지 밖으로 나와 20분도 넘게 둥지로 들어가지 않는다. 수컷이 먹이를 잡아오고도 한 시간이 넘는 동안 새끼들에게 먹이를 갖다 주지 않는다. 아침에 새끼들이 먹이를 먹은 지 4시간이 지나고 있다.

나는 둥지에서 멀리 떨어져 있고, 녀석은 나를 개의치 않고 날아다니며 심지어 내가 앉은 절벽 바로 앞으로도 날아가면서 나를 흘깃 쳐다보면서도 아무런 반응도 하지 않는다. 오늘과 어제의 다른 점은 어제는 해무가 끼어 기온이 전체적으로 낮았고 오늘은 기온이 높아 다소 햇볕이 따갑게 느껴지는 날씨의 차이 때문일까?

어느새 나가는 뱃편을 생각해서 산을 내려 가야하는 시간이다. 산을 내려가다가 노란 흰눈썹황금새 수컷을 숲에서 만난다. 둥지 주변에 어지럽게 널려있던 깃털들은 노랑할미새의 깃털일까 아니면 흰눈썹황금새의 깃털일까? 지금시기가 새들이 한창 이동하는 시기여서 현지 생활에 적응 못한 녀석들이 많이 잡혀오는가 보다.

썰물로 물이 빠져나가 온전히 제 모습을 다 드러낸 해식동굴의 컴컴한 어둠을 배경으로 매가 난다.

## 착한 암컷 매가 변했네 (2016년 5월 21일 토요일 맑음)

새끼들이 무척이나 많이 자랐을 것이라 생각하며 기쁜 마음으로 배에서 내리자마자 가방 두개를 가지고 지름길을 통해서 산으로 올라간다. 한 개의 배낭은 산속에 두고 배낭 하나에 짐을 모두 꾸려서 산으로 향한다 땀이 비 오듯 쏟아지지만 녀석들을 만날 수 있다는 행복감에 젖어 힘든 줄 모르며 산을 오른다.

녀석들의 둥지가까이 내려가기 전에 장비를 착용하고 카메라 세팅을 모두 마친 채 조심스럽게 비탈길을 내려가자, 녀석의 경고음이 들려온다. 이미 지난번에 앉았던 나무 뒤에 조용히 앉아 녀석이 조용해질 때까지 기다린다. 하지만 이 녀석은 이미 지난날의 그 착하던 어미가 아니다. 조용하게 앉아 있으면 나를 무시하던 그 녀석이 아니다. 내가 앉아 있는 듬성듬성 난 나무를 향해 날아오면서 나를 위협하기 시작하며 둥지 위의 절벽에 앉아 내가 자리를 비키지 않으면 계속 소리치겠다는 듯이 끊임없이 울어댄다.

둥지 위의 절벽에 앉아 접근하지 말라는 의미의 경고음을 낸다. 2주 전의 착하던 어미가 이렇게 바뀌었나 할 정도로 심하다.

2주 전에 내가 다녀간 주말 이후 주중에 한 팀이 온다는 소식을 이미 알고 있었다. 그 팀이 어디에서 오는지는 알고 있었으나 누구인지는 모른다. 그리고 그 주에 또 다른 알고 있는 분이 홀로 다녀갔다는 이야기를 들었고, 그 분 이야기에서 뭔가 이상한 낌새를 느꼈다. 평소에 가던 개머리 남쪽 능선의 녀석들을 담고 나서 이곳 둥지 상황이 궁금해서 둥지에 왔을 때는 남쪽 능선의 녀석과 달리 엄청나게 공격적이었다는 이야기를 전해 들었기 때문이다.

나를 전혀 경계하지도 않고 나의 움직임에도 별로 반응이 없던 녀석이 2주 만에 완전히 공격적이 되어 버렸다. 녀석이 진정되기를 바라면서 숲속에 들어가서 기다려도 녀석의 흥분은 가라앉지 않고 계속 신경질적인 반응을 보이며 둥지 근처에서 경고음을 낸다. 무슨 일이 있었던 것일까? 어떤 상황에 처했기에 이렇게 맹렬하고 공격적으로 녀석이 변해 버렸을까?

둥지 주변을 크게 벗어나지 않고 주변을 돌며 위협적인 비행과 경고음을 내고 있어 뒤로 물러서야만 했다.

어미와는 달리 새끼들은 아직 둥지를 떠날 준비가 되어 있지 않았기 때문에 크게 동요를 보이지 않고 두 마리는 둥지에 붙어서 고개를 내밀고 무슨 일인가 하며 둥지 밖을 쳐다보면서 별 움직임이 없다. 둥지 안으로는 뜨거운 햇볕이 비추어 검은 털로 털갈이를 하는 녀석들은 더위에 지쳐있다. 한 마리는 둥지를 벗어나 둥지 옆의 커다란 바위틈에 들어가 더위를 식히고 있다. 녀석은 형제들과 떨어져 있는 것이 불안한지 계속해서 둥지로 돌아가려는 시도를 한다. 하지만, 작은 나뭇가지들과 풀들이 얽혀 녀석의 앞길을 막고 있어 가지에 끼였다가는 다시 뒤로 돌아가기를 반복한다. 조금만 날개를 퍼덕이면서 뛰어 오르면 지나갈 수 있는 낮은 나뭇가지와 풀인데도 감히 그렇게 하지 못하고 다시 바위틈으로 들어가 더위를 피했다가 다시 시도하고 실패하기를 반복한다.

새끼 한 마리는 둥지를 벗어나 바위틈에 자리를 잡았으나, 다른 새끼들과 떨어져 있는 것이 불안한지 둥지로 돌아가려는 시도를 하지만 쉽지 않다.

둥지로 돌아가려는 시도를 하지만 작은 풀숲과 나뭇가지에 가려 둥지로 가지 못한다.

그늘 한 점 없는 둥지에 있는 두 마리의 새끼는 더위에 헐떡거리며 무슨 일이 있나 하고 쳐다보고 있다. 하얀 털 속으로 검은색 변환 깃털이 거의 다 났다.

새끼들은 많이 자랐다. 하지만 배설을 할 때는 방향을 가리지 않는다. 꼬리를 들고 둥지의 벽을 향해서도 배설을 해서 벽은 다시 배설물로 더 럽혀진다.

한참을 숲속에서 기다리며 경고음이 조금씩 줄어들자 다시 절벽으로 나서자 녀석은 큰소리로 경고음을 내기 시작하고 하늘로 날아올라 주변을 빙글빙글 도면서 위협적인 비행으로 공격성을 드러낸다. 또 다시 같은 상황이 반복된다. 다시 숲으로 들어가서 숨어서 살금살금 더 먼 절벽으로 자리를 옮긴다. 둥지에서 한참이나 떨어진 절벽으로 자리를 옮기지만, 녀석은 그 곳까지 따라와서 '꽈아악 꽈아악' 거리며 위협을 한다. 마음에 갈등이 생긴다. 계속 여기에 있어야 하나 말아야 하는가의 갈등이 시작된다.

녀석이 이렇게 정면으로 날아들면 생명의 위협을 느낄 정도로 무섭다. 그땐 자리를 피하는 수밖에 없다. 숲으로 들어간다.

내 모습이 보이면 큰소리로 울어대며 위험을 알리고 나를 위협하려는 비행을 시작한다.

이번엔 렌즈 두개를 들고 왔기에 숲에서 녀석의 새끼가 있는 둥지를 관찰할 수 있게 렌즈를 설치하고, 위장천으로 덮어 자동으로 촬영할 수 있도록 해두고 조용히 숲을 빠져나와 토끼섬을 발 아래로 내려다 볼 수 있는 능선 나무 아래로 자리를 옮긴다. 녀석과는 거리도 훨씬 멀어졌고, 새끼들은 보이지도 않는 곳까지 따라온 녀석은 역시 나를 위협하고는 둥지 근처로 날아가 버린다.

개머리능선으로 가기에는 시간상 맞지도 않고 둥지 근처로 가면 녀석의 위협과 경계가 시작되고, 어쩔 수 없이 바다를 내려다보면서 녀석이 이곳 절벽 아래로 지나갈 때만 기다리게 되었다. 수컷의 모습은 아예 보이지도 않는다. 암컷이 수컷을 부르는 소리는 계속 들려오지만 수컷은 하루 종일 볼 수 없다. 암컷도 새끼들에게 먹이를 갖다 주지 않는다. 수컷이 잘못 되었을까하는 걱정이 들기 시작한다. 숲이 어두워지고 나서야 조심스럽게 설치해둔 카메라를 회수하고 삼각대는 그대로 둔 채 철수한다. 이곳을 찾은 지 처음으로 무척이나 심란한 하루가 되었다.

수컷은 먹이를 가지고 오지 않는다. 암컷은 수컷을 부르지만 대답이 없자 수컷을 찾아 바다 위를 난다.

새벽 2시 숲속 공터엔 달빛이 환하게 비춘다. 오늘 할 일을 가만히 생각해본다. 그리고 밤엔 새끼들과 어미는 어떻게 하고 있을지 궁금하다. 조용히 필요한 것만 준비하고 텐트를 나선다. 텐트를 벗어나 숲으로 들어가자 달빛은 가려지고 어둠속에 묻힌 숲은 간혹 들려오는 새소리와 바람소리뿐이다. 걸을 때마다 들려오는 마른 나뭇잎의 바스락거리는 소리가 점점 크게 들려온다. 숲을 빠져나오면 어느새 보름달 빛이 환하게 비추어 헤드랜턴이 없어도 걷는 데는 지장이 없지만 늘 걸어오던 이 길을 새벽에 걸으니 새롭게 다가온다. 달빛이 비추는 환한 곳과 달리 가는 나무들이 들어서 있는 숲은 온통 어둠뿐이다. 숲속에 있을 것이란 것은 사슴뿐이라는 것을 알면서도 무엇인가 다른 녀석이 툭 튀어 나올 것 같은 두려움. 아마도 중세 시대에 등장하는 수많은 괴물이야기와 숲속의 요정이야기는 이런 사람의 두려움 속에서 탄생하지 않았을까?

내리막길은 한층 조심스러워진다. 새에게도 두려움을 주지 않을까 하는 생각도 하고 미끄러지지 않을까하는 두려움도 있다. 어둠속에서 내가 만들어내는 소음을 매도 들었나 보다. 녀석이 즐겨 앉던 나뭇가지로부터 매의 경고음이 들린다. 그리고 나도 조심스럽게 자리에 앉아 어제 철수시키지 않고 두고 온 삼각대에 렌즈를 장착한다. 한두 번 경고음을 내던 어미매도 더 이상 아무런 소리도 내지 않는다. 약 20일이 지난 새끼는 더 이상 어미매가 품어주지 않아도 스스로 체온을 조절할 수 있어 새끼들끼리 모여 서로의 체온으로 밤을 지내나 보다.

쉽게 렌즈를 장착하고 떠날 수 있을 것이라 생각했지만 그게 아니다. 경사지에다 어두워 자세 잡기가 더욱 어렵다. 그리고 파인더 안으로는 컴컴한 어둠만이 보이고 어린 매의 위치도 확인할 수 없어 렌즈가 어디로 향하고 있는지 알 수 없다. 이건 밤하늘의 별을 향해 렌즈를 향하던 어려움보다 더 크다. 또 렌즈의 초점이 제대로 맞았는지 조차 확인할 수 없다.

금방 설치하고 떠날 수 있으리라 생각한 것은 완전히 오산이었다. iso를 올리고 새끼들의 위치를 파악하고 렌즈를 고정하고, 자동초점으로 변경 후 첫 촬영할 시간을 설정해 두고 나서 확인 셔터를 누르지 않고 제대로 되었을 것이라 생각하고 경사지를 올라 어두운 길을 더듬어 텐트로 돌아온다. 어제와 별반 다름없이 경계를 한다면 둥지에 있는 매에게 가는 것은 오늘도 어려움만 있을 것이기에 나중에 카메라 철수 할 때만 가야겠다는 생각을 한다.

텐트에서 한 시간을 더 있다가 준비를 하여 개머리능선을 향한다. 아직 아무도 일어나지 않은 새벽길을 걷는다. 마을 안은 아직 조용하지만 민박집 앞에서 새벽에 일어난 사람을 만나기도 한다. 어제 사람들이 다닌 흔적을 깨끗이 지워버린 썰물이 지나간 자리에 나의 첫 발자국을 남기며 산을 향해 간다.

짐을 많이 들어내었지만, 여전히 숨이 차오른다. 새벽의 시원한 공기를 불어 넣으며 초지를 지난다. 오히려 이렇게 초원이 형성됨으로 매들이 사냥하기에는 더 쉬워졌을 것이다. 아니 굳이 이야기하면 사람들이 소를 키우기 위해 초지를 형성했다고 하는 것이 맞겠지만.……

곧장 절벽으로 가는 지름길로 질러간다. 조용히 절벽 끝에 자리 잡고 앉아 있으니, 한참 후에야 매 두 마리가 내가 있는 절벽 아래에서 뛰쳐나와 아직 어슴푸레한 바다 위를 날아간다. 예리한 암컷은 내가 있는 것을 알아채고 열렬한 환영식을 하며 나를 내려다 볼 수 있는 바위에 앉아 나를 감시하기 시작한다. 이곳의 매는 예나 지금이나 예민한 것은 마찬가지이다. 적당한 거리를 두고 경계를 하고, 시간이 지남에 따라 서서히 서로 익숙해져 간다.

새벽빛을 받으며 자기 둥지 근처에 왔음을 경고한다. 이곳의 매도 경계를 하는 것이 마찬가지이지만, 적당한 거리를 두고 경계를 하고, 시간이 지남에 따라 서서히 서로 익숙해져 간다.

아침의 차가운 기운과 바람에 겨울옷을 입고도 바람을 막을 수 있는 바위를 등지고 앉아서야 추위가 덜어진다. 그리고 녀석들의 움직임이 더 활발해지는 시간을 기다린다. 섬이지만 주변에 갈매기도 잘 날아다니지 않는 곳인데 갈매기 한마리가 날아와 매의 영역으로 들어온다. 무심코 바라보던 갈매기를 향해 셔터 스피드를 확인할 겸 몇 장 찍고는 카메라를 내리는 순간 매가 갈매기를 공격한다. 놀란 갈매기는 아래쪽으로 급히 하강하며 한 번 '꽥' 하고 소리 지르고는 재빨리 매의 영역을 벗어난다.

나로 심사가 뒤 털린 녀석이 갈매기에게 분풀이를 했나보다. 그렇게 갈매기를 공격한 매는 마주보는 더 먼 절벽 끝에 내려앉아 버린다. 그러고는 한 시간이 지나서야 다시 나를 감시하러 내가 있는 근처 바위에 자리 잡는다. 그리고 새끼들이 나올 시간인지 내 주변을 돌며 몇 번 경고음을 내던 녀석은 다시 바위에 앉아 나를 감시하기 시작한다. 매번 올 때마다 까칠하다고 생각한 이 녀석이 이렇게 고맙게 느껴질 때가 없었던 것 같다. 그렇게 착하던 토끼섬의 암컷이 그렇게 공격적으로 바뀌니 오히려 이 녀석에게 '까칠한 녀석'이라 했던 것이 미안하기까지 하다. 아침 시간이 지났지만 수컷도 오지 않고 암컷은 먼 거리에서 날아다니기만 한다.

7시도 되지 않은 아침 시간 까칠한 녀석이라고 했던 암컷은 어제 토끼섬의 암컷에 비하면 아무것도 아니라 느껴질 만큼 착하게 느껴진다. 둥지에서 멀리 떨어지지 않고 수컷을 부른다.

오늘은 날씨가 맑고 더울 것이란 예고라도 하듯이 아침부터 해가 뜨겁게 비춘다. 이런 더운 날엔 새들도 잘 안날아 다닐 것이란 것을 알기에 고민을 하게 된다. 어차피 일찍 섬에서 나가야하기에 아침도 먹고 새벽에 세팅해둔 카메라도 확인할 겸 다시 둥지에 있는 매에게로 향해간다.

어제처럼 그런 강력하고 공격적인 환영식은 없지만 그래도 둥지 주변에서 어미는 계속 감시와 경계를 하고 있다. 어제 철수 할 때까지 둥지로 돌아오지 못하고 바위틈에 들어갔다가 하던 어린 매도 도 어느새 둥지로 돌아와 세 마리 새끼가 둥지에 나란히 앉아 이방인을 쳐다본다.

솜털과 함께 새끼 때의 검은 깃털이 올라오고 있는 30일 가까이 되어가는 떨어져 있던 새끼도 돌아와 새끼 세 마리가 둥지에 모두 모였다.

### 이제 우리들 세상이다. 우리도 잘 날아요(6월 4일)

다시 2주 만의 방문. 지난번 왔을 때 대충 2주 후에 오면 새끼들이 이미 이소했을 것이라 생각 했었지만, 막상 빈 둥지를 확인했을 때의 마음은, 아무런 인사도 없이 나를 떠나간 연인에 대한 안타까움을 느낀다. 그래도 일말의 희망이라도 안고, 혹시나 이소하는 장면을 볼 수 있지 않을까 가슴 두근거리면서 땀을 뻘뻘 흘리면서 올라왔는데 ……

먼 곳에 앉아 있던 암컷 매만 날아와 주변을 돌며 경고음을 낸다. 아마도 어디 근처에 새끼들이 있나보다. 저 멀리 토끼섬으로 내려가는 절벽에 새끼 한마리가 앉아 있는 것이 보인다. 어떻게 해야 하나? 텅 빈 둥지로 새끼들이 돌아올까? 어떤 형태로 녀석들이 움직일지 녀석들의 행동을 조금 더 관찰한 후 그 후 어떻게 할지 결정해야 할 것 같다.

토끼섬에 있던 암컷 매가 날아와 주변을 돌면서 경고음을 낸다. 둥지 근처도 아닌데 왜 소리를 낼까 생각 했지만, 보이지 않는 가까운 곳에 새끼가 있었다.

바다가 보이는 절벽에 새끼 한 마리가 앉아 있다. 어미는 새끼에게 위험하니 조심하라는 신호를 보내고 있었던 것이다.

녀석들의 위치와 움직이는 동선을 확인할 때까지는 가만히 앉아 기다리는 것이 좋다는 것을 안다. 둥지를 튼 이 절벽 앞은 낚시꾼들이 많이 찾는 곳이다. 낚시꾼들을 태운 배들이 이곳에 멈추어서 엔진을 끄고 물결의 흐름에 따라 낚시를 하다보면 배는 조류에 따라서 조금씩 위치를 옮긴다. 한참동안 낚시를 하다가 다시 다른 곳으로 갈 것처럼 하다가 다시 원위치 하고 절벽을 돌아 다른 곳에 갔다가 다시 돌아오고를 반복하는 곳이다.

　절벽에 앉아 있던 녀석이 토끼섬으로 들어간다. 조그맣게 보이긴 하지만 토끼섬 안의 키 큰 나무사이로 날아 들어가는 것이 보인다. 이제 겨우 한 시간이 지났지만, 그동안 둥지 절벽 쪽으로는 녀석들이 오지 않고 내내 토끼섬의 나무에 앉아 있는 것을 확인했으니 자리를 옮겨야겠다는 생각이 들어 배낭을 챙기고 절벽을 빠져나온다.

　토끼섬 안의 나무와는 거리가 가까워지긴 했지만 여전히 멀기만 하다. 모처럼 암수 두 마리의 매가 휴식을 취한다. 하지만 암컷 매는 수컷 매가 휴식 취하는 것을 볼 수 없다. 아직 어린 매들의 왕성한 식욕을 충족시키기 위해서는 수컷 매는 사냥을 다녀야하기 때문이다. 암컷 매는 수컷 매가 사냥 나가도록 압력을 가한다. 수컷은 어쩔 수 없이 다시 사냥터로 향해야한다.

둥지를 지킬 필요가 없는 부모 매들이 나무에 앉아 잠시 휴식을 취한다.

물때가 맞지 않아 토끼섬으로는 들어갈 수가 없다. 그나마 토끼섬을 가장 가까이에서 볼 수 있는 곳은 조금 전에 새끼가 앉아 있던 바위까지 가는 것이 좋을 듯해서 조심조심 숲속에 난 길을 따라 내려 갈 때, 어미의 앙칼진 소리가 근처에서 난다. 다소 빽빽한 나무들로 어미의 모습을 찾을 순 없지만, 소리로 보아 굉장히 가까운 곳에 있다는 것을 직감한다.

한 발짝 한 발짝 내가 가야할 길을 따라 조심히 발을 내 디디며 소리가 나는 곳을 열심히 찾다가 녀석과 눈이 마주친다. 나와 같은 높이의 낮은 나뭇가지에 앉아 나의 소리를 듣고 새끼들에게 경고음을 내 보내는 것이다. 가까운 거리에 앉아 있으면서도 날아갈 생각을 하지 않는다.

숲속 나뭇가지에 앉아 어미는 새끼에게 경고음을 보낸다. 무척이나 가까운 곳에서 나와 눈을 마주쳤는데도 날아가지 않는다.

'왜 그럴까, 새끼는 저 멀리 토끼섬으로 들어갔는데'

의아해 하며 녀석을 몇 컷 담고서 숲을 빠져나오자 그 이유가 밝혀진다. 내가 있던 곳에서나 숲에서는 보이지 않았던 절벽 반대쪽에 다른 새끼 한 마리가 앉아 있었기 때문에 그 녀석에게 신호를 보냈던 것이다.

새끼가 날아가 숲의 색에 동화되어 보이지 않게 되자 어미도 따라서 토끼섬으로 들어가 높은 나뭇가지에 내려앉는다. 나와는 그렇게 가까운 거리에 있으면서도 날아가지 않았던 것은 새끼를 위한 부모의 마음 때문이 아니었을까? 그러고는 두 시간 동안이나 움직임이 없다. 6월의 따가운 햇볕을 피할 곳이 없다. 숲으로 들어가면 시야가 가려지고, 시야를 확보하려면 그늘에서 나와야 한다.

숲속 나뭇가지에 앉은 하얗게 보이는 암컷 매의 배는 멀리서도 보이지만 새끼들의 모습은 움직임이 없으면 위장 색으로 거의 보이지 않는다. 어릴 때의 치사율이 높기 때문에 보호색으로 스스로를 보호하고 있는 것이다.

어딘가에 앉아 두 시간 동안 모습조차 보이지 않던 어린매가 날아올랐다. 공중 높이 날아올라 토끼섬을 벗어난다. 그리고 잠시 후 어미 새가 앉아 휴식을 취하는 곳으로 날아가며 어미의 자리를 차지하고, 쫓겨난 어미는 내가 있는 숲속으로 날아 들어온다. 먹이를 가지고 오지 않는 부모에게 지금 배가 고프니 빨리 먹이를 달라고 재촉을 하고 어미는 지금 수컷 매를 기다리는데 수컷은 나타나지 않으니 새끼를 피해 날아온 것이다.

내게서 멀지 않은 곳에 앉은 어미는 삼 십분 동안 자기 자리를 지키며 앉아서 휴식을 취한다. 그리고 먹이를 가지고 오는 수컷의 소리를 들었는지 나무를 박차고 날아올라 토끼섬의 어두운 배경 속으로 사라져간다. 그리고 잠시 후 토끼섬의 저 먼 하늘 위에서는 어린 매들의 쫓고 쫓기는 추격전이 벌어진다. 너무나 먼 거리……, 한참 후 어미매가 머리는 정리 된 먹이를 들고 나타났다.

먹이를 받지 못한 새끼는 옛 둥지 위 절벽위로 날아온다. 그리고 암컷 매 역시 늘 앉아 있던 자리에 와 앉는다. 오랜만에 다시 둥지 앞으로 돌아왔다. 날개가 달린 녀석들이야 쉽게 날아가지만, 숲속 언덕길을 올라가야 하고 다시 경사가 심한 언덕길을 따라 걸어야 하는 나는 가깝지만 가까운 길이 아닌 길을 가야하나 망설이게 된다.

힘들게 따라갔다가 다시 날아가 버리면 다시 제자리로 돌아와야 한다는 부담감으로 한참을 망설이다가 새끼에게로 살며시 다가가 보기로 한다. 아무리 조용히 다가간다 해도 숲속 바닥을 지나는 나의 소리가 나지 않을 수 없지만 새끼는 나를 한 번 쏙 쳐다보고는 그냥 그대로 앉아 있다. 또다시 기다림의 시간. ……어미가 먹이를 물고 오거나 새끼가 날아가고 싶을 때 까지 기다려야 한다.

어린 매가 어미가 즐겨 앉던 둥지 위 바위로 돌아왔다. 나를 쓱 쳐다보고는 나를 무시하고 자리에 계속 앉아 있다.

멀리서 먹이를 달고 오는 수컷은 토끼섬을 향한다. 새끼가 앉아 있었던 자리로
눈을 돌리자 언제 날아갔는지 소리도 없이 사라졌다. 토끼섬 하늘 위에서 조그마
한 점들이 날아다닌다. 하늘에서 숲으로 떨어져 내리기도 하고, 두 마리가 발톱을
걸고 팔랑개비처럼 떨어져 어두운 숲 배경 속으로 떨어졌다가 한마리가 솟아 올
라오기도 한다. 하지만 너무나 먼 거리이다.

새끼들이 먼 거리에서 연신 날아다니는 가운데 암컷 매는 어느새 내 뒤 숲속
가지에 돌아와 앉아있다. 새끼들의 등쌀에 잠시 휴식을 취하러 온 것처럼 ……

시간이 지나 한 낮의 더운 기운이 조금씩 가시기 시작하자 바람이 강해지기 시
작한다. 비록 남미 파타고니아에 불던 바람만큼은 아니지만 왜 한국의 갈라파고
스라 했는지 이해가 간다. 바람이 강해질수록 어린 매들은 더욱 신이 났다. 점점
하늘높이 올라가서 녀석들의 생존을 위한 연습비행들이 이어진다. 녀석들의 비
행속도는 어미만큼이나 빨라져 내 머리 위를 지나쳐가도 내가 따라잡을 수 없을
만큼의 속도로 사라져간다.

내가 서있는 산 정상에서 녀석들의 비행연습과 사냥연습이 시작된다. 나무로 가려져 더욱 보기가 어려운 곳에서 날아다니는 녀석을 보고 산 정상으로 가야하는지 아니면 시야가 더 넓게 확보되는 더 멀어지는 곳으로 가야하는지 망설이는 사이 녀석들의 꿱꿱거리는 소리는 더욱 요란해진다. 필시 어미가 먹이를 물고 왔나보다. 네 마리의 매가 동시에 보였다가 사라졌다를 반복하는 것이 나뭇잎 사이로 보였다 안보였다 한다. 산 정상으로 올라가도 이미 상황은 종료되었을 것이고, 시야가 넓게 펼쳐지는 곳으로도 움직이기도 이미 늦었다는 것을 직감한다. 그냥 나뭇잎 사이로 잠시나마 네 마리의 매를 보았고 그 중에 세 마리가 새끼였다는 사실에 만족한다. 무사히 모두 잘 이소했다는 것을 확인한 것만으로도 대만족이다. 눈으로 볼 때는 아직 밝지만 카메라에서는 이미 셔터 속도가 떨어지기 시작한다. 곧 저녁 먹으로 가야 할 것 같다.

먹이 달라고 졸라대는 새끼들을 피하여 내가 있는 숲으로 들어온 암컷 매는 나와 가까이 있어도 오히려 피하지 않는다.

하지만 마지막으로 할 일이 하나 남았다. 혹시나 새끼들이 둥지로 돌아올지 모르기에 무겁게 가지고온 400밀리미터 렌즈를 설치해 두고 가기로 한다. 새벽 6시 30분 정도에 촬영이 시작될 수 있도록 타이머를 맞추고 30초에 한 장씩 찍게 설정을 해두고 어둑어둑 해지는 산을 내려와 서인수님 댁에서 식사를 한 후 텐트로 돌아온다. 동네도 아니고 주변에 아무도 없는 외진 곳에 쳐둔 텐트라 가끔 기분이 으스스해질 때가 있긴 하지만 일단 텐트 속으로 들어가고 나면 편안한 내 집이 된다.

## 염소와 매 그리고 나 (2016년 6월 5일)

새벽 4시에 일어나 산을 오른다. 아직 어둑어둑하고 서늘한 기운이 좋다. 아무도 없는 산길을 걸어가는 것도 뒤로는 마을의 불빛과 등대에서 나오는 희미한 불빛을 뒤 돌아 보는 것도 이른 아침에 맞이하는 즐거움 중 하나이다.

절벽에서의 바람은 차다. 가장 먼저 하는 것은 카메라와 렌즈로 촬영준비를 마치고 셔터 속도와 iso를 맞추고 나서 가지고온 옷들을 주섬주섬 모두 다 입고 장갑도 끼고 나서야 비로소 준비과정이 끝난다. 나처럼 일찍 나온 녀석이 둘 있으니 절벽 아래에 있던 어미매가 내 소리를 들었는지 어느새 나를 내려다보는 늘 앉던 자리에서 나를 지켜보고 있고, 절벽 앞쪽에서는 바다직박구리 암컷이 고개를 내밀고 나를 바라보고 있다.

조금 후 어린 매도 날아와 어미가 앉은 바위 아래쪽에 자리를 잡는다. 곧 무슨 일이 일어날 것 같은 긴장감이 돌지만, 내게는 전혀 반갑지 않은 상황이다. 아직 셔터 속도가 너무 낮게 나오고 iso도 높게 올려야 사진을 담을 수 있기 때문이다. 붉은 해는 이미 떠올랐지만 아직은 충분한 빛이 나지 않는 새벽 5시 45분이기 때문이다.

이른 새벽녘 어미가 늘 앉아 있던 바위에 앉았던 어린매가 날개를 활짝 펴고 날아 오르려한다.

그러나 나의 바람에도 새끼가 절벽으로 뛰어내리고 녀석들은 어두운 숲을 배경으로 두 녀석이 날아다니지만 파인더 속에선 어두컴컴한 숲만 보일 뿐 녀석들의 모습은 보이지 않는다. 어미와 새끼가 보이다가 또 새끼 두 마리가 서로 발을 얽혀 잡고 경쟁을 하지만 먹잇감은 보이지 않는다. 분명히 이런 새벽시간에 이러려고 날았을 것이 아닐 텐데 …… 먹이는 어디에 있는 것이지 …… 하지만 녀석들의 행방을 알 수 없으니 …….

남쪽 절벽에서는 두 마리의 새끼만 성공적으로 이소했고 각각 암컷과 수컷 어린 매로 생각된다. 두 녀석은 이른 새벽에도 불구하고 서로의 힘과 기술을 장난을 통해 연마한다.

올해 초 사슴 한마리가 절벽 끝에 걸려서 주검으로 남아 있었다. 지금도 그 주검이 그대로 절벽 끝단에 남아 있다. 그때와 마찬가지 그 위치대로 매달려 있지만 더욱 앙상한 상태로 남아있다. 매들이 건드린 흔적이 전혀 없다. 외국의 서적에서는 Gyrfalcon, Prarier falcon은 포유류도 먹고 다른 녀석이 사냥한 것도 먹는다고 하는데 이곳의 매는 전혀 그런 흔적이 보이지 않고, 새 이외에는 다른 먹잇감을 잡아 오는 것을 보지 못했다.

새들이나 동물은 모두 으스름한 어둠이 지고 조금이라도 날이 밝으면 활동을 시작한다. 어미가 날아오자 어린 매 한 마리가 어미를 따라 날아온다. 곧 이어 나타난 새끼 한 마리, 두 마리의 새끼는 어두운 풀숲을 배경으로 쫓고 쫓아가는 연습을 하고 서로의 발을 걸고 어떤 녀석이 더 대담한지 담력 시험을 한다.

어두운 풀숲을 배경으로 어린 새끼들이 나는 연습을 하는 동안, 부모 염소와 어린새끼 한 마리로 구성된 염소 한 가족이 나무 숲 아래 절벽으로 내려선다. 나도 무서워서 내려가기를 포기한 곳으로 바위를 뛰어내리고 바위 사이를 살금살금 걸어 내려가고 있다. 사슴과 경쟁을 피할 수 있기 때문에 먹을 수 있는 풀이 더 많기 때문인지도 모른다. 풀이 있는 마지막 절벽까지 걸어 내려간다. 그 아래로는 절벽 아래로 흘러내리는 흙과 바위가 있고 더 아래로는 오랜 옛날 용암이 흘러내리다가 굳은 듯 시커먼 바위들이 바람과 물에 녹아내린 세월의 흔적이 그대로 남아 있는 바위 그대로의 절벽이 이어진다.

바위와 바위 사이에 앉아 햇볕을 맞으며 조용히 휴식을 취할 수 있어서인지 근처의 풀을 뜯어 먹다가, 조용히 앉아서 휴식을 취한다. 가끔 새끼 염소가 너무 활발하게 움직일 때는 어미 염소가 뿔로 받으며 어린 새끼의 활발한 움직임을 제지한다.

반대편 절벽 위에 앉은 나에게는 녀석들의 움직임이 환히 다 보인다. 녀석들도 처음에는 나를 몇 번 쳐다보지만 거리는 충분히 멀기 때문에 나에게는 아무런 신경도 쓰지 않고 먹이활동과 휴식활동을 계속한다.

나와의 대치를 끝내고 반대편 산등성이 끝 바위 위에 앉아서 휴식을 취하며 나를 감시하던 어미매가 소리를 지르며 날아와 나를 감시하려고 앉아 있던 바위에 앉는다. 이번엔 나를 향해서가 아니라 염소 세 마리가 있는 절벽 쪽을 바라보며 내내 경고음을 낸다. 어쩌면 나와 염소 양쪽에 보내는 경고음일 수도 있다.

경고음을 낼 때마다 염소들은 먹이활동도 중단하고 매를 주시하고 있다. 한참 동안 경고음을 내던 매가 바위 위에 있는 염소들을 향해 날아가면서 위협비행을 시작한다. 염소 머리 위로 낮게 날면서 지나쳐간다. 그때마다 염소들은 바위를 등진 자세로 바위로 점점 붙지만, 염소들 역시 그곳을 벗어날 생각이 없는 듯하다.

새끼 염소를 바위에 바짝 붙여두고 부모 염소 두 마리가 매의 위협 비행을 막아내고 있다. 인간세상이나 동물의 세계나 새끼를 향한 부모의 마음은 같나보다. 몇 번의 위협비행에도 염소들은 자기들이 있던 자리를 벗어나지 않는다. 매가 경고음을 낼 때마다 바위에 붙어서 매의 움직임을 보면서 꼼짝도 않고 매를 지켜본다.

흑염소 가족이 매가 날아다니는 절벽 아래로 내려왔다. 바위 중간 중간에 나있는 풀을 찾아서 내려왔다. 먼 절벽에 앉아 있던 어미매가 소리를 지르며 염소에게 위협적인 비행을 시작한다. 암수의 부부 염소와 새끼 한 마리로 구성된 염소가족의 수컷은 암컷 염소와 새끼 염소를 보호하며 매에 맞선다.

매와 염소의 신경전은 수컷 매가 먹이를 가지고 날라 옴으로 잠시 휴전상태로 변한다. 아직 하늘에서 공중급식으로 받지 못하는 어린새끼들은 어미가 먹이를 받아서 절벽에서 전달해 준다. 새끼들 중 덩치가 큰 암컷어린매가 먹이를 가지고 숲으로 가고, 먹이를 가지지 못한 작은 녀석은 한참 후에나 나타나 어미에게로 날아가며 먹이를 가져오라고 소리 지른다. 그런 새끼를 보고 어미는 이를 피해, 나와 염소 사이에 있는 바위에 앉아 염소들을 지켜본다.

먹이를 얻지 못한 수컷 어린매가 어미에게 먹이를 더 가져오라며 소리 지르며 따라간다

염소들은 지금의 그 자리를 떠날 생각이 없다. 두 시간이 지나도 그냥 그 자리 주변에서 휴식을 취하기도 하고 풀을 뜯어 먹고 있다. 염소 새끼는 수컷 염소 보다 암컷 염소의 주위를 크게 벗어나지 않고 암컷을 따라 다닌다. 내내 염소의 움직임을 지켜보던 어미가 다시 날아오르면서 염소들을 향해 위협 비행을 시작한다. 그때마다 수컷염소, 암컷염소, 새끼염소 순으로 바위에 기대어 매의 위협비행에 맞선다. 약 15분 동안 매의 위협비행에 맞서 염소들은 바위를 뒤에 두고 대응을 해 나간다.

두 시간 동안의 휴식이 있은 후 어미는 다시 염소가족을 공격하기 시작하여 15분 동안이나 염소 가족 주위를 날아다니면서 위협비행을 계속한다. 하지만 염소가족도 그곳을 떠날 생각이 없는 듯 바위를 등지고 새끼를 숨겨둔 채 매에 맞서 싸운다.

매와 염소들 간의 긴장감이 흐르는 사이 한 무리의 사슴들도 염소가 있는 절벽을 타고 내려와 먹이활동을 하며 서서히 염소들이 있는 곳으로 접근해 온다. 하지만 매는 여전히 염소가족들을 향해서만 염소가족들이 움직일 때마다 경고음을 내고 있다. 염소 가족들과 약간의 거리를 두고 있는 사슴 무리들은 가끔 한 번씩 행동을 멈추고 경고음을 내는 매를 쳐다 본 후 다시 먹이활동을 계속하지만 매는 사슴들에게는 아무런 경고음도 내지 않고 위협행동도 하지 않는다.

어미매가 염소 가족과 신경전을 벌이고 있는 동안에도 어린 매들은 이곳저곳을 탐색하며 다니며 날아다니다가 어느새 두 마리가 같이 붙어 앉아 있다. 어미매도 어느새 먼 거리에서 새끼들을 지켜보기만 하다가 먼 절벽 아래 바다 위로 수컷이 보이고 암컷도 바다를 향해 날아간다. 절벽 아래쪽 바다 위에서 사냥이 벌어진다. 두 마리의 매가 협동하여 사냥을 하고 있다. 거리가 멀고 절벽너머 보이지 않는 곳이라 녀석들이 새를 저쪽으로 몰아서 가면 그 다음 장면이 어떻게 되는지 알 수 없어 마음만 안타까울 뿐이다. 거리가 멀어 포기하고서 있다는 것이 그 나마의 위안거리이다. 부모의 사냥 장면을 본 새끼들이 어미를 향해 날아갔다가 빈손으로 돌아온다. 아마도 사냥이 실패했거나 다른 녀석에게 먹이를 빼앗기고 홀로 돌아온 것이겠구나 하고 생각한다.

　바다 위에선 작은 일인용 카누를 탄 5명의 바다 여행자들이 섬을 둘러보고 있다. 바다가 잔잔한가 보다 멀리 영종도에서 이곳까지 카누를 타고 온 것을 보면 …… 시애틀 푸조만에서 타 본 카약이 생각난다.

날씨 좋은 날은 48킬로미터나 멀리 떨어진 영종도에서 이곳까지 카누를 타고 온다고 한다.

점심시간이 되었다. 이제는 건조식도 귀찮아서 물을 끓이지 않고 찬물을 부어서 30분 동안 기다렸다가 먹는 것이 오히려 편하게 느껴진다. 녀석들도 점심시간이 되었는지 수컷이 작은 먹이 하나를 잡아서 온다. 새끼 한 마리가 날아올라 공중급식으로 받아먹으려고 하나 아비가 부리로 먹이를 옮기기 전에 발을 치켜세우고 달려들다 아비가 피하자 그냥 지나쳐 가버린다. 아비는 다시 부리에서 발로 먹이를 옮겼다가 다시 부리로 옮겨 재시도를 하지만 어린 매는 또 다시 실패를 한다. 결국 먹이를 가지고 바위 위에 내려앉자 어린 매도 삽시간에 따라 내린 후 먹이를 부모에게서 가로챈다. 역시 이번에도 덩치가 작은 녀석은 근처에 오지도 못하고 멀리서 지켜보다가 바위 이곳저곳으로 날아다니기만 한다.

수컷이 먹이를 사냥해 왔다. 이제 막 부리로 먹이를 옮기려하는데 새끼가 너무 일찍 날아와 전달 할 수 없게 된다.

이소한 지 얼마 되지 않은 새끼들은 날씨가 더운데도 여기저기 날아다니는 것이 재미있나 보다. 근육을 키워 부모들처럼 날려면 많은 연습을 해야겠지만, 어미는 더위를 피해 모습을 보이지 않는데도 새끼들은 여기저기에서 모습을 보인다.

이때의 어린 매들은 서로 붙어 다니려는 모습을 보인다. 한 녀석이 바위로 날아가 앉으면 다른 녀석도 곧 뒤따라 날아가 옆에 앉는다. 그러면 처음에 온 녀석은 또 둘이 붙어 있는 것이 싫어 다른 곳으로 날아가면 또 따라가 옆에 붙어 앉고 ······.

아직 이소한지 얼마 되지 않은 녀석은 둥지에서 같이 있었던 것처럼 같이 붙어 있으려고 따라다닌다.

하지만, 같이 앉는 것이 싫어 한 녀석이 내내 멀리 있다가 내가 있는 절벽 바위로 날아와 앉는다. 곧 뒤따라 다른 녀석이 날아오고 처음에 온 녀석은 귀찮은 듯, 따라 오지 말라고 소리친다. 깜짝 놀라 날아오른 녀석은 멀리 가지 않고 바다 위를 맴돌다 바위 절벽 끝에 내려앉는다. 곧이어 다른 녀석도 다른 쉴 곳을 찾아 떠난다.

어린 매들이 날아다녀도 바다직박구리는 별로 겁을 내지 않는다. 같은 환경에 사는 바다직박구리는 이미 매들의 특성을 잘 알고 있어 어미들 근처에서도 잘 지낸다. 가끔 사냥감으로 생각하고 매가 덤빌 때도 있지만 용케 잘 피해 나가기 때문인지 어린 매들이 근처로 날아와도 꼼짝도 하지 않는다.

오전엔 멀리서라도 날아다니던 매들이 오후가 되자 새끼들은 더 멀리에서만 놀고 있고 어미도 가끔씩 지겨울만하면 어느새 쌩하고 들어와 바위에 앉은 모습만 보이고 다시 날아 가버린다. 기온이 점점 올라가니 매들도 잘 날아다니지 않고 어린 매도 숲속에 숨어서 더위를 피하는지 모습을 보이지 않는다.

아직 이소한지 얼마 되지 않은 녀석은 둥지에서 같이 있었던 것처럼 같이 붙어 있으려고 따라다닌다.

이쪽 절벽에서의 사냥 명당자리는 마주보는 절벽 끝, 바다를 바라보는 움푹 파인 절벽 아래쪽이 새들이 다니는 길목이다. 그쪽 아래에서 사냥하는 장면을 작년부터 많이 보게 된다. 수면 위에서 내리꽂으면서 새들을 몰면 새들은 절벽과 수평되게 도망가면서 절벽 쪽으로 향하고 매는 그런 새들을 추적하면서 사냥한다. 대부분 실패하는 경우를 많이 본다. 두 번이나 사냥을 시도했지만 두 번의 사냥모두 실패로 끝나고, 어미 새는 가쁜 숨을 몰아쉬며 절벽 끝단에 앉아 날개를 펴고 체온을 낮추는 장면을 자주 보게 된다.

사냥이 끝난 후 암컷 매는 절벽으로 돌아온 후 잠시 동안의 휴식을 취한다.

매들이 가까운 절벽으론 오지 않는다. 반대 편 저 먼 절벽 끝단에 앉아 사냥을 시도하고 사냥실패 후엔 그 절벽 위에서 휴식을 취한다. 눈으로는 너무나 먼 곳, 망원렌즈를 통해서도 작게만 보이는 절벽으로 매가 날아든다. 그곳에서 사슴과 매가 만났다. 서로에게 해를 끼치지 않는 다는 것을 잘 아는 녀석들은 서로를 인정하고 휴식을 취한다. 한참 후 어미를 따라온 새끼가 어미를 대신하여 사슴을 호위병으로 삼았다.

오후 6시가 넘어서도 매들은 그 먼 절벽에 앉아 있거나 숲속 그늘에 숨어 어디에 있는지 조차 모르지만 먹이를 달라는 울음소리는 절벽 전체에 울림이 되어 들리는 것으로 보아 절벽 위 숲속 그늘 어딘가에 앉아 있을 것이다.

어제 저녁 토끼섬 앞 둥지 근처 숲속에 팰릿이 많이 보인 절벽을 향해 400밀리미터 렌즈를 설치하고 새벽부터 자동촬영이 되게 해 두었다. 배터리가 종료될 때까지 서너 시간 동안 촬영한 것 중 한 두 장이라도 건질 것이 있을까 하며 어두워지는 숲속에 들어가 카메라를 확보지만, 렌즈가 바람에 돌아갔는지 방향도 살짝 돌아가 있고 바닷물이 밀려왔다가 밀려가면서 바위들이 드러났다 사라져가는 장면만 담긴 것을 확인한다. 삼각대와 렌즈를 분리하는 순간 어린 매가 숲속 바위 위에 사뿐히 내려앉는다. 나와의 거리는 20미터도 채 되지 않는 곳에 앉아있다. 완전히 캄캄해진 숲속은 아니었기에 바위에 내려앉은 이후에는 나를 보았을 터인데 녀석은 한참동안 날아가지 않고 그 자리를 지킨다.

오후 7시, 어둠이 내린 숲속 바위 위로 녀석이 날아들었다. 나를 보았을 텐데도 날아가지 않는다.

금방이라도 밥 먹으로 내려오라고 전화가 올 텐데, 똑 같은 장면을 계속 담으면서 기다리기는 싫은데 녀석은 날아가지 않고 나도 녀석이 날아 갈 때까진 움직이지도 못하고 그냥 기다리고 있다. 한참을 있다가 녀석은 둥지 앞 절벽으로 날아가 그 곳에서 다시 망부석이 된다. 나도 녀석에게 벗어나 이제 산을 내려갈 수 있다.

### 팔색조 잡아온 날 (2016년 6월 6일 월요일)

만조에 산을 올라가야 한다. 어제도 만조였긴 하지만, 해수욕장 끝 부분까지 바닷물이 들어와 길을 열었다 닫았다 한다. 그래서 바위 위를 지나 파도가 밀물일 때를 기다려 냉큼 물을 건너갈 수 있었는데 ……. 오늘은 그것마저 할 수 없다. 바닷물이 길을 막아 물에 들어가지 않고는 건널 수가 없다. 그래서 아예 바위 위로 올라서 다른 길을 찾아야 한다. 그래도 이런 경험을 한 선구자는 늘 있었나 보다. 바위 위로 사람이 다닌 흔적이 보인다. 비록 많은 사람이 다닌 흔적은 아니지만, 조그만 샛길로도 산으로 올라가는 입구를 찾아 들어갈 수 있다.

새벽부터 올라왔건만, 날씨가 좋지 않다. 어제처럼 화창한 날이면 좋을 텐데 구름은 하늘 가득히 차있다. 어미의 잔뜩 긴장어린 목소리도 들리지 않는다. 주위를 둘러보아도 매의 모습은 어디에도 보이지 않는다. 건너편 먼 바위 위를 꼼꼼히 훑어보지만, 하얀 배를 드러내며 바위에 앉아 있는 매의 모습은 어디에도 보이지 않는다.

난감하다. 어디에 자리를 잡아야 할지 고민에 빠져들게 하는 날이다. 바람도 어제와는 달리 반대로 불고 있다. 한참동안 가만히 카메라만 꺼내든 채로 매를 기다린다. 절벽 저 너머에서 나타난 녀석은 곧장 산 위 바위로 올라가 앉는다. 새끼들 울음소리도 들리지 않는 고요함이 계속된다.

어느 순간 바위 위에 앉아 있어야 할 녀석이 보이지 않는다. 어느새 사냥을 했는지 나오는 반대편 절벽 저 너머에 앉아 먹이를 물고 있는 녀석이 보인다. 언제 사냥했는지 조차 모르게 조용하게 사냥을 끝냈나 보다. 자세히 보고 있었다면, 멀리서라도 사냥 장면을 담을 수 있지 않았을까 하는 생각이 든다.

혼자서 조용히 먹이를 먹는지 절벽을 타고 흘러내리는 작은 실개울 옆에서 녀석의 몸이 보였다 안보였다 한다. 당연히 먹이를 들고 새끼들에게 가지 않을까 생각하고 있었는데. 그럴 기미가 전혀 없다.

다시 한 시간이 흘렀을까? 한 마리씩 새끼들이 절벽을 돌아 나와 바위에 앉는다. 그리고 먹이 달라는 그 '갸르릉' 거리는 소리를 내기 시작하며 절벽에 울림이 되어 퍼져나간다.

'이제 어미들도 먹이를 준비 해야겠구나.' 마음속에선 쾌재를 부른다. 아쉬운 것은 날씨가 맑지 못하고 구름이 잔뜩 끼어있어 아주 엷은 안개가 절벽 전체를 휘감고 있다는 것이다.

어제부터 아주 작은 그림이라도 무조건 담아놓다 보면 작지만 필요한 그림을 얻지 않을까 하여 매들이 멀리에서 날아도 무조건 담고 있다.

새끼들의 목소리가 들리기 시작하자 암컷도 으레 앉는 자리에서 벗어나 절벽 저 너머로 사라지는 순간이 많아진다. 어제는 건너편에 보이던 흑염소 가족 세 마리가 나를 감시하던 암컷이 자주 앉던 커다란 바위 위에 나타나 덩굴 잎을 뜯어 먹고 있다. 바위끝자락을 휘감아 돌며 자라던 덩굴 잎을 수컷은 바위에 아슬아슬하게 매달려 잘도 뜯어 먹고 있다. 아직 새끼는 그런 부모들을 따라 하긴 무리인가 보다. 염소들도 나를 보고는 한동안 경계모드로 나를 유심히 한 번 쳐다보고 덩굴 잎을 먹고 나를 다시 한 번 쳐다보고를 반복한다.

암컷 매가 자주 앉는 바위에 염소 가족이 올라가 덩굴 잎을 맛있게 따먹는다. 나는 로프를 묶어야 저기에 설 수 있는데 대단한 녀석들이다.

건너편 절벽 저 멀리 조그만 점으로 두 마리의 매가 보인다. 날아다니는 폼이 꼭 사냥할 것 같은 모습이다. 분명 무엇인가를 사냥하는 것 같이 한 마리는 아래쪽에서 휘감아 돌고 있고 다른 한 마리는 위쪽에서 아래로 떨어져 내리며 녀석들은 절벽 너머로 사라진다.

잠시 후 다시 두 마리의 매가 절벽 모퉁이 하늘로 나타난다. 작지만 한 마리의 발에는 먹잇감이 달려있다는 것을 렌즈 속에서 볼 수 있다. 하지만 정확한 모습은 아니다. 두 마리의 매가 점점 가까워진다. 저 모습은 분명 공중에서 먹이를 전달하는 장면이라는 것을 알면서도 어찌할 수가 없음을 안다. 보통의 경우엔 너무 멀기 때문에 촬영을 포기하고 말았겠지만, 이렇게 먼 거리에서의 장면도 나름 쓸모가 있다는 사실을 알기에 촬영을 포기할 수 없다.

수컷은 잡아온 먹이를 부리로 물고서는 암컷이 아래로 다가오자 먹이를 떨어뜨리고 암컷은 먹이를 쫙 펼쳐진 발톱으로 받아낸다. 그 순간 렌즈 속으로 먹잇감의 파란색 날개가 얼핏 보였다고 느껴지며 평소에 잡아오던 보통의 새가 아니란 것을 알고 매들이 내게 더 가까이 오기를 희망하게 된다.

먹이를 받아든 어미는 새끼들이 날아오기를 기다리는 듯 수컷이 암컷에게 먹이를 전해 주었던 상공에서 빙빙 돌면서 먹이를 발에서 부리로 옮기고 새끼가 와서 받아가기를 기다린다. 곧 이어 나타낸 새끼는 어미가 했던 것처럼 발톱을 앞으로 내밀며 어미에게 달려들지만 어미의 행동과 시간이 맞지 않고 발톱을 올린 거리도 너무 멀어서 어미를 지나쳐 버린다. 어미는 부리로 있던 먹이를 다시 발로 움켜쥐며 새끼의 다음 동작과 자신의 다음 동작을 준비하지만 이번에도 새끼와의 시간이 맞지 않고 새끼는 힘이 드는 듯 숲으로 가버린다.

어미는 새끼를 기다려도, 새끼가 숲에서 나오지 않자 먹이를 들고 새끼들과 가까운 절벽에 내려앉는다. 그와 동시 숲에서 나온 덩치가 큰 새가 어미 뒤를 따라와 먹이를 강탈한다. 먹이를 넘겨준 어미는 곧장 날아가 버린다. 먹이를 가진 덩치 큰 어린 매는 날개를 펼쳐 먹이를 가려보지만, 뒤 이어 나타난 덩치 작은 어린 매가 다가오자 어쩔 줄 몰라 하다가 먹이를 들고 염소들이 덩굴 잎을 뜯어 먹던 바위 아래쪽으로 날아온다.

그 동안 매를 기다리면서 몇 번 자리를 잡았던 곳이라 그곳 지형을 잘 알기에 바위 뒤를 돌아 조심히 소리도 내지 않으면서 살금살금 다가가 먹이를 가진 녀석을 찾는다. 바위 한참 아래쪽이지만 비교적 가까운 거리에 녀석이 먹이를 물고 등을 돌린 채 앉아 있다. 먹이를 문 새끼는 덩치 작은 경쟁자를 피해오긴 왔지만 녀석의 오른쪽 바위 위에는 내가 앉아서 보고 있고 왼쪽 절벽 바위 위에는 염소가족 세 마리가 내려다보고 있는 자리에 있다. 매와 나, 염소가족이 마치 매를 꼭짓점으로 하는 정삼각형의 모서리에 각자 자리 잡고 있는 형상이다.

먹이를 뺏길 것을 우려한 암컷 어린 매는 먹이를 들고 자리 옮긴다.

염소가족이 풀을 먹으려고 움직이거나, 매를 보며 "음메에" 소리를 낼 때마다 어린 매는 염소가족에게 신경을 집중하며 한참동안이나 경계하고, 나는 렌즈가 무거워 한 번씩 내려놓을 때 마다 나를 가만히 쳐다보면서 눈치를 본다. 나는 움직임도 최소화하며 매를 지켜보고 있고, 염소 가족도 천천히, 조심스럽게 움직이지만, 매라는 존재에 두려움을 느껴 매를 쳐다보고는 "쿵쿵"거리며 경고음을 낸다. 어린 매도 염소 가족이 움직일 때마다 염소의 행동과 움직임을 관찰한다. 특히나 수컷염소는 가족을 보호해야 한다는 본능에서 더욱 경계하고 있다.

그렇게 어린 매의 망설임은 10분이 지나고 나서야 먹이를 들고 몸을 돌려 나를 바라본다. 나도 녀석이 전해 받은 새가 팔색조가 확실하다는 사실을 확인할 수 있다. 머리가 사라진 팔색조 배 한가운데의 붉은색과 날개의 푸른색과 초록색이 팔색조임을 확실히 보여준다. 그리고 깃털을 뽑아내며 먹을 준비를 한다.

한참동안 먹잇감을 보여주지 않다가 먹잇감을 물고 몸을 돌려 팔색조가 먹잇감인 것을 보여준다. 수컷 염소의 경고음에 먹이를 내려놓고 위협이 될 것인지 확인하고 있다.

먹이를 물고 어떻게 해야 할지를 모른 채 제자리에서 뱅글뱅글 돌고 있다.

염소보다, 지켜보는 나 보다, 더 무서운 것이 멀리서 지켜보며 언제 먹이를 뺏으러 올지 모르는 어린 수컷 매가 더 신경 쓰여 절벽 끝단에서 안쪽으로 들어온다.

먹이를 들고 절벽 너머로 날아온 지 30분이 지나서야 팔색조의 깃털을 뽑아내며 먹을 준비를 한다.

어제 어미에게 공격을 당한 염소들은 가끔 '끙-억' 거리며 경고음을 낸다 그
럴 때마다 어린 매는 깃털을 뜯는 동작을 멈추고 염소를 쳐다보며 한참동안 가만
히 있다가 아무런 위협이 없다고 느껴지면 다시 깃털을 뽑고 살을 찢어 먹는다.
이곳에 날아온 지 30분 만에 처음으로 먹이를 뜯어먹는다. 이제부터 먹기 시작하
겠구나 하는 순간 건너편 절벽에 앉아 있던 새끼 매가 먹이에 대한 유혹을 참지
못하고 캑캑 거리면서 날아와 앉는다. 가까이 오지마라고 경고음을 내던 새끼는
먹이를 부리에 물고선 뒤뚱 뒤뚱 걸어서, 날아온 새끼에게서 멀리 떨어져 앉아 날
개를 펴고 먹이를 가리고 있다. 그렇게 한참 동안 앉아 있던 새끼는 '이곳은 더 이
상 먹이를 먹기에 적당한 장소가 아냐' 라고 생각 되었던지 먹이를 물고서 숲으
로 날아간다. 숲으로 날아가는 새끼를 따라서 덩치가 작은 새끼가 나눠먹자고 소
리 지르며 따라간다.

날개를 부풀어 올린 채 팔색조의 깃털을 뽑아내는 어린 매와 먹잇감을 나눠 달라는 어린 매

덩치가 작은 수컷 어린 매의 소리가 날카롭다. 하지만 암컷 어린 매는 나눠 먹을 생각이 전혀 없다.

먹잇감을 들고 수컷 어린 매에게서 멀리 떨어져 날개를 펴고 먹잇감을 감추고 있다가 처음 날아 온 절벽으로 사라진다.

먹이를 먹었으니 한참동안은 어미도 새끼도 보이지 않을 것이기에 짐을 싸들고 다시 토끼섬으로 돌아온다. 하지만 어미매도 어린 매도 한 시간에 한 번꼴로 지나가면서 얼굴만 보여줄 뿐 가까이 날아오지도 않고 어디에 앉아 있는지 보이지도 않을 뿐더러 보기도 힘들다.

절벽에 앉아 물 빠진 토끼섬의 해식동굴을 바라본다. 오늘 섬을 떠날 사람들이 해식동굴을 앞에서 추억을 남기고 있다. 토끼섬 정상을 향해 올라가는 사람들, 물 빠진 해변 바위에서 해산물을 조금씩 채취하는 사람들, 멀리 선착장에서부터 걸어서 내가 앉은 절벽 밑 모래사장을 지나 토끼섬으로 들어가는 사람들 구경만 실컷 한다.

해가 남쪽 하늘에 높이 떠서 뜨거운 햇볕이 곧장 비추는 시간이 되자 어린 매가 토끼섬에서 나와 예전 둥지 뒤편 바위 절벽 위 숲속에 들어간다. 녀석도 더위를 피해서 숲속 바닥에 앉아 있다가 죽은 나무 그루터기에 옮겨 앉고선 움직일 생각을 하지 않는다. 조금만 움직여도 몸에서 땀이 나는 더운 날씨이다. 점심 먹고 선착장으로 향해야 하는 시간에 맞추기 위해서는 녀석 가까이 다가갈 시간도 부족하여 다음에 만날 것을 기약하며 자리를 떠난다.

### 어린 매들, 이제 혼자 살아갈 준비를 하다 (2016년 6월 25~26일)

날씨는 점점 여름 같다. 1년 전의 일이 어떠했는지 너무나 생생하게 기억난다. 더위로 많이 걸어 다닐 수도 없을 것이고 매를 보기도 힘들 것이란 것을 알면서도 굳이 가는 이유는 새끼들이 훈련하는 장면을 담을 수 있지 않을까하는 기대감 때문이다.

배에서 내린 다음, 나는 연평산을 향해 간다. 아직 덕물산엔 한 번도 가보지 않았지만 이곳은 그 동안 간 어느 곳보다 멀게 느껴진다. 산봉우리가 내내 눈앞에 있지만 목기미 해변의 모래사장을 밟으며 뜨거운 햇볕을 맞으며 걸을 때에도 연평산은 멀리서 내내 보이고 신발이 모래에 빠져 걷기 힘든 언덕을 미끄러지면서 걸어 올라갈 때에도 눈앞에 보인다. 푸석푸석해 쉽게 미끄러져 내리는 언덕을 무거운 가방을 맨 채 올라갈 때는 '가끔 그냥 쉬운 데로 갈까?' 하는 생각마저 든다.

바다직박구리 암컷이 호기심 가득한 눈길로 한참동안이나 나를 살피다가 숲으로 들어간다. 점점 산봉우리에 다가갈수록 밑에서 볼 땐 저 봉우리를 어떻게 올라

갈까 할 정도로 경사진 봉우리로 보이지만 막상 산봉우리 바로 밑에 다가가면 로 프가 설치되어 있고 약간의 경사가 있긴 하지만 그리 위험하다는 생각이 들진 않는다.

매 한마리가 산봉우리 주변을 선회를 하며 먹잇감을 찾는 모습이 보인다. 마음 속에선 녀석들을 볼 수 있겠다는 희망이 보이며 어떤 장면을 담을 것인가에 대한 막연한 희망이 피어난다.

산봉우리의 갈림길, 올해 초 3월에 갔던 방향과는 반대방향으로 사람들이 다 닌 흔적을 따라 내려간다. 군데군데 바위 머리에서는 멀리까지 확 트인 경치를 볼 수 있다. 서쪽 해변 쪽, 바다위로 머리를 내밀며 우뚝 솟은 네모난 바위는 매들이 주변을 관찰하기에 참 좋은 바위라는 생각을 갖게 한다. 하지만 내려가야 하는 길 이 멀고 확신도 서지 않기에 내려갈 수 없다. 다시 매 한 마리가 발 한참 아래로 선회를 하며 문득문득 숲에 가려 모습을 보였다 안 보였다를 반복한다. 가방을 풀 고 렌즈를 꺼내고 나니 이미 녀석은 모습을 감추고 없다.

바위에 앉아 한참을 기다려보지만 녀석의 모습은 다시 보이지 않는다. 길을 만 들어가며 조심조심 바위를 피하고 나무를 잡고 경사진 언덕을 내려가며 매를 찾 아서 간다. 과연 매가 있을까? 이 시간엔 어린 매들이 더위에 지쳐 숲속 그늘에 앉 아 있을 텐데 하는 생각을 하며 조심스럽게 숲을 빠져나와 절벽끝단에 선다. 태종 대와 유사한 환경, 올해 초에 간 곳보다 더 좋은 높이와 더 넓은 시야를 확보할 수 있다.

서있을 자리도 더 편평하고 만약 매가 날아다닌다면 더 가깝게 볼 수 있고 숲 에 들어가 숨을 수도 있어 참 좋은 자리이다. 하지만 이 근처에 둥지를 틀었다 하 더라도 이미 새끼들은 이곳 을 떠나 부모들이 먹이 가져오는 것을 더 잘 볼 수 있 는 곳으로 자리를 옮겼으리라 ……. 어디선가 나를 지켜보고 있을 것이란 생각을 하면서 조용히 기다려 보기로 한다.

절벽 아래에서부터 올라오는 파도소리, 늘 보던 서해바다라고는 생각지 않을 만큼 푸른 바다, 가끔씩 불어오는 시원한 바람, 그러나 매는 보이지 않는다. 분명 이 시간대가 사람에게도 매에게도 가장 더운 시간이라 날아다니는 것이 힘들 것 이란 것을 알면서도 녀석들이 보이지 않으니 괜히 이곳으로 온 것은 아닌지 하는 불안감이 찾아온다.

이곳에 둥지를 튼 것인지 아니면 둥지를 옮겨 다른 곳에 자리 잡았는지 모른다.

하지만 이곳 어딘가에 녀석들은 둥지를 틀었을 것이다. 다시 고민을 하게 된다. 언제부터 녀석을 찾아야 하는 것인지를 두고 하는 말이다. 둥지를 짓기 위한 많은 노력 없이 바람과 비를 조금이라도 피할 수 있으면 둥지로 선택하는 녀석들의 습성상 쉽게 둥지자리를 변경할 수 있다. 둥지로 예정된 장소에 있다가 사람에게 노출되면 그 자리를 포기하고 다른 자리로 옮겨 버릴 수도 있다. 태종대 녀석들이랑은 상당히 다르고, 제주도의 상황과도 비슷하지 않을까 하는 생각이 든다.

다시 산 정상으로 향한다. 많은 사람들이 이곳까지 오지 않는 곳에서 사람을 만난다는 것은 때로는 반갑기도 하고 때로는 불안감을 줄 수도 있을 것이다. 사람 발길이 많지 않은 곳에 앉아 몇 시간 전에 매가 날아 다녔던 흔적을 찾기 위해 두리번거리는 동안 사람의 말소리가 머리 뒤에서 들린다. 혼자 있는 나를 본 그들도 깜짝 놀랐는지 다른 자리를 찾는다.

멀리 오후 배가 들어온다. 극성수기 때에 이곳에는 오전 오후 두 번 배가 들어온다. 많은 사람들이 긴 줄을 만들며 배에서 내린다. 낚시를 하러 오는 사람도, 백패킹을 하며 휴식을 취하러 오는 사람도, 사진을 담으러 오는 사람도, 등산을 하러 오는 사람들도 다양한 사람들이 다양한 목적을 위해 오늘도 사람들이 들어왔다. 특히나 올해는 사상최대의 가계 빚 문제와 소비감소로 인한 소매업자들의 한숨소리, 청년들의 열정페이와 직장을 구하지 못한 상태의 실업률 등으로 살기가 힘들어졌다고 한다. 하지만 이곳에 올 때는 그러한 사실이 진실인지에 의문을 품을 만큼 많은 사람들이 밝은 표정으로 들어온다. 돈 있고 행복한 사람들만 여행을 다니는 것인가 …… 아니면 이번 한 번을 위하여 열심히 노력한 사람들인지 …….

매가 보이지 않아 이런 저런 생각을 하면서 주변을 열심히 둘러보지만 매의 모습은 좀처럼 보이지 않는다. 산에서 내려오는 시간도 목기미 해변을 지나는 시간에도 괜히 갔나하는 생각으로 마음이 무겁다. 하지만 매를 못 보았더라도 이소를 한 매는 이 시기엔 보기 힘들다는 것에 대한 의문을 해소하게 되었기에 최소한으로 얻은 것은 있는 방문이었다고 스스로 생각한다.


토끼섬을 바라보고 앉은 지 얼마 되지 않아 새끼 한 마리가 방문을 환영하는 기념비행을 한다. 그렇게 누가 왔는지를 둘러본 녀석은 다시 토끼섬으로 들어가 버린다. 무료한 기다림의 시간이 시작된다. 1시간 반이 지나서야 해경 헬기 한대가 섬 주위를 돌아보고 있다. 이제껏 한 번도 보지 못했는데, 사고 났을 때나 한 번씩 온다는데 무슨 일이 있었구나 하는 것을 직감해 본다. 이 해에만 두 번의 산 불사고와 공중 화장실 전소, 실족으로 인한 절벽 사망사고가 일어났다.

올해 태어난 어린 매가 호기심어린 눈으로 나를 확인한 후 다시 섬으로 들어간다.

토끼섬 위에서는 새끼들의 비행연습이 한창이다. 섬 뒤로 두 마리가 동시에 사라졌다가 다시 하늘로 솟구쳐 올라오고 서로 가깝게 다가갔다가 떨어지고, 두 마리가 쫓고 쫓기는 비행장면도 보인다. 그러나 거리가 너무나 멀다. 내내 그렇게 하다가 새끼 한마리가 내게로 날아온다. 아니 날아오른 나비를 보고 날아온다. 그리고 나비를 상대로 발톱으로 채는 연습을 한다.

굴업도에는 나비가 많다. 많은 종류의 나비들이 서식하기에 좋은 환경이다. 나비 한 마리가 하늘 높이 솟아올랐다. 어린 매는 나풀나풀 날아가는 나비가 마치 새인 양 사냥을 연습한다. 이렇게 눈앞에 보이는 다양한 사물이 이들의 연습대상이다.

다양한 물체를 상대로 채는 연습하며 장래의 사냥연습을 시도 한다. 그렇게 먼 곳에서의 새끼들의 재롱잔치를 본 후에 녀석들은 7시가 될 때까지 섬 주변 숲을 배경으로 날아다니는 모습만 보이고 더 이상 가까운 곳에 오지 않는다.

### 6월 26일

이 시기에는 어미들이나 새끼들이나 모두 사람을 피해서 멀리 다니고, 날씨가 더워 잘 움직이지도 않아 가까이에서 보는 것이 힘들다는 것이 명확한 시점이라 마음을 비우고 녀석들을 한 장면이라도 담을 수 있다면 다행이라 생각하면서, 토끼섬에는 들어가지 않고 개머리능선으로 가보기로 한다.

더운 날씨에는 잘 움직이지 않는 녀석들이기에 새끼들에게 먹이를 갖다 줄 시간은 새벽이나 이른 아침이 좋은 시간이기에 이른 새벽시간에 산에 올라간다. 처음 오를 때 그렇게 가파르게 보였던 길도 조금만 걸어가면 마을이 보이는 언덕의 정상에 오를 수 있다는 생각에 팍팍한 다리를 옮긴다. 아직 이른 새벽시간이라 처음 이곳에 와 길을 찾지 못하는 사람들을 인도해 가며 앞질러 간다.

뒤돌아보면 일출을 보고 갈 수도 있지만, 그냥 능선 길을 따라 매가 있는 절벽에 도착한다. 새벽 이른 시간 나만큼이나 일찍 일어난 매도 절벽을 한 바퀴 돌아 날아간다. 뒤로 돌아본 언덕의 정상에는 일출을 기다리는 사람들이 옹기종기 모여 있다.

아침해가 떠오른다. 일출을 보려는 사람들은 마을 뒤 산에 올라 해를 기다린다.

암수 두 녀석이 개머리 언덕 벌판 위에서 활공을 하며 사냥감을 찾고 있는 모습이 보인다. 두 마리가 하늘에 유유히 떠 있다가 한 녀석이 한쪽 방향으로 방향을 틀어 날아갔다가 다시 돌아오기를 몇 차례 하지만 사냥은 쉽지 않은가 보다. 녀석들이 사냥을 해서 내려 올 때를 기다려야 할지 아니면 능선으로 올라가서 녀석들을 담아야 할 지 망설이지만 능선에서는 하늘을 배경으로 담게 될 것이 확실하기에 녀석들이 사냥해서 내려올 때 담아야겠다고 생각한다.

모습이 보였다 안 보였다 하며 매는 내내 사냥을 준비하지만 그리 만만치 않은가 보다. 몇 번이나 급 하강을 하며 사냥감을 향해 날아가지만 곧 다시 돌아와 선회를 하는 것으로 보아 사냥에 성공하지 못했나 보다. 한 녀석이 아래로 떨어져 내리면 다른 녀석도 방향을 살짝 그쪽으로 바꾸기도 하면서 협동하는 모습을 보인다. 하지만, 한 녀석이 다른 방향으로 날아가도 그냥 무관심하게 계속 선회만 하기도 한다.

잠시 녀석들이 능선 상에 보이지 않는 틈을 타서 찌르레기 한 무리가 매가 맴돌던 능선을 날아가다가 화들짝 놀라며 흩어져간다. 하지만 역시나 절벽 아래로 내려오지 않는 녀석들을 보면 잡지 못했나 보다.

아침 7시가 다되어 가자 새끼 한마리가 날아와 먹이를 달라고 운다. 하지만 부모는 나타나지 않고 새끼는 내게 관심을 보이며 내 주변을 날아다닌다. 녀석의 나는 속도도 이미 어미와 같이 날렵한 속도로 내 앞에서 마치 나를 잘 담을 수 있을까요 하는 듯 나를 놀린다. 어찌 보면 천천히 나는 것 같으면서도 따라 잡을 수 없게 빨리 난다. 너무 빨라서 담지 못하기도 하고 난잡하고 어두운 뒤 배경에 초점을 빼앗겨 녀석을 담지 못할 때도 많다.

이미 어미만큼이나 빠른 비행실력을 가진 새끼는 "나를 잡아보세요."라는 듯 절벽 아래로 날아다닌다. 어미와는 다른 부리 색과 날개색은 더욱 초점 잡기 어렵게 한다.

나를 놀리듯 갖고 놀던 녀석도 그늘 속으로 숨어들었는지 보이지 않는다. 왜가리 한 마리가 능선위로 유유히 날아다닌다. 목기미 해수욕장 근처에 돌아다니는 녀석이 여기까지 날아왔나 보다. 나 없을 때는 새끼가 왜가리도 공격하고 한다는데 내 앞에선 그런 모습을 보여주지 않는다.

찌르레기 한마리가 멀리 떨어진 가지에 앉아 한 시간 동안이나 깃털을 가다듬을 동안 매는 모습도 보여주지 않는다. 찌르레기가 날아가고 나서 한참 후에야 수컷 매가 절벽을 휘이 한 번 돌아보고 나선 내 머리 위에서 몇 번이나 선회를 한다. 그러고는 사냥감을 찾았는지 절벽 끝 바다로 속력을 내며 사라져간다.

매가 방향을 틀어 절벽 아래 바다로 향할 때 절벽의 반대편 숲이 배경으로 잡힌다.

한참 후 절벽을 타고 나무숲에 가려져 오는 녀석을 발견하지만 아무것도 가진 것이 없다. 빈손으로 날아와 다시 절벽 위를 한 바퀴 휘이 돌아보고는 사라져 다시 돌아오지 않는다. 두 시간을 더 기다려 보지만 끝내 모습을 보이지 않는다. 텐트도 걷어야 하고 짐도 챙기고 하려면 내려가야 하는 시간이 되었는데 결국 녀석들의 모습은 보지 못하고 허탈한 걸음으로 산을 내려가야 한다.

## 11월 매들은 여전히 함께 자신의 영역을 지키고 있다(2016년 11월 19일)

여름휴가 때 아내와 휴가를 보내기 위해 섬에 들른 후 3개월 만에 다시 방문했다. 이미 어미의 영역을 떠났을 어린 매들이 혹시나 남아 있지 않을까? 하는 의문과 나뭇잎을 모두 털어낸 숲속의 새들도 숨을 곳이 없을 텐데, 혹시나 먹잇감이 부족하여 매들도 이곳을 떠나 잠시 다른 곳에 가지 않았을까 하는 의문점을 풀기 위한 방문이다.

사람들로 북적이던 터미널도, 항구도 이제 을씨년스럽다. 며칠 전까지만 하더라도 뱃편이 없어 걱정했었는데, 이렇게 사람이 줄어든 이유는 궂은 날씨예보로 사람들의 예약취소가 많았던 탓이다.

한 해 동안 그렇게 자주 걸었던 산길을 걸어 숱하게 매를 만났던 절벽 끝단에 서보지만, 매가 있다간 흔적이 보이지 않는다. '여기에 없으면 어떡하지' '혹여, 있다손 치더라도 가만히 앉아 있으면 보지 못할 텐데 …….' 하는 걱정이 앞선다.

'녀석들이 있다는 것만 확인해도 성공인데, 빨리 확인하고, 개머리 능선에도 가야하는데' 마음만 급하고 매는 보이지 않는다. 11월의 해는 짧다. 5시 25분쯤이 일몰시간이라 최대한 빨리 움직이려 했는데, 시간은 점점 흘러가고 있지만 매는 보이지 않는다.

왔던 길을 되돌아가기엔 시간적 손해가 심하고, 다른 사람들은 맨몸으로 잘도 내려가던 절벽을 내려가 백사장을 가로지르면 시간을 줄일 수 있기에 길을 찾아보지만 쉽게 길이 보이지 않는다.

무거운 가방을 메고 절벽을 내려가기도 쉽지 않아 망설이는 순간, 바다 위를 낮게 날아 내가 있는 절벽 반대편으로 날아가는 두 마리의 매가 보인다. 덩치가 큰 암컷 매가 꽉꽉 거리며 수컷 매를 쫓고 있다. 새끼를 기르지도 않고, 구애 단계도 아닌 시기에 암컷이 수컷의 뒤를 따라다니다니 …….

가방을 내려놓는 순간, 가방에 꽂아 두었던 물병이 절벽 아래로 떨어진다. 많이 필요하진 않지만 이틀 동안의 생명수를 집에서부터 담아왔는데 …… 하지만 지금은 카메라를 꺼내고 매를 찾으러 가야한다. 가방에서 카메라를 꺼내 들고 몇 발자국 오르지 않아 암컷 매가 먹이를 들고 앉아 있는 모습이 보인다. 너무 가까운 거리, 어두운 바위 배경이라 초점이 잡히지도 않고 컴컴한 파인더로 매도 보이지 않는다.

세팅을 변경하는 동안 나를 발견한 매는 건너편 절벽으로 날아가 버린다. 다행인 것은 그 절벽까지 가는 길을 알고 있다는 것이다. 급하진 않지만 경사진 길을 오르느라 숨은 차고, 급한 마음에 나뭇가지 들이 손 여기저기에 상처를 낸다.

나뭇잎이 떨어진 숲에서 걷기란, 바스락 거리는 소리와 나뭇가지 부서지는 소리로 몸을 숨길 수가 없다. 더 가까이 다가갈 수 있지만, 날아 갈 것이 두려워 거리를 두고 자리 잡았다. 녀석은 나를 보고나서는 잠시 동안 망설이다가 자리를 떠나기로 한다.

새끼도 둥지도 지켜야 할 것이 없는 매에게는 이제 얽매인 것이 없다. 큼직한 먹이를 들고 조용하고 간섭 없는 곳으로 날아간다.

절벽을 박차고 뛰어내려 저 멀리 섬으로 날아간다. 그리고 내가 따라갈 수 없는 섬의 끝 절벽에 내려앉는다. 그곳엔 그늘에 앉아 보이지 않던 수컷 매가 있다. 암수의 부부매가 여전히 자신의 영역을 지키며 서로를 의지하며 살고 있다.

날씨는 점점 흐려지고, 바람은 세차게 분다. 세찬 서풍을 피하여 동쪽을 바라보는 절벽에 앉아 바위를 등지고 앉자, 그렇게 세찬 바람도 잔잔해 진다. 다시 녀석들이 날아오길 기다리지만, 4시를 넘기지도 않고 이미 어둑어둑하고 그림자가 길게 늘어진다.

### 2016년 11월 20일

저녁 7시부터 자기 시작하여 몇 번이나 깨다 자다를 반복했다. 파도가 밀려왔다 쓸려 내려가는 소리와 바람소리는 평소보다 더욱 심하게 불어 오늘 섬을 나갈 수 있을지 걱정이 되긴 하지만, 일기예보를 믿어 보기로 한다.

어둑어둑한 새벽녘에 일어나 준비를 하지 않아도 된다. 마음이 느긋하니 몸도 그에 맞게 느긋해진다. 일어난 시각은 7시가 넘었다. 산에서 내려오면 바로 떠날 수 있도록 모든 준비를 마치고 개머리능선을 향한다. 아침해는 오늘 날씨가 좋을 것이란 예보를 하는 듯 찬란하다. 온 동네 안이 조용하다. 사람이 보이지 않는다. 어제 들어온 사람들이 많지 않으니 당연한 듯하지만 …….

아침해가 떠오르지만 아직은 어둑어둑하다. 새벽에 나가지 않아도 되니 모처럼 큰말 해수욕장에서 아침해를 맞는다.

산을 오르고 능선의 억새밭을 지나 개머리 능선에 이르자 알록달록한 텐트들이 바다를 배경으로 펼쳐져있다. 예전에 새끼를 키우던 북쪽 절벽에 올라선다. 찬

바람이 얼굴이 때리고 절벽은 바다까지 길게 그림자를 드리우고 있다. 혹시나 해서 와 본 북측 절벽에는 매가 보이지 않는다. 둥지가 없었기에 매를 볼 수도 없다. 미련을 버리고 남쪽 절벽으로 향한다.

산봉우리 바위에 앉아 바다를 내려 보며, 새끼를 키워냈던 절벽을 내려다본다. 매가 보이지 않는다. 늘 자주 앉던 곳을 찾아보지만 매는 보이지 않는다. '이곳에도 보이지 않는 것일까?' '작아서 보이지 않는 것이겠지!' 하면서 스스로를 위안해 본다. 작고 반짝이는 물체를 찾아 일일이 확인하다가 언뜻 매의 모습이 파인더 속에서 보였다 사라진다.

절벽 위 나무 아래, 매 한 마리를 찾았다. 내내 깃털 다듬기만 하고 있는 녀석은 움직일 생각을 하지 않는다. 하지만 다른 한 마리는 쉽게 보이지 않는다. 깃털을 다듬고 있는 녀석을 보고 있다는 것만으로도 마음의 위안이 되고 '다른 곳에 가야 하지 않을까?' 하는 생각이 들지 않아 마음도 편안해진다. 깃털을 다듬고 있는 녀석은 그대로 있는데 바다로 뛰어내리는 시커먼 물체하나, 역시 같은 절벽에 숨어 있었다. 바다에 비치는 강한 빛망울들은 매의 모습을 삼켜버린다.

깊어가는 가을, 이 절벽에도 암수 한 쌍의 매는 여전히 잘 살아있고 자기영역을 잘 지키고 있다는 것을 알게 되어 기쁘다. 사시사철 텃새가 되어 자기영역을 여전히 지키면서 암수 한 쌍이 지낸다는 사실로도 이곳에 온 이유를 충분히 달성하고도 남는다.

바람을 막아주는 능선과 따뜻한 햇볕이 내리쬐는 바위에 앉아 녀석들이 어떤 행동을 하고 얼마나 활발하게 움직일지를 확인한다. 새끼를 키울 때처럼 활발한 모습을 보여줄 필요가 없는지 녀석들은 느긋하기만 하다. 하지만 절벽에 몸을 숨기고 있다가도 절벽 아래로 몸을 던지며 모습을 드러내고는 절벽을 낮게 한 바퀴 돌고는 다시 절벽으로 몸을 숨기곤 한다.

너무 높은 위치에서 녀석들을 내려다보고 있는 것 같아 낮으면서도 녀석들을 가까이 볼 수 있는 곳으로 자리를 옮긴다. 녀석들이 들고나는 절벽 바로 위에 있지만 녀석들을 볼 수 없고 시야도 위에서처럼 넓게 확보할 수 없는 곳에 선다. 새끼를 키울 때의 까칠함을 보이지 않는다. 나를 보고서도 가까이엔 오지 않지만, 그렇다고 내게 소리칠 이유도 없는 듯 내게서 멀리 떨어져 날아다닌다.

가을의 끝자락, 겨울의 초입에 들어선 계절에도 굴업도의 매는 여전히 자기 영역을 지키며 살아가고 있다.

여전히 정찰을 하고, 바위 끝 절벽이나 나뭇가지에 앉아 바다를 주시하면서 사냥감을 찾고 바다 위를 맹렬히 날아갔다가 다시 돌아오기도 하면서 녀석들은 가을 끝자락에도 자기 영역을 지키며 살아가고 있다.

# 후기

매를 보러 다닌 지 어느새 7년, 많은 곳의 매를 경험하진 못했지만 어느 누구 보다 더 많은 수의 매를 관찰했다고 생각한다. 언제나 그 자리에 있을 것 같던 태종대에서의 매의 일상이 바뀌면서 나의 매에 대한 일상도 바뀌게 된다. 매를 볼 수 있는 새로운 곳을 찾게 되었고, 그 새로운 곳이 굴업도가 되었다.

작은 섬 굴업도는 여러 쌍의 매가 살고 있다. 그래서 오히려 각각의 매들에게서 각각의 개성을 가지고 있다는 것을 알게 되었고 경계상황과 음식을 가져다 달라는 소리, 수컷을 부르는 소리, 암컷과 수컷이 만났을 때 내는 소리 등은 서로 약속이나 한 듯이 비슷하다는 것을 알게 되기도 했다. 서로 떨어져 있으면서도 비슷한 소리를 낸다는 것은 각각의 개체 간에도 서로 간에 연결점이 있다는 것을 의미하기도 한다.

매 2주마다 토요일과 일요일이라는 제한 된 시간 속에서 체력이 허락하는 한 많은 개체와 많은 상황들을 만나기 위해 어두컴컴한 새벽에 출발해 해가 져 어두컴컴해지는 시간까지 섬 이곳저곳을 누비고 다니기도 했다. 하지만 언제나 그렇듯 빠듯한 시간과 체력적 한계를 극복하지 못하고 모든 개체를 확인하며 다닐 수는 없었다.

2015년에는 개머리능선 남쪽과 북쪽의 두 곳의 둥지 위치를 확인했지만, 둥지 속까지는 볼 수 없는 상태였다. 이외에도 예전부터 계속 매들이 살아온 토끼섬과 연평산은 확인은 하지 못했다. 하지만 그곳에도 매가 있다는 것은 확실시 되었기에 최소한 4곳의 둥지가 이 작은 섬에 있다는 것을 확인한 것만 해도 큰 소득이었다. 이때 당시 마을 뒤의 송신탑 아래 절벽에도 한 쌍의 매가 살고 있다는 것을 어렴풋한 증거로 짐작할 수 있었지만, 둥지에 대한 직접적인 확인을 하지 못해 제외하게 되었다.

이 해에는 새끼들이 나와서 둥지 밖을 나와 돌아다닐 즈음, 여러 차례의 방문을 통하여 남측 절벽에서는 새끼 두 마리, 북측 절벽에서는 새끼 한 마리가 성공적으로 이소했다는 사실을 확인했고, 토끼섬과 연평산은 확인을 하지 못했다.

2016년에는 능선의 남쪽 사면에서는 여전히 둥지가 있고 새끼 두 마리를 성공적으로 키워내는 것을 지켜보았다. 이 해에는 능선 북쪽 사면의 절벽에서는 매를 찾지 못했고 송신탑 동쪽 절벽에서 짝짓기 소리를 들었고 둥지를 지었을 거라는 확신을 가지게 되었지만 찾을 시간이 없었다.

토끼섬의 부부는 언제부터였는지는 모르지만 토끼섬을 벗어나 토끼섬을 바라보는 절벽에 둥지를 틀어 세 마리의 새끼를 무사히 키워낸 것을 지켜보았다. 연평산의 둥지에서는 새끼를 키워낼 시기엔 확인을 하지 못했지만, 여전히 연평산을 영역으로 한 쌍의 매가 살고 있다는 것을 확인했다. 이 해 역시 4쌍의 매가 살고 있다는 것을 확신하고 확인도 했지만 전년과 마찬가지로 5쌍 혹은 6쌍의 매가 살고 있지 않을까 하는 의심의 끈을 놓지 못했다.

2017년 역시 능선의 남쪽에선 여전히 자기 영역을 확고히 하고 살고 있다. 토끼섬 역시 작년과 변함없는 곳에 둥지를 틀어 세 마리의 새끼를 기르고 있다. 연평산도 자신의 영역을 굳건히 지키며 변함없이 살고 있다. 작년의 송신탑 동쪽 절벽의 녀석들을 확인하지 못했고, 송신탑 서쪽 절벽에서 녀석들의 소리만 듣고 말았으니 또 둥지를 변경했을 것 같다는 생각이 들었다. 2017년에는 3쌍은 확실하게 매년 둥지를 튼 절벽을 확인할 수 있었지만 한 쌍의 위치는 확인지 못했다. 덕물산 정상에도 매가 날아다니지만 연평산 매의 영역에 포함되는지 혹은 덕물산을 영역으로 살아가는 매인지는 확인하지 못했다.

# 참고문헌 및 웹사이트

## 참고문헌

Falcons of North America Kate Davis Kinder edition

The peregrine : The hill of Summer, J.A Baker KInder edition

The peregrine' s Jorney. Kinder edition

Falconry & Hawking : The essential handbook, Philip Golding, Kinder edition

Peregirine Falcon, Patrick Stirling-aird, Kinder edition

Falcon(animal), Helen Macdonald, Kinder edition

Falconry Hawking 매길들이기


한국의 맹금류(16-19쪽) 채희영, 박종길, 최창용, 빙기창 공저, 국립공원관리공단(드림미디어) 2009년

새의 감각, 팀 버케드, 노승영 옮김, 서울: 에이도스, 2015

매사냥 조사보고서, 문화재관리국, 1993. 12.25

바람의 눈(420-421쪽), 김연수, 수류산방, 2011

사라져가는 한국의 새를 찾아서, 김연수, 당대, 2008년

우리가 알아야 할 우리 새 백가지(143-147쪽) 이우신, 김수만, 현암사, 1994

물총새는 왜 모래밭에 그림을 그릴까(128-161쪽), 우용태, 추수밭, 2013

새의 노래 새의 눈물(300-311쪽), 박진영, 자연과 생태, 2010


## 학술서

Records of Peale's Peregrine Falcon Falco peregrinus pealei in Korea
저자명 Seung-Gu Kang  문서유형학술논문참고문헌19건학술지한국조류학회지  제20권  제2호 115p ~ 123p 발행정보한국조류학회 |2013년 |한국 |한국어 주제분야자연과학 > 생물학 인용  서지링크 DBpia

중세의 동물에 대한 인식과 문학적 형상 (3) 사냥매 해동청과 관련된 고담 연구 김동석. 동방한문학 63권

TV 프로그램

KBS 환경스페셜 2011.08.24. 송골매 굴업도를 날다.

KBS 야생일기 19회 장산곳매 NLL을 날다. 2015.10.25.방영 (방영시간 10분)

Ebs 하나뿐인 지구 '오륙도' 2010.05.06.

SBS 동물농장 735호 '송골매 나래의 재활일기'

SBS 동물농장 771화 '송골매 남매의 홀로서기"

신문 및 개인기고

국제신문 백한기 기자의 무인도 목도 송골매의 육아일기

국방부 NARA 블로그 '국방기고/울프독의 War History- 매이름 알고 쓰자'

한계레신문 물바람 숲 조홍섭기자 2014년 3월 3일  매사냥의 비밀 도주로 차단 질러가기

미로의 블로그  태종대 송골매(촬영팁)

인터넷 사이트

https://www.kfa.ne.kr:44302/  한국전통매사냥보전회 응골방(사냥에 이용하는 매, 매과, 수리과 참고)

미로의 블로그 http://blog.daum.net/y082

가을도반의 블로그 http://blog.daum.net/lyu1733

서린전설의 블로그

다음 카페 맹금매니아 http:/cafe.daum.net/birdsofprey

글 | 사진

# 박지택

어린 시절 그의 꿈은 과학자였다. 원리를 이해하고 이를 적용해 무언가를 만들고 싶었던 꿈은 어른이 되면서 날마다 반복되는 생활에 묻혀 점점 멀어져 갔다. 공무원이 되었지만 만족스럽지 않아 그만두고 초등학교 교사가 되었다. 현재 경기도에서 교직생활을 하고 있다.

예술가가 되는 것이 꿈은 아니었지만, 어느 날 사진과 그림을 하고 있는 스스로를 발견한다. 일상에서 보고 느낀 아름다움을 가슴과 머리로만 기억하는 것이 아쉬웠고, 또한 그 기억이 오래가지 못해 자연스럽게 시작한 것 같다. 자라는 아이들을 사진에 담았고, 함께 여행했던 추억을 '초등학생과 함께 캠핑카 유럽여행'이라는 책으로 펴내기도 했다.

늘 새로움을 추구하고자 하는 그의 관심은 새 사진이라는 분야로 옮겨갔다. 아내의 출퇴근길을 함께한 덕분에 한강에서 머무는 시간이 많아졌고, 어느 날 문득 참수리라는 귀한 철새를 만났다. 녀석을 만난지 6년이 되어 갈 때 '참수리 한강에서 사냥하다(2015, 지성사)'라는 책을 펴냈다.

참수리만큼 오랫동안 사진으로 담아왔던 '매'라고 알려진 송골매의 생태에 관해 알려진 책이 없음을 아쉬워 해 국내외의 책을 참고하고 7년여 동안 매를 찾아다니며 경험한 일들과 사진을 모아 한권의 책으로 다시 출판한다.

2015년 환경부와 내셔널지오그래픽(한국판)이 함께하는 '제9회 대한민국 10만 가지 보물이야기'에서 대상을 수상했다.